公众参与式地震信息采集与服务
——技术、方法与实践

杨思全　苏晓慧　张晓东　吴　玮　著

科 学 出 版 社
北 京

内 容 简 介

本书以面向公众的地震灾害信息采集与服务为主线，介绍了地震灾害信息特点以及多源信息、公众在地震灾害采集和分析中发挥的作用，并对地震灾害信息挖掘研究进展进行总结；围绕公众参与式的地震灾害信息分析需求，阐述了PPGIS、基于网络众包的信息收集、大数据分析、公众参与式的自然语言处理等相关理论和方法；介绍了基于遥感监测和台站的地震灾害信息采集方法，从地震异常信息、应急信息和舆情等三个方面探讨了地震灾害信息获取、筛选和评价方法，讨论了地震灾害信息的专群沟通方法；分别针对宏观异常信息、热红外异常信息、气象要素异常信息等方面论述多源异常信息综合分析评价方法，从社交媒体应急信息和遥感应急信息两方面阐述多源应急信息综合分析方法；结合公众参与式地震宏观异常信息采集与服务平台的研发，讨论了平台的设计、功能、使用流程、开发实现途径以及应用示范模式等。通过多个应用案例的分析，综合展示了公众参与式的地震灾害信息获取、分析与评价方法的实践成果，并对公众参与式地震宏观异常信息采集与服务平台示范应用效果进行分析评价。

本书可供从事防灾、减灾、救灾等相关业务和科研工作的人员参考，也可作为广大读者提升防灾减灾知识的基础读物。

图书在版编目（CIP）数据

公众参与式地震信息采集与服务：技术、方法与实践／杨思全等著.
—北京：科学出版社，2020.11
ISBN 978-7-03-066644-4

I.①公… Ⅱ.①杨… Ⅲ.①公民–参与管理–地震观测–信息管理–研究
Ⅳ.①P315.63

中国版本图书馆 CIP 数据核字（2020）第 214153 号

责任编辑：刘 超／责任校对：樊雅琼
责任印制：吴兆东／封面设计：无极书装

斜 学 出 版 社 出版
北京东黄城根北街 16 号
邮政编码：100717
http://www.sciencep.com

北京建宏印刷有限公司印刷
科学出版社发行 各地新华书店经销

*

2020 年 11 月第 一 版 开本：787×1092 1/16
2020 年 11 月第一次印刷 印张：15
字数：344 000
定价：198.00 元
（如有印装质量问题，我社负责调换）

序

　　地震是对人类生命财产安全和经济社会发展构成严重威胁的重大自然现象之一，其孕育、发生和衍生是一个极其复杂的过程，远远超出人类目前的认知能力。迄今为止，地震预报，特别是短临精准预报，仍然是全世界的科学难题。但是，我们可以观测与地震活动紧密相关的一些自然现象和震前征兆，监测评估地震灾害造成的社会经济损失，这些信息的获取对于提升防震抗震、应急救援和恢复重建能力至关重要。

　　近年来，人工智能、大数据和5G等高新技术取得了长足发展，这些技术的发展为抗震救灾带来了新的希望。其中，大数据、人工智能支持下的微博、微信等各种社交媒体平台，为公众通过网络发布地震灾害期间所见、所闻、所感信息提供了便利，激发了公众参与抗击地震灾害的积极性，极大地丰富了地震救灾决策支持信息。因此，社交媒体数据获取与融合挖掘技术研究为地震灾害提供了一个新的研究思路。依托网络微服务技术，既能丰富地震灾害信息源，提高抗震救灾决策的科学性，也可以调动社会公众积极参与抗震救灾，最大限度地减轻地震灾害风险、降低地震灾害损失。

　　当今社会处在一个信息化高速发展的时代，但人类仍然面临地震灾害的巨大挑战，如何运用新型技术突破地震机理研究仍是新时代的重大科技任务之一。《公众参与式地震信息采集与服务——技术、方法与实践》一书从地震灾害应急救援的角度，深入阐述了地震信息采集、处理、挖掘、分析与服务等技术流程与方法体系，并将理论方法与应用实践结合起来，是国内首部系统介绍公众参与式地震灾害信息采集、处理、分析与服务的学术著作，也是该书作者多年来在该领域研究成果的集中展示。相信该书的出版对于我国地震灾害信息研究、教学和应用具有重要的参考价值。

　　公众参与式地震信息采集与服务研究是从多学科综合的角度为防震减灾工作踏出了探索性的一步，希望更多有志于地震研究、社交媒体信息挖掘等方面的研究学者能够从本书中获得启发，参与到此项研究中来，将地震信息采集、分析、服务研究工作做得更深、更广，以全面推进我国信息现代化的发展进程。

周成虎

2020 年 11 月

前　言

我国地处欧亚板块，地震活动区域范围广、频率高，是世界上地震灾害最为严重的国家之一。由于地震灾害突发性强、防御难度高、破坏性大，特别是重特大地震造成的社会影响十分深远，地震及其次生灾害的社会关注度极高。社会公众既是地震灾害的受害者，也是地震灾害的救援者。社会公众获取的地震灾害信息往往是第一手的，也是客观和及时的。因此，社会公众参与地震灾害信息获取、分析与服务越来越成为提升防震减灾救灾能力不可或缺的重要手段之一。

本书深入探讨了地震不同阶段多源信息采集与挖掘等技术及其重要作用。地震灾害信息包括震前异常、震中灾情、震后震情和恢复重建等各类信息。地震灾害信息采集与挖掘就是及时获取地震有关各类信息，为科学抗震救灾提供支撑和依据。震前异常信息是科学研判地震风险、准备预测地震时空分布特征的重要依据，是有效防震减灾必不可少的基础条件。目前，针对地下水异常、红外辐射异常、地温异常等研究表明，地震宏观异常对地震发生时刻的判定具有一定的短临指示意义。地震发生后，快速获取震中、影响范围和地震烈度等震情信息对救灾救援工作至关重要。近年来，通过社交媒体、空天传感器、地面采集等多渠道获取地震损失信息并进行融合挖掘成为地震信息获取分析研究的热点之一。自然语言处理、人工神经网络等方法被广泛用于上述数据的挖掘分析，有效提高了地震信息获取的效率和质量。许多国家与机构还开发了面向震后地震信息的获取平台，并在重大地震灾害中都发挥了积极作用。

随着社交媒体的迅速发展，每个拥有移动终端的普通公众都可以作为志愿者为某一领域提供数据。社会公众作为一种特殊的采集端，可以实时提供当地的信息，这无疑对实时、多点数据的获取提供了便利。特别是近年来开放科学与公民科学的崛起，更为"众包"这一种方法以及模式的研究奠定了基础。目前，众包应用已经遍及社会、经济、环境等各领域。应用众包理念收集得到的地理信息在行业中称为志愿地理信息（VGI）。Open-StreetMap 曾号召志愿者提交与抗震救灾工作相关的任何数据，一周时间的点击量就达到了8万余次。而美国地质调查局开发的"Did You Feel It?"（DYFI）系统是这种基于志愿者获得地震信息的成功应用，通过浏览器访问网络的用户提供震时感受，可快速计算地震烈度图。众包信息来源广、时效性强，但由于信息源的不同，也造成了信息密度低、信息稀疏等问题，因此，如何将众包信息应用于地震灾害各阶段的分析中，是本书重点探讨的内容。

全书以面向公众的地震灾害信息采集与服务为主线，各章节具体内容如下：第1章介绍了地震灾害的总体情况、特点、分类及多源信息应用于地震灾害分析的必要性，阐明了公众在地震灾害信息采集中的作用，分析了对公众参与式信息质量进行评价的重要性，综合论述了地震灾害信息挖掘研究进展情况。第 2 章介绍了公众参与式的基本思想、研究方法和相关应用，分别论述了 PPGIS、网络众包、大数据分析公众参与式自然语言处理等相关理论与方法。第 3 章介绍了地震灾害信息遥感监测方法和基于台站的地震灾害信息采集方法，详细论述了地震异常信息获取与筛选、地震应急信息的获取与评价、舆情信息的收集与评价等方法，并针对不同沟通主体探讨专群沟通方法。第 4 章主要介绍了多源异常信息和多源应急信息的综合分析评价方法，结合天空地多源信息，论述地震灾害损失评估方法。第 5 章介绍了公众参与式地震宏观异常信息采集与服务平台的总体设计、主要功能、使用流程和开发实现技术路径，探讨了应用示范模式。第 6 章通过多个案例，介绍了地震灾害信息分析与服务方法的应用实践，对公众参与式地震宏观异常信息采集与服务平台的示范培训和效果进行分析评价。

本书的出版得到了国家科技支撑计划项目"面向公众的地震监测预警技术研究与集成示范"的大力支持。全书从构想到编写出版，参与单位包括应急管理部国家减灾中心、中国农业大学土地与科学技术学院、北京林业大学信息学院的研究人员、教师及研究生。杨思全、张晓东、吴玮、苏晓慧负责全书的策划、组织，吴玮、苏晓慧对全书章节内容进行协调和修改，张晓东对文稿进行审核校对，杨思全统一审阅定稿。赵祖亮、刘帝佑、邢子瑶、陈欣意、韩珂珂、唐日晶、乔红兴、刘亮、汤童协助参与了编写，邢子瑶、邹再超、聂娟、王平、陈欣意、胡春蕾、刘鑫莉、张旭、方帅等为本书提供了丰富的素材和案例，江昀芳、高宇航、郑琳、夏佳佳、史家斌参与了修订，在此一并致谢！在本书的撰写过程中，得到了多位专家、学者的大力支持，特别感谢严泰来教授，从框架的构思到成稿的核对都付出辛苦工作！借此出版之际，谨向为此书出版做出贡献的朋友们致以衷心感谢。

由于作者水平有限，书中不妥乃至错漏之处在所难免，恳请读者朋友不吝批评指正。

作者

2020 年 11 月

目　　录

第 1 章 | 绪 论

1.1 地震灾害概述

地震（earthquake），又称地动、地振动，是地壳快速释放能量过程中造成的振动，并在此期间产生地震波的一种自然现象。地震集中分布的地带称为地震带。地球上主要有三处地震带——环太平洋火山地震带、地中海地震带、洋脊地震带。这三大地震带囊括了世界上大部分的地震发生地，其中，环太平洋火山地震带分布于濒临太平洋的大陆边缘和岛屿，集中了世界80%的地震；地中海地震带横跨欧亚非三洲，西起大西洋亚速尔群岛，东与环太平洋地震带相接，集中了世界15%的地震；洋脊地震带分布在全球洋脊的轴部，该地震带发生的地震震级一般较小。地球上板块与板块之间相互挤压碰撞，造成板块边缘及板块内部产生错动和破裂，并以地震的形式表现出来（崔子健和陈章立，2019）。

历史上，国外发生过一些损失惨重的大地震：1960年5月发生在智利的大地震（又称瓦尔迪维亚大地震），是迄今观测史上记录到的规模最大的地震，其震级为里氏9.5级，造成智利2000多人伤亡，破坏房屋16万栋（吕吉尔，2010）；日本时间1995年1月17日清晨5:46，大阪–神户地区发生7.2级大地震，是20世纪全球最为惨烈的一场地震，共造成6430人丧生，约5万人负伤，50余万处房屋不同程度毁坏，给日本造成了约9.6×10^{12}日元的经济损失（王瓒玮，2018）；1999年8月17日当地时间3:01，土耳其西北部科贾埃利（Kocaeli）省省会伊兹米特西南11km处发生了7.4级强烈地震，震中为北纬40.69°、东经29.91°（张敏政和刘洁平，2000），此次地震造成万余座建筑倒塌，其中20万间房屋遭受破坏，数十万人露宿街头，死亡2万多人，重伤4万多人（李经营，1999）；2004年12月26日8:58（北京时间），印度尼西亚苏门答腊西北近海发生9.0级地震（于海英等，2005），此次地震和海啸总共造成29.2万人死亡，不少人失踪，波及范围达到6个时区之广；2005年10月8日，巴基斯坦北部发生了南亚历史上二十年来最大的一次地震，震级为7.8级，近5万人死亡（《中国科技信息》编辑部，2005）。回顾我国历史，地震也造成了巨大的损失：1976年7月28日凌晨3:42，唐山、丰南一带发生7.8级强烈地震，城市、乡村瞬间被夷为平地，无数睡梦中的人被埋在废墟之下，24万多人丧生，16万余人重伤（阎丽，2020）；2008年5月12日14:28，汶川发生里氏8.0级大地震，震中烈度为11度，震源深度14km。全国绝大多数省（自治区、直辖市）均有不同程度震感，此次地震直接影响范围为10万km^2，因灾死亡69 000多人，失踪1万多人，伤37万人，经济损失累计达9000亿元（郑普红等，2008）；2010年4月14日7:49，玉树发生里氏7.1级地震，受灾总面积3.58万km^2，遇难人口2698人，倒塌房屋21.05万间，直接经济损失超 226 亿元（中国地震局公共服务公司，2020）；2013 年 4 月 20 日 8:02，雅安市芦山县发生 7.0 级地震（刘旸，2013），受灾面积 12 500km²，受灾人口 152 万；2017 年 8 月 8 日 21:19，四川阿坝州九寨沟发生里氏 7.0 级地震（战训，2018），地震造成九寨沟 17 个乡镇不同程度受灾，72 671 间房屋受损，25 人死亡。

地震是瞬时突发的灾害，地震的突发性给地震监测增加了难度，且破坏性极大，成灾广泛，持续时间比较长、不可避免地要产生次生灾害，次生灾害带来的损失有时比地震更甚，因此地震的监测预防势在必行。地震灾害引起的社会影响深远且防御难度较大。同时，地震还具有某种周期性的特点，在某处发生过强烈地震的地方，未来一定周期内还可以再重复发生且地震的损失与社会和个人的防灾意识密切相关。因此，实施地震监测及时掌握地震信息对灾害的预防十分重要，可以很大程度上降低灾害损失程度。

1.2 地震灾害信息的概念、特点与分类

地震灾害信息就是与地震灾害发生、发展规律及其造成的危害有关的那一部分信息（郭松玲，1992）。地震灾害信息除了具有一般信息的共同特征，即可利用性、可容载性、可处理性、可传递性、实效性和共享性外，还具有其独特的标志和特征：①可预见性，随着人类对地球和各种灾害发展规律的认识的不断深入，灾害信息的可预见性不断提高；②地域性，地震灾害本身的特性，决定了地震灾害信息的重点区域不同；③滞后性，地震的灾害和损失是在现象之后出现，因此地震灾害信息具有明显的滞后性；④连锁性，地震灾害常常引发次生灾害，使地震灾害信息具有连锁性；⑤广泛性，灾害的发生往往不是独立的，同一时间段某一地区会发生多次同一类型的灾害；⑥社会性，地震灾害常常引发巨大的人员伤亡、经济损失以及一系列的抗灾救灾工作，导致地震灾害信息具有一定的社会性；⑦复杂性，就我国实际情况看，建筑拥挤、管线复杂、人口密度大，获取的地震灾害信息需要根据实际情况精准分析（郑拴宁等，2009）；⑧时效性，地震灾害信息具有一定的时效性，距离发生地震的时间越近越有意义；⑨多源性，地震灾害信息的来源广泛。

从地震灾害信息来源出发，可将其分为点源信息、面源信息和反馈信息。在地震发生前后，专业的地震台站和一些群测点用水位仪、地震仪、电磁波测量仪等监测仪器提供点源信息；随着遥感技术的发展，遥感基于大面积的同步观测、时效性、数据的综合性和可比性以及经济性等优势在地震灾害中也有着广泛应用，通过遥感监测可获取建筑物倒塌情况、类似烟囱和储油罐等构筑物的倒塌、水电等的破坏程度、出现的次生灾害等面源信息（《现代班组》编辑部，2008）。地震信息可以为短时间内实施有效的救援工作，减少生命财产的损失提供科学指导（王昊，2009）。基于遥感信息的分析需耗费一定时间，及时获取有效灾害信息对于地震灾害的预防和救援极为重要。灾情速报网络、现场救援队伍、其他应急系统（公安、医院等）、专业研究机构和少部分媒体、公众等人的反馈可获得地震灾害的反馈信息（高方红等，2016；莫善军等，2005），但此类信息获取的黑箱期、灰箱期过长，使救灾决策十分困难（聂高众等，2012）。快速翔实地挖掘到地震灾害信息对地震灾害的预防监测、救援和震后恢复都至关重要，尤其在救援过程中，准确、全面、及时

的地震灾害信息是准确判断灾情、制定救灾方案的重要依据，如何及时挖掘到准确的灾害信息，为防灾、救灾决策提供依据仍然是一个等待解决的难题。

1.3 多源信息在地震灾害分析中的必要性

地震的发生具有随机性和偶然性。一旦发生就会引起社会极大的讨论，根据讨论内容及发生时间将地震灾害信息分为三类：①地震发生前的宏观异常信息；②地震发生后的震情；③地震发生后的救援及伤亡情况。地震宏观异常信息主要指人的感官能直接感受到的、观察到的和地震孕育、发生有关的自然界的异常信息，部分信息可以利用一些简单的仪器进行定量、半定量测量，如流量计测流量、温度计测水温、气体分析器测气体组分等（安徽省地震局，1978；力武常次，1978；付虹等，2003；中国地震局，2008），宏观异常信息种类主要分为动物异常、植物异常、地声异常、地下流体异常、地质异常、电磁异常、气象异常、地震云异常等（付虹等，2003；中国地震局，2008；张小涛等，2009；和胜利，2008；冉慧敏等，2013；徐保华和徐秀登，2005）。震情是指地震活动和地震影响的情况，包括地震发生的时间、地点、震级、震感、有感范围、成因、烈度等。例如，汶川地震发生于2008年5月12日14:28，震中位于四川省汶川县，震级为MS8.0级（许冲等，2008）。严重破坏地区面积超过10万km^2。地震烈度达到11度。震后的救援及伤亡情况主要通过灾情调查获取，调查内容包括人员伤亡及分布情况；建（构）筑物、重要设施的损毁情况；家庭财产损失、牲畜死伤情况；社会影响；地震造成的其他灾害现象。另外，地震造成的人员伤亡变化情况须随时上报更新。

地震发生后，灾情评估是头等大事，灾情评估往往受制于有限的数据资源，因此灾害信息的采集就显得尤为重要。传统的地震灾害信息采集方法主要包括以下几类：①基于台站的地震灾害信息采集，按仪器的功能和作用，我国的监测台网大致可分为三类：测震台网、前兆观测台网和强震观测台网，各自有独立的功能和用途（中国地震局，2015）；②地面采集上报；③震害调查等方法。但随着互联网的快速发展和"大数据"时代的到来，网络和GIS等在灾害应急评估和灾情评定等方面得到了广泛的应用，为灾后应急救援、灾害防治、重建规划和生产恢复起到重要作用。卫星遥感数据、公众参与式的地震信息、地震灾害舆情等都可作为灾情采集和灾害分析的有效数据源，为地震灾害分析提供了新的途径，此小节中的多源信息主要包括六种地震灾害信息，即基于台站获取的地震灾害信息、地面采集上报的灾害信息、通过灾害调查获得的灾害信息、基于卫星遥感数据获得的灾害信息、公众参与式的地震信息及地震灾害舆情信息。

多源信息各自在地震灾害分析中起着不同的作用，在灾害分析过程中应充分整合多源信息才能准确地对灾情做出评价。就传统的地震灾害信息收集方法而言，基于台站的地震灾害信息采集主要分三类：①测震台网，测定国内外地震发生的时间、地点和震级大小；②前兆观测台网，观测震前各类异常现象，这类台站一般布设在活动断裂带上或其附近地区；③强震观测台网，观测强地震振动产生的位移、速度或加速度，用于指导建筑物、构筑物的抗震设计（中国地震局，2015）。地震信息上报系统中的地震烈度是通过人员感受、房屋震害、地震地质计算出的。震害调查是调查震区出现的地裂、滑坡、堰塞、震陷、崩塌、沙土液化等地震地质灾害，描述各类地震地质灾害的形态、大小及其空间发展特征（屈佳和张四新，2014）。而现在，以遥感技术为主体的灾害评估技术受到广泛重用，其主要原因是相对于传统的灾害信息采集方法，在地震灾害分析过程中，遥感技术可以较大程度地排除人为干扰，大大节省人力和财力，快速提供大范围震害信息（陈文凯等，2010）。遥感技术能够利用光学、热红外、雷达等对地观测卫星遥感系统，通过不同分辨率和不同格式数据的集成与融合，获得大范围、高精度、准实时的地物信息，提供多平台、多时相、多传感器、多光谱和高分辨率，为防灾减灾和灾后评价提供更有效的数据支持（童庆禧和卫征，2007）。地震之前有很多与之相伴随的物理、生物以及其他领域的异常现象发生，但是这些异常现象有可能当时没有被人发现，或者已经发现但未被人们重视，从而导致防震减灾工作的信息缺失。公众参与可以以手机等通信方式为手段，实现快速的信息上报。一方面，可以将公众参与式的信息纳入现有的防灾减灾体系中，增加决策的科学性、准确性和实时性；另一方面，通过研究可以增加公众参与式信息的利用率与贡献率，从而提高公众参与的热情，增加信息源。地震之后，公众参与提供的数据可以快速验证和修正基于灾害经验给出的地震影响和灾情评估结果。公众在震时既是地震的直接受害者与应急服务对象，也是地震的直接感受者与灾情信息的传递者，因此公众参与可以节省时间和费用，有助于得到快速的响应并更好地处理危机（何宗宜和刘政荣，2006）。在地震发生时，会有大量关于地震灾害的相关数据通过微博进行传播，这类数据具有交互性、实时性、社会性等特点，而且隐含着大量有价值的信息，对它们进行分析，有助于更深刻地理解微博中信息的传播模式及其特征，也对灾害预警、社会稳定维持以及灾后救援提供有价值的信息。掌握网络舆情发展的趋势和规律，通过微博、贴吧等新媒体工具及早发现问题、解决问题和提升信息影响力，将有消极影响的信息影响范围控制在最小，避免不合实际夸大灾情的信息出现。营造正面、积极的舆论氛围，更好地为防震减灾服务（张蕾等，2015；吴玉如，2013）。

1.4 公众在地震灾害信息采集中的作用

本书中的公众主要包含普通公众、宏观异常测报员、防震减灾助理员、地震宏观异常志愿者和非地震行业的专家等。近年来，公众对于地震的关注热情以及关注度正在逐渐提升。用来发布地震速报信息的新浪微博"中国地震台网速报"，截至2020年4月有过千万的关注者。2017年8月8日21:19九寨沟地震发生后的48h内，相关的舆情数据量就高达339万条，微博约为331万条，微信公众号约为1.67万条，新闻报道约5.1万篇，贴吧论坛约1.68万条，其中微博信息中有7.7%的网民针对该话题发表了原创观点或消息，而灾情帮助类话题的大规模转发，增强了话题的影响效果（人民网，2017）。将公众参与纳入现有的防灾减灾体系中，一方面可以增加信息源，另一方面，公众参与有自我完善、互相验证的特点。随着大家对地震关注度的提高，公众参与信息的质量也在逐步提高，可以逐步验证得到有用的信息。

公众向决策者提供信息的方式主要是手机、电话或者网络，手机用户既可以接收离心化的防灾预警短信服务，又可以提供向心化的灾害信息收集服务。2019 年 4 月统计数据显示，中国的手机用户数量已达 15.9 亿，而智能手机的普及，也使得基于 PGIS 的信息采集可以深入广大的农村地区，为灾害信息的采集传输及灾情信息服务提供技术支撑。

据工业和信息化部第 45 次《中国互联网络发展状况统计报告》称，截至 2020 年 3 月，中国网民规模达 9.04 亿，其中手机网民规模达 8.97 亿，互联网普及率达 64.5%，数字鸿沟正不断缩小。此外，近年来社交媒体用户迅猛增长也从一个侧面保障了信息的及时收集。截至 2020 年 3 月，微信朋友圈、微博使用率分别为 85.1%、42.5%，相较于 2018 年底分别上升 1.7 个百分点、0.2 个百分点。随着通信技术的覆盖范围和时效性的提高，通信设备可以方便地获取文字、语音和图像信息。公众可以利用现有的通信技术和网络技术，及时在网络上发布多种媒体的灾害信息。政府部门能确保灾害预警信息及时到达有效用户手中，使他们有机会采取有效防御措施，减少人员伤亡和财产损失。

传统的地震宏观异常检测预报主要依赖于各级地震部门与专业的宏观异常测报员。这种模式可以有效地保证地震宏观异常的专业测报，同时可以实现异常的逐级上报核实，减少错报谎报。但这种工作方式由于时间与人员的局限性，不可能检测到所有发生的地震宏观异常。为尽可能多地检测到地震宏观异常信息，有必要引入新的地震宏观异常信息获取途径。作为防震减灾的一种有效信息源，公众通过移动互联网传输的信息的时效性较高，在空间分布方面具有其他途径不可比拟的广度。地震灾害的发生从时间和地点上都具有突发性，而地面监测点的覆盖面有限，不足以覆盖全部的地点；另外，地震灾害发生时间的突发性要求防震减灾工作的时效性，而公众可以将当地的信息及时地提供给决策者，所以将公众参与纳入现有的防震减灾体系中，是对"天–地"地震信息源的一种补充，也是及时性的一种保障。

我国在全国各地建设了大量的地震观测台站，为地震预测预报积累了丰富资料，但地震台站毕竟有限，不能覆盖到地震可能发生的每一个地点，使得地震预报存在着一定的局限性。大于 4.5 级的地震在震前普遍伴有宏观异常现象发生，而遍布在各地各处的公众对周围环境更加熟悉，相比于专业工作人员，他们更加容易发现异常现象，因此将公众纳入防震减灾体系中，能够很好地补充地震专业数据。随着公众对防震减灾工作的关注与参与量呈几何级数递增，公众已经成为提供地震异常信息的重要单元；而且由于现在各种通信方式的普及，公众提供信息的途径增多，信息源大幅度增加。准确及时的信息是进行科学决策的关键。虽然我国已经建立了从中央到地方的地震防御体系，但是地震的发生、发展和消退具有极大的偶发性。如果公众参与地震的积极性高，则有可能在第一时间不同的地点提供更多的信息，这种群众参与的方式，突破了传统灾害信息收集的局限性，并融入监测预警中，可以提高政府决策的科学性、准确性和高效性。

目前，越来越多的国家和机构将公众参与纳入地震信息采集，公众参与的地震信息的获取方式可分为公众主动上报和被动式信息采集。早在 1997 年美国地质调查局上线了公众参与式的震感和破坏报告收集系统，将公众贡献内容纳入地震烈度判断之中（Wald et al.，2011）。类似的，欧洲地中海地震中心、希腊雅典国家天文台通过在线宏观地震问卷等方式，为公众提供报告地震期间的真实感受的方法（Arapostathis et al.，2018）。我国湖北省、河北省等多地均在地震信息服务中增加了公众自主上报的功能，公众可自主上报灾害相关的文字、图片等信息，以帮助相关部门全方位采集灾情震情（魏艳旭等，2016；龚自禄等，2018）。

在地震信息的被动式采集中，社交媒体信息的采集占据了重要地位。公众倾向通过社交媒体传达对地震的感知、灾情的描述和求助求救信息。日本研究人员通过监测 Twitter 和目标事件的算法，发现 Twitter 发布地震应急信息的速度快于日本气象厅，证明了采集社交媒体数据应用于挖掘地震应急的可能性，有效采集此类信息可以辅助地震应急救援和灾后重建等多个方面（Sakaki et al.，2010；Mendoza et al.，2018）。近年来，针对社交媒体中地震灾害相关的用户生成内容采集引起了越来越多的关注，该类数据可应用于地震灾害事件的监测：澳大利亚、意大利等国的地震预警系统使用突发检测算法采集 Twitter 用户报告的地震事件（Mendoza et al.，2018）；除此之外，该类数据还可用于地震烈度的速判：通过分析地震后 10min 内推特条数与地震强度观测值之间的关系（Mendoza et al.，2018；Wang et al.，2019；Kropivnitskaya et al.，2017）或采集震后不同阶段（6h、12h、24h、48h）的地震数据，将文本中的关键词与地震烈度相对应，进行烈度速判（Arapostathis et al.，2018）。

随着智能手机用户的不断增加，公众位置数据的采集也逐渐成为地震灾害信息获取的方式之一。以德国的 I-LOV 项目为代表，许多研究机构都参与了基于移动电话信号搜索的灾害应急救援系统建设（Song et al.，2013）。利用位置信息数据可以追踪地震危险区的分布、人员的反应、人员的移动等（Xia et al.，2019；廖昆，2016）；通过研究活跃 WiFi 数量、无线网络联网设备数量等位置数据在地震发生前后数量变化情况（庞晓克等，2019），发现对于没有人员伤亡的地震，震后位置数据活跃度可能增强，而对于较大地震则可能减弱，有效分析位置数据的变化情况可以识别地震区位置、地震影响方向等特征。由于覆盖人群范围更广泛、时效性高、数据量大，相比于用户上报及社交媒体获取的地震信息，位置数据更为全面客观，如何更好地采集和利用此类数据进行地震灾情获取需要进一步研究。

1.5　公众参与式信息质量评价的重要性

公众参与是将普通公众的知识及信息纳入某一专业领域，进行分析与决策的过程。公众提供的信息具有时效性强和覆盖面广等特点。公众可以作为一种特殊的传感器（Goodchild，2007），实时地提供当地的信息，主要应用在社区规划（阮红利，2004；王晓军和宇振荣，2010）、环境评价（李天威等，1999）、灾后信息采集（Longueville et al.，2010；USGS，2016）中。公众可以在灾前提供救灾物资分布信息（Duncan and Lach，2006）与异常信息，为备灾工作提供信息源；或在灾中实时地提供灾情信息（Zook et al.，2010），为紧急救援工作指明方向，使得救援资源优化配置，救援力度最大化；并在灾后辅助恢复重建、规划。

公众参与式一方面指地震灾害信息的来源方式，另一方面指参与方式是互动的，可以通过公众之间的互动以及公众与地震行业专家之间的互动，对信息的可信度不断地进行修正与更新。在地震灾害信息的采集中，采用众包（crowdsourcing）方式多点、多时段、实时地获取信息。

公众参与式的地震灾害信息具有网络信息的特点。随着数据库技术的成熟和数据应用的普及，人类积累的数据量正在以指数速度增长。面临浩渺无际的数据，人们期望获得从海量数据中去粗取精、去伪存真的技术。网络信息数据量剧增，但其质量却无法保证，而且有价值的信息被淹没于大量的各种海量信息中，美国有人形象地形容"Internet 上的信息如果只有一英里①宽，则只有一英寸②深"（彭前卫，2000）。随着互联网的发展，人们面对网上海量信息变得无所适从，从网上获取和选择信息愈发困难。当信息用于辅助决策时，在紧急情况下，决策者必须在立即用问题数据和等待好一点的数据之间做出选择，对公众提供的数据进行质量检验（Elwood et al.，2012）。这就涉及了信息筛选与评价的研究范围。

公众参与式的地震灾害信息不仅具有网络信息的特点，而且具有其独立的专业特性。公众参与提供的信息能够在短期临震预测中发挥专业队伍难以替代的作用。但是这些信息的使用具有其两面性：一是对原始信息的否定或者遗漏等，对地震预测的漏报会造成很大的损失；二是对信息的随意相信，对地震的虚报会造成公众的恐慌，也会形成一定的损失。例如，1975 年 2 月，陕西省地震办公室（现为陕西省地震局）向宝鸡地区陇县发布了"陇县近期可能发生 4 级左右的地震"的预报（周可星，1988），这次虚报，造成了当地群众的惊慌，因躲避地震，停工停产造成的经济损失约 29.2 万元，搭防震抗震棚耗资约 2 万元。另外，地震时所出现现象发生的原因有很多，地震只是其中一个原因，而且由于公众文化程度、参与的随意性与个人主观性等方面的差距，公众提供的信息质量需要检验核实。

公众参与提供的信息的质量是地震预测与应急救援工作的重要保障，对这些信息质量的评价是更好地进行地震灾害信息分析的基础。本书的第 3 章和第 4 章将着重介绍对公众参与信息的筛选与评价，以期在地震灾害的预测、应急以及损失评估中起到有力的补充与辅助作用。

1.6　地震灾害信息挖掘的研究进展

对自然灾害发生规律、灾前预警、灾时灾后救援等的研究是当前自然灾害研究中的学科前沿内容，也是普遍关注的热点之一，这些研究往往依托于大量的自然灾害数据。数据挖掘是指从大量数据中挖掘有趣模式和知识的过程，数据源往往包括数据库、数据仓库、文本、Web、其他信息存储库或动态地流入系统的数据（Han et al.，2012）。国内外很多政府、研究机构和管理部门都根据需要建立了自己的自然灾害专业数据库，无论是传统的

---

① 1 英里 = 1.609 344km。
② 1 英寸 = 2.54cm。

灾害数据库（主要依赖于各级政府部门借助移动技术、网络技术、人工操作等逐级上报和汇总信息），以 Web 数据库形式发布的共享信息资源系统，还是一些新的网络信息发布平台，如政府网站、新闻、博客、论坛、微博等，借助数据挖掘技术，自动抽取并整理包含灾害事件主题、时间、空间位置以及范围、直接损失及次生影响、致灾原因等内容的结构化的涉灾信息，对提高管理部门的御灾、减灾的能力具有重要意义（邱海军，2012；Dunbar，2007；Peduzzi，2005），因此本书提到的灾害信息挖掘即是利用数据挖掘的技术与方法从灾害大数据中获取灾害信息与知识，并为灾害预测、灾时分析、灾后救援等提供决策与支持的技术。

地震信息主要包括震前地震宏观异常信息、震情和震后救援信息，地震信息挖掘主要从这几方面入手。一方面，通过分析地震发生发展的历史记录信息，挖掘地震危险性因素、震前宏观异常信息与地震发生之间的联系，筛选和评价这些信息，可以为预测地震发生时空分布特征、发生烈度、地震发生危险性等提供依据。另一方面，当地震发生时，针对其前兆和演化过程中的海量、异构、实时数据，进行快速收集获取、整理、可视化分析和共享等处理，把分布在不同系统、不同部门的涉灾信息全面、准确地挖掘出来，可以为救援决策等提供参考信息（李卫江和温家洪，2010）。最后，地震发生后，可以根据多途径获得的震后直接损失和次生影响等数据，为人员救助、物资提供、次生灾害预防与决策等提供数据支持。

目前，已有不少研究针对滑坡等自然灾害建立了灾前预警及预评估，如朱传华（2010）基于数据仓库建立滑坡敏感性多维数据集，在数据仓库的基础上使用 ODM 的支持向量机回归算法对研究区的滑坡敏感性进行分析，最终预测了 88.02% 的已知滑坡，同时验证了选用基于数据仓库的挖掘工具进行滑坡灾害预测预报的可行途径。孙峥（2008）利用风暴潮致灾因素数据为训练样本，以灾度为目标建立了三层反向传播（back propagation，BP）神经网络模型，对灾害等级进行了预评估，得到的灾害等级信息极大地提高了救灾时效性，有助于灾害救援物资和人员的调配，减少灾害损失。相里晨和李俊荣（1991）利用复相关方法对井潮畸变异常信息进行提取，并用波尔采夫滤波法求出水位的短周期变化，排除趋势变化与年变化；然而，不同于其他自然灾害，由于地球内部的"不可入性"、大地震的"非频发性"及地震物理过程的复杂性等困难的制约，对于地震的预测特别是短期和临震预测仍处于科学探索阶段，总体水平仍不高（陈运泰，2009），因此上述技术与方法对于地震预测仍具有一定的局限性。目前，根据地震的前兆异常来预测地震的发生是专家学者寄予很高期望的方法，同时经过 1975 年辽宁海城地震、1976 年云南龙陵地震等成功案例的验证，研究人员有了足够的信心。随着海量数据的获取、存储与共享的实现以及信息技术的快速发展，应用大数据挖掘技术探索分析震前宏观异常信息，为地震预测提供了一种可行的方法，并且这一方面的研究也较为成熟。

动物反常行为乱叫、不进窝，植物异常开花结果，井水河水等温度流量异常大幅度涨落、翻花冒泡，出现地裂缝、地陷、地气、地声，天气异常干旱闷热、大风、暴雨，天空出现奇怪形状颜色地震云等都是可能的震前宏观异常信息。另外苏联学者在塔拉斯—费尔干断层和塔姆德—提科拉夫断层交会区，还发现震前出现了红外辐射增强现象，得出了在地震前地面有非稳定性异常增温现象的结论（Gornyi et al., 1988）。宏观异常现象种类和发生数量不仅仅与地震震级有一定相关性（付虹等，2003），还具有特定的空间特征，分布具有密集型条带、不均匀（祝晔和李荣安，1983）等特性，且多位于震中附近（付虹等，2003）。利用数据挖掘技术，可以在大量的观测数据中寻找各种地震参数的变化规律，发现与地震孕育有关的异常以及分析异常与地震的关系，进而对地震预测、地震学方法参数和物理关系的研究提供客观的参考材料。

对于地震异常信息的提取和评估，国内外相关研究学者开展了很多研究，所使用的种类涉及地温、水位、热红外遥感影像等多种数据。如曹刻和石绍先（2003）、王喜龙等（2018）分别利用 Synthesis 数学模型和概率密度方法，利用地温和水位对 2013 年 4 月 20 日芦山地震等地震进行异常信息的提取。夏彩韵和张小涛（2019）人利用改进型图像信息方法探索了 2008 年 5 月 12 日汶川地震前出现的电离层电子含量异常现象，发现震前电子浓度等参量的变化，从而为地震的发生时刻的判定具有一定的短临指示意义。王莹（2019）基于小波变换和傅氏相对功率谱的相对功率谱方法（T-F RPS）提取了 2007～2018 年的 95 次地震的热红外异常信息，分析发现热红外异常变化能够较好地反映构造活动；黄清华（2005）提出 RTL 参数（震中距 R、时间 T 和破裂度 L），对地震前兆可信度进行评估。

对地震异常信息进行处理的相关方法可分为模糊数学方法和关联度分析方法等。其中，模糊数学方法，如天津市地震局冯德益和郑熙铭（1976）利用从属函数针对唐山地震前我国 50 多口井提取地下水氢含量异常，叶秀薇（2004）利用从属函数提取粤闽地区地下流体的地震前兆异常，发现 1989 年 1 月至 2003 年 9 月，9 项流体资料共出现 29 次异常；江苏省地震分析预报中心的郑江蓉等（1998）采用动态从属函数提取地震前兆异常信息，并对常熟 5.1 级地震前兆异常进行时、空动态演化的追踪分析研究；王志龙等（2012）则将分形理论引入地震数据的处理中，对地震属性数据进行了非线性特征提取，有效地识别了地下油气异常。关联度分析可以用来分析一定距离的两个地区出现特定震级以上的地震相伴发生的可能性（吴绍春，2005）；筛选评价地震前宏观异常因子，并分析这些因子与地震发生及震级严重程度的关联性，神经网络、支持向量机、统计分析等方法可用来建立地震发生概率模型为地震预报提供依据（Li et al., 2011；谭锴，2010；项月文，2012；刘悦，2005），如卫定军等（2014）利用支持向量机的方法建立多种地震前兆异常的地震综合预测模型，对宁夏回族自治区及周边地区可能发生的地震震级具有一定的预测能力。针对地震预测因子数据的非线性、训练样本有限、分布不均匀等问题，陈以等（2011）采用自组织映射神经网络对样本进行分类，构建径向基函数神经网络进行训练和预测，在预测精度上优于传统 BP 神经网络的地震预测方法。邢德钊和全海燕（2019）采用独立成分间的互相关谱，更完整地提取出地震场景下潮汐谐波的异常信息。另外，还有龚丽文等（2014）利用 S 变换和超限率等方法，提取定点形变高频异常分析，为地震预报提供理论支持。宋冬梅等（2015）通过 RST 算法提取震前热异常指数值为地震的预测提供数据支持。孔祥增等（2018）提出了一种基于量子漫步算法的震前异常挖掘方法，提取震前射出长波辐射异常，进而计算地震前后的 P 值、异常值 CD 等数据，为地震预测提供一定的支持。

传统的震情信息获取主要依赖于地震仪器的测量或专业人员的实地调研，其时效性较差且成本较高。如今越来越多的学者采用社交媒体等多源大数据提供的即时信息监测地震事件的发生，以实时获取震情信息。由于网络中的每位用户均可以作为震情的感知器（Sakaki et al., 2010），基于社交媒体用户发布数据的地震事件监测主要利用文本分类等语义分析方法，如 Li 等（2011）采用支持向量机方法，构建了基于相关关键词、信息数量和 Twitter 上下文的分类模型，并构建了基于概率的时间空间模型来研究和发现地震震中。薄涛（2019）利用人工神经网络算法对与地震相关的新浪微博数据进行分析，提出了数据驱动型的地震烈度快速评估方法，满足地震应急救援的实际需求。另外，Huang（2019）还使用计算机视觉技术，通过序列分析等方法绘制视频抖动图判断地震的烈度。李小光（2017）则利用手机内置传感器通过加速度计和磁力计数据的融合，基于随机森林等算法构建了手机非固定姿态下的地震事件检测策略。多源数据在一定程度上提高了震情信息获取的效率，并为地震灾害信息挖掘提供了新的思路和方法（李小光，2017）。

震后有效的应急救援措施可以减轻灾害损失、减少人员伤亡，而地震救援相关灾情及求救求助等信息的提取是应急决策的基础。传统的应急管理在信息获取和交换方面不够灵活健全，面对不断涌现和变化的灾情适应能力不足（Xing et al., 2019）。许多国家与机构开发了面向震后灾情信息获取的平台，如 IBM 公司负责开发的开源 SAHAN 赈灾管理系统，涉及失踪人员、遇难人员登记、援助需求管理、基于地图信息的急救方案信息、物资库存管理以及信息报告管理等功能模块，采用开放的用户注册和灾害信息采集手段，凭借其文本分析、灾害信息追踪、灾难态势地理信息可视化、同步及决策支持功能，SAHAN 赈灾管理系统在 2006 年印度尼西亚爪哇岛日惹市地震，以及 2008 年汶川地震等重大灾害中发挥了重要作用，有效地提高了救灾和援助的效率（李卫江和温家洪，2010）。由美国国家科学基金会资助的 RESCUE 系统利用 SA（situational awareness）技术，能够从灾时和灾后的各种不同的数据模型中（语音、文本、视频等），快速获取受灾人口信息（位置、统计信息）、救灾物资信息（食物、饮用水、避难场所），以及灾害事件的进程，然后根据获得的灾害信息进行灾害损失评估（Frank, 1992）。

地震发生后根据快速收集到的震级、烈度、受灾人数、城市结构等信息，运用主成分分析可以实现多种因子的降维处理（郭金芬，2012），聚类分析（杨震等，2013）、神经网络（李永义，2014；Xing et al, 2019）、决策树（赵艳南，2011）等方法可以快速分析出地震影响时空分布、人员、经济方面受灾轻重、救援难度等信息，为救援人员分配、物资调度提供决策支持。杨震等（2013）利用聚类的方法研究了受灾程度与物资需求属性，对各受灾区救援物资分配的优先级进行了排序。苏晓慧等（2019）利用信息分类的朴素贝叶斯模型以及机器学习和语义计算模型的特征融合的分类方法从海量自媒体信息中挖掘出少量危急又重要的信息，用于辅助震后灾情研判和精准救援。李想（2018）与 Xing 等（2019）分别运用 LDA 主题模型提取及卷积神经网络等方法对地震相关的社交媒体数据进行信息提取并进行时空分析，以辅助应急救援决策的制定。另外，通过灾害信息的有效挖掘，可以评估地震灾情。张莹等（2019）提出了一种基于 SIFT 特征与 SVM 分类的地震灾情图像信息异常监测模型，并以 2013 年芦山地震建筑物破坏灾情图像为例对模型进行验证。Mangalathu 等和 Burton（2019）则基于 LSTM 模型构建文本灾情描述与建筑物损坏间的关系，以评估震后建筑物受损情况。

有效的地震灾害信息挖掘对灾前预判、灾中舆情及灾后救援等多个方面均具有重大作用，然后目前对于地震信息的挖掘多注重机器学习、关联度分析等方法的应用，仍存在部分局限性。例如，许多研究忽略了对灾害信息的时空分析，或将时间和空间维度割裂，未研究不同时间下空间信息的变化，限制了灾害信息挖掘的深度；多使用一种数据源，未融合多源大数据以全方位挖掘灾害信息。本书的第 3 ~ 5 章会针对地震灾害信息采集及评价、多源信息的融合等技术进行论述，并将其应用于震前、震中、震后等不同阶段，为地震灾害信息的挖掘提供参考。

1.7　本章小结

地震灾害具有突发性、地域性、破坏性，地震灾害的信息来源广泛，可以是由地震台站或者群测点采集到的点源信息，也可以是基于遥感技术获取的大面积综合性数据。随着信息技术的发展与智能手机的普及，越来越多的人愿意在社交平台发布自己的瞬时感受以及所处状态，如能将这部分实时信息加以利用，与专业监测数据相结合，采用相应的理论技术进行分析与挖掘，将可以为地震灾害的监测提供有价值的信息，从而为防震减灾工作提供支持。

参 考 文 献

《现代班组》编辑部.2008. 遥感技术与地震灾害评估［J］. 现代班组，（6）：19.

《中国科技信息》编辑部.2005. 中科院专家成功预测南亚大地震［J］. 中国科技信息，（21）：6.

安徽省地震局.1978. 宏观异常与地震［M］. 北京：北京地震出版社.

薄涛.2018. 基于社交媒体的地震灾情数据挖掘与烈度快速评估应用［D］. 北京：中国地震局工程力学研究所博士学位论文.

曹刻，石绍先.2003.Synthesis 前兆群体异常信息提取与地震短期预测研究［J］. 地震研究，26（1）：20-25.

陈文凯，何少林，周中红.2010. 基于多源数据的震害快速评估方法探讨［J］. 西北地震学报，32（1）：76-81.

陈以，王颖，张晋魁.2011. 组合人工神经网络在地震预测中的应用研究［J］. 计算机仿真，28（1）：190-193.

陈运泰.2009. 地震预测：回顾与展望［J］. 中国科学（D 辑：地球科学），39（12）：1633-1658.

崔子健，陈章立.2019. 地震带划分方法研究［J］. 国际地震动态，（8）：12-13.

董仁才，刘明，徐卫华，等.2008. 多源数据融合技术在汶川地震生态环境影响应急评估中的应用［J］. 生态学报，28（12）：5795-5800.

冯德益，郑熙铭.1987.1976 年唐山地震前水氡含量变化的模糊识别和前兆异常的特性分析［J］. 中国地震，（1）：40-48.

付虹，万登堡，张立.2003. 云南地区地震宏观异常特征研究［J］. 地震研究，26（3）：209-216.

高方红，侯志伟，高星.2016. 公众参与式地震灾情信息服务平台研究［J］. 地球信息科学学报，

18 (4): 477-485.

龚丽文, 刘琦, 张治广, 等. 2019. 2014 年鲁甸 M_ S6.5 地震形变高频信息异常与前兆机理浅析 [J]. 地震, 39 (1): 101-113.

龚自禄, 张辉, 舒德亮, 等. 2018. 湖北省震情速报微信公众平台 [J]. 地震地磁观测与研究, 39 (2): 203-209.

郭金芬. 2012. 面向大型地震的应急物资需求预测方法研究 [D]. 天津: 天津大学硕士学位论文.

郭松玲. 1999. 试论灾害信息的特征与分类 [J]. 中国减灾, (3): 25-27.

何宗宜, 刘政荣. 2006. 公众参与地理信息系统在我国的发展初探 [J]. 测绘通报, (8): 33-37.

和胜利. 2008. 地震宏观异常在临震预报中的应用 [J]. 中国西部科技, 7 (5): 4-5.

黄清华. 2005. 一种评估地震前兆可信度的方法 [J]. 地球物理学报, 48 (3): 637-642.

孔祥增, 江小英, 郭躬德, 等. 2018. 基于量子漫步算法的地震震前异常挖掘 [J]. 计算机系统应用, 27 (10): 154-160.

李经营. 1999. 土耳其发生 7.4 级地震 [J]. 灾害学, (4): 77.

李天威, 李新民, 王暖春, 等. 1999. 环境影响评价中公众参与机制和方法探讨 [J]. 环境科学研究, 12 (2): 36-39.

李卫江, 温家洪. 2010. 基于 Web 文本的灾害信息挖掘研究进展 [J]. 灾害学, (2): 119-123.

李想. 2018. 基于社交媒体的灾害事件提取与时空分析 [D]. 兰州: 兰州交通大学硕士学位论文.

李小光. 2017. 基于手机加速度计的地震事件检测方法研究 [D]. 武汉: 武汉大学硕士学位论文.

李永义. 2014. 交通系统地震应急决策模型与方法 [D]: 北京: 中国地震局工程力学研究所.

力武常次. 1978. 地震预报 [M]. 北京: 北京地震出版社.

廖昆. 2016. 基于灾害搜救场合的微弱信号检测研究和新型无线定位系统设计 [D]. 杭州: 浙江大学硕士学位论文.

刘旸. 2013. "4·20" 芦山地震救援 [J]. 劳动保护, (6): 74-75.

刘悦. 2005. 神经网络集成及其在地震预报中的应用研究 [D] 上海: 上海大学博士学位论文.

吕吉尔. 2010. 智利大地震: 有史以来的最大地震 [J]. 世界科学, (6): 32-34.

莫善军, 冯启民, 贾靖. 2005. 地震现场灾情信息反馈途径和集成软件 [J]. 世界地震工程, 21 (4): 126-132.

聂高众, 安基文, 邓砚. 2012. 地震应急灾情服务进展 [J]. 地震地质, 34 (4): 782-791.

庞晓克, 聂高众, 张昕, 等. 2019. 基于手机位置数据的地震灾情指标选择 [J]. 中国地震, 35 (1): 147-160.

彭前卫. 2000. 开发利用网络信息资源的若干思考 [J]. 图书情报工作, (6): 31-34.

邱海军. 2012. 区域滑坡崩塌地质灾害特征分析及其易发性和危险性评价研究 [D]. 西安: 西北大学博士学位论文.

屈佳, 张四新. 2014. 多源数据整合在地震信息上报系统中的应用 [J]. 内陆地震, 28 (1): 30-37.

冉慧敏, 高小其, 郑黎明, 等. 2013. 新疆 "三网一员" 宏观异常测报员系统建设 [J]. 内陆地震, 27 (1): 1-6.

人民网. 2017. 大数据解析九寨沟地震 72 小时舆论场. http://yuqing.people.com.cn/n1/2017/0815/c209043-29471816.html [2018-8-15].

阮红利. 2004. 公众参与式 GIS 的理论研究及其在城市规划中的应用 [D]: 福州: 福州大学硕士学位论文.

宋冬梅, 时洪涛, 单新建, 等. 2015. 基于热异常信息与 BP 神经网络的中强地震预测试验 [J]. 地震地质, 37 (2): 649-660.

苏晓慧，邹再超，苏伟，等.2019. 面向地震应急的自媒体信息挖掘模型 [J]. 地震地质，41 (3)：759-773.

孙峥.2008. 城市自然灾害定量评估方法及应用 [D]. 青岛：中国海洋大学博士学位论文.

谭错.2010. 基于支持向量机的云南地区地震预测 [D]. 金华：浙江师范大学硕士学位论文.

童庆禧，卫征.2007. 北京一号小卫星及其数据应用 [J]. 航天器工程，16 (2)：1-5，87.

王昊.2009. 浅谈遥感技术在地震灾害中的应用 [J]. 硅谷，(10)：95，57.

王喜龙，贾晓东，王博，等.2018. 利用概率密度分布提取地下流体数字化观测资料中的高频异常信息——以 2014 年鲁甸 6.5 级地震为例 [J]. 地震，38 (1)：35-48.

王晓军，宇振荣.2010. 基于参与式地理信息系统的社区制图研究 [J]. 陕西师范大学学报（自然科学版），38 (2)：95-98.

王莹.2019. 应用热红外遥感资料研究地震热异常变化 [D]. 兰州：中国地震局兰州地震研究所博士学位论文.

王瓒玮.2018. 日本城市地震灾后社会治理研究——以阪神淡路大地震为中心的探讨 [J]. 中国石油大学学报（社会科学版），34 (2)：60-65.

王志龙，太文龙，黄孝斌.2012. 分形理论在地震属性异常识别中的尝试 [J]. 电脑知识与技术，8 (22)：5431-5433，5500.

卫定军，罗国富，司学芸，等.2014. 基于支持向量机回归的宁夏地震前兆综合预测模型研究 [J]. 地震研究，37 (2)：186-191.

魏艳旭，刘晓丹，贾军鹏，等.2016. 河北地震官方微信公众服务平台 [J]. 地震地磁观测与研究，37 (2)：175-180.

吴绍春.2005. 地震预报中的数据挖掘方法研究 [D]. 上海：上海大学博士学位论文.

吴玉如.2013. 地震部门微博客应用探讨 [J]. 灾害学，28 (3)：185-190.

夏彩韵，张小涛.2019. 利用改进型图像信息方法研究汶川 8.0 级地震震前电离层扰动异常特征 [J]. 防灾减灾学报，35 (4)：25-30.

相里晨，李俊荣.1991. 井潮畸变异常信息的提取及应用 [J]. 西北地震学报，13 (1)：50-56.

项月文.2012. 基于 SOM 自组织神经网络的地震预报技术研究 [D]. 南昌：南昌大学硕士学位论文.

邢德钊，全海燕.2019. 地震场景下重力固体潮信号互相关谱分析与异常信息提取 [J]. 地球物理学进展，34 (6)：2196-2204.

徐保华，徐秀登.2005. 地震云预测地震续谈 [J]. 科学技术与工程，5 (22)：15-19.

许冲，徐锡伟，吴熙彦，等.2013. 2008 年汶川地震滑坡详细编目及其空间分布规律分析 [J]. 工程地质学报，21 (1)：25-44.

阎丽.2020. 唐山大地震后我们是如何战"疫"的 [J]. 共产党员（河北），(8)：53-54.

杨震，王成军，郭梨.2013. 巨灾救援链系统中的灾区聚类与排序问题研究——以汶川地震为例 [J]. 灾害学，28 (4)：159-164.

叶秀薇.2004. 粤闽地区地下流体从属函数异常与地震关系的初步研究 [J]. 防灾减灾工程学报，24 (2)：195-201.

尹章才，章光，李井冈.2008. 基于 PPGIS 的社会化震害信息获取模型研究 [J]. 灾害学，23 (3)：135-139.

于海英，朱元清，王小平，等.2005. 上海地震台阵对 2004 年 12 月 26 日印度洋地震的精确定位 [J]. 地震地磁观测与研究，(2)：8-13.

战训.2018. 四川九寨沟 7.0 级地震救援解析 [J]. 中国消防，(9)：65-68.

张蕾，吴敏，陈国琴．2015．有关地震信息舆情的现状及思考［J］．国际地震动态，（1）：15-18．

张敏政，刘洁平．2000．土耳其伊兹米特地震（1999，M7.4）的强地震动［J］．世界地震工程，（2）：1-7．

张小涛，张永仙，许敦煌．2009．汶川8.0级地震前后宏观异常现象分析［J］．地震，29（2）：104-117．

张莹，郭红梅，尹文刚，等．2019．基于SIFT特征与SVM分类的地震灾情图像信息异常检测方法［J］．地震研究，42（2）：265-272，306．

赵艳南．2011．基于决策树的滑坡预报判据数据挖掘研究［D］．北京：中国地质大学博士学位论文．

郑江蓉，黄耘，徐桂明．1998．利用从属函数对常熟5.1级地震前兆异常的研究［J］．地震学刊，（3）：25-29．

郑普红，奚军，刘德镗．2008．四百七十二年来，四川大地震知多少？［J］．国土资源导刊，（6）：68-70．

郑拴宁，李朝奎，李佳玲．2009．现代遥感技术在地震灾害中的应用［J］．地理空间信息，7（1）：85-87．

中国地震局．2008．地震群测群防工作指南［M］．北京：北京地震出版社．

中国地震局．2015．台站监测手段．http://www.cea.gov.cn/publish/dizhenj/468/545/548/20120324043110174423946/index.html［2015-3-24］．

中国地震局公共服务公司．2020．铭记教训防范地震灾害风险——纪念青海玉树地震10周年［J］．防灾博览，（2）：16-18．

周可兴．1988．宝鸡市地震志［M］．宝鸡：宝鸡市地震志编委会．

朱传华．2010．三峡库区地质灾害数据仓库与数据挖掘应用研究［D］．北京：中国地质大学博士学位论文．

祝晔，李荣安．1983．海城7.3级地震宏观前兆时空演化特征与异常机制［J］．地震地质，5（3）：55-62．

Arapostathis S G, Drakatos G, Kalogeras I, et al. 2018. Developing seismic intensity maps from twitter data: The case study of Lesvos Greece 2017 earthquake: Assessments, improvements and enrichments on the methodology ［C］. Istanbul: GeoInformation For Disaster Management（Gi4DM）.

Arapostathis S G, Lekkas E, Kalabokidis K, et al. 2018. Developing seismic intensity maps from twitter data: the case study of Lesvos Greece 2017 earthquake: Assessments, improvements and enrichments on the methodology ［C］// Proceedings of the GI4DM 2018 Congress, Istanbul.

Dunbar P K. 2007. Increasing public awareness of natural hazards via the Internet ［J］. Natural Hazards, 42（3）: 529-536.

Duncan A L, Lach D H. 2006. Privileged knowledge and social change: Effects on different participants of using geographic information systems technology in natural resource management ［J］. Environmental management, 38（2）: 267-285.

Elwood S, Goodchild M F, Sui D Z. 2012. Researching volunteered geographic information: Spatial data, geographic research, and new social practice ［J］. Annals of the Association of American Geographers, 102（3）: 571-590.

Frank A U. 1992. Qualitative spatial reasoning about distances and directions in geographic space ［J］. Journal of Visual Languages & Computing, 3（4）: 343-371.

Goodchild M F. 2007. Citizens as sensors: the world of volunteered geography ［J］. GeoJournal, 69（4）: 211-221.

Gornyi V I, Salman A G, Tronin A A, et al. 1988. Outgoing infrared radiation of the earth as an indicator of seismic activity ［J］. Proceedings of the Academy of Sciences of the USSR, 301（1）: 67-69.

Han J W，Kamber M，Pei J. 2012. 数据挖掘概念与技术［M］. 北京：机械工业出版社.

Kropivnitskaya Y，Tiampo K F，Qin J H，Bauer M A. 2017. The Predictive Relationship Between Earthquake Intensity and Tweets Rate for Real- Time Ground- Motion Estimation［J］. Seismological Research Letters，88（3）：840-850.

Li Y E，Hsu B P，Zhai C X，et al. 2011. Unsupervised query segmentation using clickthrough for information retrieval［C］. Beijing：Proceedings of the 34th international ACM SIGIR conference on Research and development in Information Retrieval.

Longueville B，Luraschi G，Smits P，et al. 2010. Citizens as sensors for natural hazards：A VGI integration workflow［J］. Geomatica，64（1）：41-59.

Mangalathu S，Burton H V. 2019. Deep learning- based classification of earthquake- impacted buildings using textual damage descriptions［J］. International Journal of Disaster Risk Reduction，36：101111.

Mendoza M，Bárbara Poblete，Valderrama I. 2018. Early Tracking of People's Reaction in Twitter for Fast Reporting of Damages in the Mercalli Scale［M］//Social Computing and Social Media. Technologies and Analytics. Springer，Cham.

Mendoza M，Poblete B，Valderrama I. 2018. Early Tracking of People's Reaction in Twitter for Fast Reporting of Damages in the Mercalli Scale［M］// Social Computing and Social Media. Technologies and Analytics. Heidelberg：Springer.

Peduzzi P，Dao H，Herold C. 2005. Mapping Disastrous Natural Hazards Using Global Datasets［J］. Natural Hazards，（35）：265-289.

Sakaki T，Okazaki M，Matsuo Y. 2010. Earthquake shakes Twitter users：real- time event detection by social sensors［C］. Raleigh：Proceedings of the 19th International Conference on World Wide Web，WWW 2010.

Song X，Zhang Q，Sekimoto Y，et al. 2013. Modeling and probabilistic reasoning of population evacuation during large- scale disaster［C］// Raleigh：Proceedings of the 19th ACM SIGKDD international conference on Knowledge discovery and data mining.

USGS. 2016. Did You Feel It? Citizens Contribute to Earthquake Science［EB/OL］. http：//pubs. usgs. gov/fs/2005/3016/.［2016-11-29］

Wald D J，Quitoriano V，Worden B，et al. 2011. USGS "Did You Feel It?" Internet- based macroseismic intensity maps［J］. Annali Di Geofisica，54（6）：1-20.

Wang Y，Ruan S，Wang T，et al. 2019. Rapid estimation of an earthquake impact area using a spatial logistic growth model based on social media data［J］. International Journal of Digital Earth，12（11）：1265-1284.

Xia C X，Nie G Z，Fan X W，et al. 2019. Research on the application of mobile phone location signal data in earthquake emergency work：A case study of Jiuzhaigou earthquake［J］https：//journals. plos. org/plosone/article? id=10. 1371/journal. pone. 0215361［2019-4-12］

Xing Z Y，Su X H，Liu J M，et al. 2019. Spatiotemporal Change Analysis of Earthquake Emergency Information Based on Microblog Data：A Case Study of the "8. 8" Jiuzhaigou Earthquake［J］. ISPRS international journal of geo- information，8（8）：35901-35916.

Zook M，Graham M，Shelton T，et al. 2010. Volunteered geographic information and crowdsourcing disaster relief：a case study of the Haitian earthquake［J］. World Medical & Health Policy，2（2）：7-33.

第 2 章 | 公众参与式的地震灾害信息分析理论与方法

2.1 公众参与式基本思想与相关研究方法

2.1.1 公众参与式的基本思想以及相关应用

公众参与式管理模式最早出现在企业管理的行为科学领域。20 世纪五六十年代，行为科学领域的研究者提出员工参与式管理并将其运用在企业内部的小规模组织领域，期望通过员工参与管理的方法激励企业员工，提高决策接受度并灌输组织目标。1973 年，Vroom 和 Yetton 提出了 Vroom-Yetton 模型，Sample（1993）对该模型在自然资源决策领域的使用和适用性进行了讨论，并对其中的公众参与模式选择程序和应用条件进行了总结（Green，1997）。Becker 等也运用该模型分析了生态系统基础的管理和决策中的公众参与效果（Becker et al.，1999）。

公众参与主要应用在环境保护、城市管理和规划、公共卫生政策和管理、公共事业管理和地方政府重大项目决定等方面。公众参与式在生态环境管理、环境冲突解决、环境影响评价等领域应用较早，1975 年加拿大学者 Elder 等出版了《环境管理与公众参与》（*Environmental Management and Public Participation*）文集，专门就加拿大及其各省的环境法规和执法做出了较全面的阐述和评价，重点对环境政策制定、环境法的执行、环境计划和环境管理中的公众参与的机会做出了判断和评价。美国学者 Jonathon 提出，环境保护的一种廉价和绿色的新方法就是引入公众参与。公众参与是基于市场体制和产权而非中央计划和官僚控制的有效公平环境政策的获得途径，这将有助于改善环保及降低成本（Adler et al.，2001）。甚至一些具有先进的公众参与经验的国家都通过立法保障公众参与环境保护的权利，如美国的《国家环境政策法》和《国家环境政策实施程序的条例》详细规定了美国公众参与环境影响评价制度的内容；澳大利亚已经建立了完善的环境保护法律法规体系，在立法中充分考虑了公众的权利和义务，对公众的知情权、参与权和参与程序有详细的规定，我国环境保护部（现生态环境部）2015 年 7 月公布，并于 9 月 1 日开始实施的《环境保护公众参与办法》，提出公众可参与重大环境污染和生态破坏事件的调查处理。

公众参与在政治学、社会学领域也被众多国内外学者所研究。1960 年，Kaufman 首次提出"参与式民主"（participatory democracy）概念，这一概念被广泛运用于微观治理单位，如学校、社区、工厂的管理，以及政策制定等领域（王锡梓，2008）。1970 年，美国学者佩特曼（C. Pateman）出版了《参与和民主理论》一书，进一步将参与的领域从微观领域拓展到政治领域，发展了一种"参与民主理论"。在政治层面上，参与式民主被认为是"疗救"自由主义民主诸多问题的方案。其理论为公共资源的有限性和社会成员利益诉求的分殊冲突，往往使得政府在治理决策时，因为有限理性和信息不充分而出现偏差和失误，而实现政府和社会的友好合作，有赖于公民的积极参与，以及有助于提升国家生产力、竞争力的制度安排和组织创新（莫泰基，1995）。

公众参与的概念由来已久，并且在各个领域内学者的认识有所偏差，Swell 和 Robert（1994）认为公众参与是通过一系列的正规及非正规的机制直接使公众介入决策，Pearse 和 Stiefel 认为公众参与是人们在给定的社会背景下为了增加对资源及管理部门的控制而进行的有计划、有组织的努力，他们曾经是被排除在资源及管理部门控制之外的群体（Friedmann et al., 1992），世界银行认为"参与"是一个过程，通过这一过程利益相关者（stakeholders）可以共同影响并控制发展的导向、决策权和他们所控制的资源（国家环境保护局，1993）。Brahmanjohn 将参与分为两类，即"真参与"和"假参与"，前者是当地公众能民主地控制项目的决策权，后者是项目实施主要依据外来者事先决定的计划进行（杨锡怀，2001）。蔡定剑（2009）认为公众参与是指公共权力在进行立法、制定公共政策、决定公共事务或公共治理时，通过公众与公共部分的反馈互动对公共决策和治理行为产生影响的各种行为。按照王锡锌（2008）的定义，公众参与是在行政立法和决策过程中，政府相关主体通过允许、鼓励利害关系人和一般社会公众涉及公共利益的重大问题，以提供信息、表达意见、发表评论、阐述利益诉求等方式。

那么什么是"公众参与"呢？公众是一个内涵广泛的概念，通常是指所有实际上或潜在地关注、影响一个组织达到其目标的政府部门、社会组织及个人（欧洲经济委员会，1998），张红梅（2007）认为在公共危机的管理中，"公众"有其特定含义，专指与社会组织发生相互作用并面临共同问题和利益而形成的社会群体，社会公众是突发性危机事件直接威胁的对象，即公众是最为直接的"受害体"。综合以上几种定义，本书中的公众参与是指将普通公众（包含普通公众、宏观异常测报员、防震减灾助理员、地震宏观异常志愿者和非地震行业的专家等）的知识以及信息纳入到地震专业领域，进行分析与决策的过程。公众提供的信息具有时效性强和覆盖面广等特点。在参与过程中更加强调过程参与而不仅仅是过去的结果参与，更重视目标群体的主体地位，注重对参与者赋权，目的是最大限度地实现群体的自我发展能力；同时强调这种认同和积极参与需要发挥个人的主动性和首创能力，而个人能力的发挥需要更高层次的制度供给和制度保障（莫泰基，1995）。

2.1.2　公众参与式的相关研究方法

公众参与式的权利关系、价值观体系变化和组织结构变化特点共同构成了其理论内容（杜鹏和徐中民，2007）。刘毅等（2007）综合运用自上而下的分析手段和利益相关者研究方法，建立了城市规划环境影响评价开展公众调查的研究框架，将社会学调查方法纳入规划环境影响评估方法学体系。侯建平和蔡灵（2014）在公众参与海洋环境影响评价分析中，认为对公众参与对象（个人、单位和专家）的抽样可着重考虑受相关利益大、对不利影响承受力差的人群和政府组织，以及相关方面的专家，同时针对个人和政府组织等的调查问卷的内容应按利益相关人群关注的问题进行设计，而专家问卷的重点则在于强调依据专家的知识。英国政府 2001 年在《地方政府中的公众参与》报告中总结了满意度调查、意见和建议征集、公众会议、邻里论坛、交互式网络平台、散发资料传单、问卷调查、公民投票、社会需求分析、公众质询等 19 种参与方式，这几乎就是目前国内外用到的所有公众参与方式。在公众参与式的所有途径中，公众调查是公众参与的一种重要方式，公众调查需要调查者和被调查者之间和谐的心理交流模式，主要分为：①信任模式，即被调查者需要对调查者和调查事件建立起信任；②共鸣模式，即调查事件需要引起被调查者的谈话兴趣，与公众调查者产生共鸣；③展示模式，心理学认为，在人际交往中，人们自觉或者不自觉地都有种乐于展示自己、宣扬自己的心理愿望，因此调查者需要主动诱导对方，激发其荣誉感，使之愿意分享其看法、信息等，探究这些被调查者心理模式对于促进公众参与的积极性和有效性具有重要意义（范小星，2004）。李天威等（1999）在探究公众参与式在环境评价中的应用时提出公众参与的步骤与方法。①信息发布：可以通过现代的传播媒介，如报纸、广播、电视等进行，也可以召开信息发布会，让受项目影响的人群及时了解信息；②信息反馈：反馈信息的途径可以设置热线电话、公众信箱等，以回答公众提出的问题，记录公众提出的建议等；③反馈信息汇总：对公众反馈信息中的意见与建议进行汇总统计，了解他们关心的问题，找到更好的解决办法或缓解措施；④与公众进行信息交流：交流的主要方式一般是开讨论会，可邀请有关方面的专家、学者及受影响群体的公众代表参加；⑤项目决策：在充分的公众参与的基础上，最终由决策者确定项目是按原方案实施或调整方案实施，还是彻底否定该项目。吴春艳（2010）针对我国公众参与的不足和薄弱环节提出影响公众参与有效性的 9 个评估指标，对多个公众参与者进行参与有效性问卷调查后，对各个指标赋予不同权重并提出有效性计算公式，度量了公众参与环境影响评价的有效性。杨秋波（2012）从主体、客体和环境三个维度识别了公众参与成功的关键因素，应用德尔菲法进行调整，并通过因子分析将成功关键因素分为"决策模式"、"社会环境"、"参与过程"和"参与主体"四个因子，构建了邻避设施决策中公众参与的结构方程模型，从成功关键因素与公众参与绩效的关系方面揭示了邻避设施决策中公众参与的作用机理。为邻避设施决策中公众参与的机制设计提供了理论基础。Dodds 等总结、提出了多利益相关团体参与式管理的基本价值原则和目标，较好地涵盖了不同地区和问题的共性原则目标（图 2-1）（Hemmati et al.，2002）。

Meffe 等（2002）则进一步提出了参与式管理成功实现的三角原则，即成功地参与式管理过程设计和实施依赖于实力、过程和人际间的关系这三个关键因素。

目前，我国公众参与式的发起与执行在诸多方面还不够成熟，其中公众的社会心理因素是制约公众参与式发展的最重要因素之一，如影响公众参与式实施的公众心理主要包括：①参与者普遍的"搭便车"心理，对于公众而言，其往往由于意识薄弱，可能在参加决策过程中因耗费的时间、精力甚至金钱超过预期收益，而选择"退出"或者选择不参与。公众缺乏参与公共政策的动力，自己总希望坐享其成，最后导致自己的合法权益得不

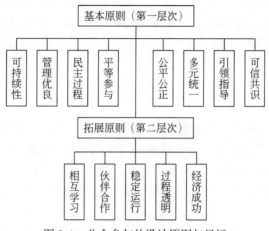

图 2-1 公众参与的设计原则与目标

到切实维护，这就是公众参与的困境（陈军辉等，2010）。②"公地悲剧"的旁观者心理，在公共领域每个人都有活动的自由，并总是从自身利益出发，决定自己的行为，这种个体的理性行为最终产生集体的不合理行为，酿成公地的悲剧（尹永超，2012）。③在公共事务中，公众参与的主动性和自觉性不高，参与的普遍性不足，民主监督的观念淡薄（石路和蒋云根，2007；邵东华，2007）。

尹永超（2012）从社会心理学的角度，认为公众环境意识受很多方面的影响，而由环境意识到参与环保行为是一个渐进的过程，中间受很多因素的影响，包括个体和社会两个方面，个人方面，公众除具有如上所述的影响公众参与式实施的公众心理外，人们对于环境的认知还存在许多不足，对环境行为技能的认识往往是浅层次的，导致公众环境意识和环境行为的不一致，此外当代物质主义价值观的刺激、相关制度的缺失等构成了影响公众参与行为的社会因素方面。雷秀雅等（2009）认为人们在对环境保护的重要性、紧迫性理解的基础上形成的环保意识，将伴随产生相应的情感体验，如对环境的焦虑感、危机感、责任感与道德感等，这些情感体验会促使个体产生行动倾向，使个体从环境保护的角度有选择地接受信息，主动地去认识、评价环保行动，自觉地调整、控制自己的行为，使之更符合环境规范与环境道德。1991 年，Thompson 和 Stoutemyer（1991）进行了促进节水有效手段的研究，研究对象为缺水地区居民，研究方法为每两个月向居民邮送三次节水的相关信息。研究结果表明，对于低收入居民进行的节水宣传和教育取得了良好的效果，不仅他们的节水态度积极，而且实际用水量也大大降低，但是此手段对高收入居民没有起到预期的效果。1980 年，Pallak 等（1980）进行了关于个人的环保行为与社区评价之间的相关研究，表明社会评价与认可是公众参与行为的重要因素。莫文竞和夏南凯（2012）认为公众参与式的参与主体的成熟度决定了参与的效果，参与主体成熟度包括参与能力和参与心理两个要素，前者指公众的知识和技能，即对参与事物知识的掌握、理解程度，能力越高，成熟度越高；后者指公众的参与意愿与道德境界，心理成熟度高的人靠内部动力激励，有强烈的参与兴趣和意愿，并能以维护公共利益为己任。对于"经济人"（完全追求个人利益）和"道德人"（追求社会公共利益），公共部门应该选择不同的参与方式影响其参与行为，对不成熟的公众，公共部门要进行教育和指导；对于成熟度高的公众，公共部门要给予更多的权利，鼓励其发挥能动性和创造性。

2.2 PPGIS 理论与方法

Slaithwaite 是世界上最早应用基于网络的公众参与地理信息系统进行社区规划的村庄之一，该村庄进行规划和建设时，当地民众的需求被摆在优先的位置上，通过专家与民主参与共同形成了 Slaithwaite 村庄（Carver et al.，1999；刘政荣，2005）。在公众参与过程中，最突出的研究特点为将公众参与和地理空间相结合，即公众参与地理信息系统（public participation geographic information system，PPGIS）。PPGIS 的两个显著特点为：①基于地理空间的民主参与（Dunn，2007），采用从上到下的数据分散及从下到上的公众参与；②使用非技术用户帮助提交一些基于位置的问题（张侃，2012）。PPGIS 的作用包括两方面：一是可以作为空间信息探索工具，将科学知识和乡土知识结合后用于规划或决策的问题诊断过程中；二是作为利益相关者的沟通媒介，用于空间信息的学习、讨论、交流、分析、表达和决策（王晓军，2010）。在 2003 年第二届 PPGIS 国际研讨会上，PPGIS 被正式定义为：①是一种对地理信息或地理信息技术的研究；②由既可以是个体也可以是最基层的一般民众所使用；③是参与会影响其生活的公众过程（刘云碧，2009）。在 Mapping for Change International Conference（PGIS'05）年会上，"参与型 GIS（PGIS）"被定义为：从规划、空间信息、信息沟通管理的"参与方式"发展而来，并凭借自身的优势形成一种具有系统整体突现性特征的应用，是参与式学习、行动与地理信息技术相结合的产物。相关学者针对公众信息采集、服务的方法方式进行了研究，并将其应用在防洪工程信息采集方面。如孟加拉国由于严重的砷污染，只能由深井获得安全的饮用水，通过当地社区的积极参与，使用 PPGIS 方法规划深井的选址（Hassan，2005）。又如在一项由德国、瑞士、印度学者共同参与的研究中，研究人员应用"mental map"工具将公众信息与空间信息可视化，在信息可视化和促进参与决策过程方面取得了较好的效果（Pfeiffer et al.，2008）。再如意大利学者建立基于 WebGIS 的自动分析框架，由终端用户通过网站入口参与空间数据及其他信息的更新统计，实现道路交通的风险分析和监控（Pirotti et al.，2011）。可见，公众信息的采集与服务在灾害领域的应用是一个必然趋势，让公众参与到灾害过程中也是国内外发展的一个趋势。

在灾害应用方面，国外的公众参与技术较为成熟，众多领域都有公众参与式的系统，美国开发了公众参与式的地震系统，但缺乏针对地震群测异常信息的相关标准与技术规范。由美国地质调查局研制的著名的系统"Did you feel it?"，通过 Web 收集由公众提供的震时或者震后感觉的数据（USGS，2012），从而快速计算地震烈度图（USGS，2005）。英国邓弗里斯地震调查局也采用了由公众提供的数据（BGS，2007）。德国正在研制基于公众参与的地震烈度地图（Haubrock，2007），通过网络收集基于公众参与的地震烈度评价数据。在我国，有关公众参与式的信息化系统研究起步较晚，基本是在 2000 年以后才开始，而且更多的是进行理论上的探讨，研究的领域主要集中在城市规划方面。自然灾害是一个社会与自然相互作用的过程，国内专家正是看到了这一点，在自然灾害的相关研究中，引入了公众参与的概念。基于 PPGIS 的社会化地震灾害信息实时获取模型（印章才，2008）就是从充分利用社会化信息资源的角度，实现快速验证和修正基于灾害经验给出的地震影响和灾情评估结果；西南石油大学也开展了基于 Web 服务的地质灾害预警。可见，公众参与式信息化系统在灾害领域中的应用已经初见端倪。

公众参与式系统的优势在于可以将专家知识与公众的乡土知识相结合，在实际应用中能方便地将公众的知识和其他专业知识相结合，进行专业的决策分析；国内外的研究多将公众参与技术应用在规划、环境保护等监督监测方面，极少用在灾害信息实时获取方面，而且大多用在灾害发生之后，灾情信息的收集等方面，很少用在灾前预防信息的收集方面。

近年来，随着网络和通信技术的发展，地理众包信息即志愿式地理信息越来越多地被研究学者及大众所接受。志愿者地理信息（volunteer geographic information，VGI）（Goodchild，2007），主要是指没有接受过正式的 GIS 或制图训练的公众提供的包含位置信息的多媒体数据，如照片、文字和声音（Elwood，2009）。PPGIS 与 VGI 的一个重要区别是，公众在参与过程中处于不同的位置。PPGIS 往往是公众利用公共的数据库来参与他们感兴趣的决策；VGI 是指公众建立自己的数据库，而非使用已有的公共数据库。VGI 的提供者同时也是数据的使用者，且 VGI 的生产过程是移动的、普遍存在的（Perkins，2008；Haklay et al.，2008），并通常由一种类似"维基化的"合作方式进行（Sui，2008）。PPGIS 更注重解决某些组织与团体的问题（Sieber，2006；Elwood and Ghose，2004），VGI 产品则更显个性化与动态化（Zook and Graham，2007）。Tulloch（2008）从参与方面指出了 VGI 和 PPGIS 的两个重要区别：其一是 VGI 使用的技术通常不属于传统的 GIS 软件，并且 VGI 主要是关于制图而不是决策，而 PPGIS 更侧重于决策和通过地图发现社会变迁；其二是 VGI 的作者可以在不知情的情况下创建和共享他们的数据，即一种类似"地理奴役"的形式（Obermeyer，2011）。然而，随着 VGI 的作者可能通过创建数据和共享数据，在决策制定过程中处于更有影响力的位置，因此 VGI 与 PPGIS 的判别标准是变化的。此外，VGI 还有一定的休闲娱乐性质，所以不能简单地将它纳入现有的 PPGIS 理论中。当必须在时间压力下收集大量数据时，众包的概念非常适合 VGI；但是并非所有的 VGI 项目都使用众包，如当有些人专注于从少数人或一组领域专家那里收集信息。2.3 节将着重阐述基于网络众包的信息收集理论、方法及应用案例等。

2.3 基于网络众包的信息收集理论与方法

众包，又称网络化社会生产，指的是某公司或机构将传统上由员工完成的任务，（以自由自愿的形式）外包给非特定的大众网络的行为。"众包"一词是 Howe 于 2006 年 6 月在计算机杂志《连线》的一篇文章中首次提出的（周立君和汪涛，2014；Howe，2006）。众包的任务通常由个人来承担，但如果涉及需要多人协作完成的任务，也有可能以依靠开源的个体生产的形式出现。众包与通常意义上的外包最关键的区别在于外包强调高度专业化的人员，而众包则是发挥跨专业人员的创造力，更重视互联网上"业余工作者"的贡献（周立君和汪涛，2014）。

　　网络众包理念的出现形成了新的生产方式、新的要素组织方式和新的劳动组织方式。众包强调社会差异性和多元性带来的创新潜力；它携手用户协同创新，从以生产商为主导逐渐转向以消费者为主导；改变了企业传统的研发创新模式，采用"内外结合"方式，借助社会资源提升创新与研发能力。例如，世界上最早实施众包的网站——创立于 2001 年的"创新中心"InnoCentive 网站，由医药公司资助并创建，发展至今已经成为生物与化学领域重要的研发众包网络平台，"创新中心"聚集了 9 万多名众包科研人才，成员来自世界各地，有很多中小型企业，甚至很多大型的包括波音、杜邦和宝洁等世界著名的跨国公司；搜狗输入法的皮肤和词库采用众包的理念实施，协同用户参与，截至 2016 年，皮肤有 37 834 种，词库有 27 695 个，而且这些数字不是终点，还会继续增长；iStockphoto 让所有的摄影爱好者分享照片，并且逐渐将这些照片分类销售，供需要者下载购买，收入由摄影者和网站经营者分享；Threadless.com 让所有人都可提交 T 恤设计，由网民投票，然后公司从前 100 名中选 9 款进行生产，每款都会取得很好的销售效果。

　　众包理念不仅在商业运作中有长足的应用，而且给信息收集特别是地理信息收集领域也带来了巨大变革。应用众包理念收集得到的地理信息在行业中称为志愿地理信息。采用众包理念实施地理信息收集的例子中流传最广的一个就是 OpenStreetMap（OSM 开源 wiki 地图）项目（图 2-2），OSM 创建于 2004 年，并迅速发展成为一个快速增长的网络社区，直至目前为止有超过 400 000 的注册用户，因此也就有了超过 400 000 名的潜在贡献者；"5·12"汶川地震的震后制图中（图 2-3），制作团队在豆瓣网（www.douban.com）中发布了一个帖子，号召志愿者提交与抗震救灾工作相关的任何数据，附加了地图数据格式的明确要求，地图创建一周后，点击量就达到了 82 539 次，并且很快突破 100 万次

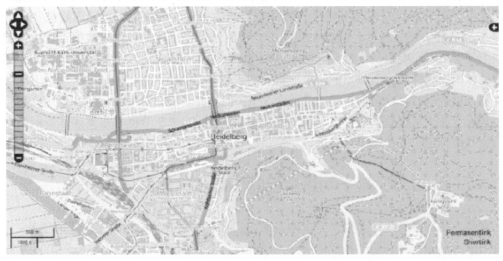

图 2-2　带有不同地图特征（街道、建筑等）的海德堡城 OSM 透视图（OSM 2011a）

图 2-3　四川地震救灾需求图

(Tulloch，2012)；在 2010 年海地发生的里氏 7.0 级特大地震中，位于首都太子港的大多数建筑遭受破坏，交通阻断，严重影响了国际救援，此时志愿者以 OpenStreetMap 上最新的卫星照片为基础，利用随身携带的 GPS 采集道路、兴趣点数据，通过电脑即时标注救护站、帐篷和倒塌的大桥，在短短的 48h 内构建了最完整的"Haiti OpenStreetMap"，如图 2-4（海地太子港地震前后的 OpenStreetMap 路网数据）（Roche et al.，2013）。

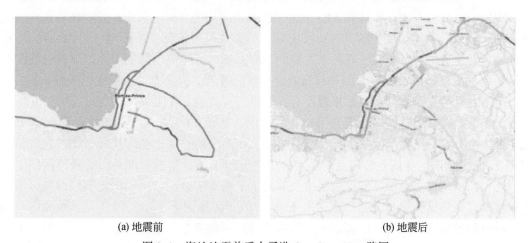

(a) 地震前　　　　　　　　　　　　　　　(b) 地震后

图 2-4　海地地震前后太子港 OpenStreetMap 路网

互联网技术的发展，Web1.0 门户时代向 Web2.0 交互时代的转变，同时伴随着 GPS 技术、地理标签以及移动互联网等技术的融合发展，基于空间参考的用户生成内容平台的兴起，各种形式的地理数据正越来越多地由公众自发提供，这些公众大多未受过相关专业培训。通过这种方式产生地理数据与最早出现在商业领域的众包理念不谋而合。因而，这种区别于传统测绘与遥感技术的地理信息获取新方法融合了 Web2.0、宽带网络、空间参考、GPS、地理标签、图形显示六项关键技术。国际地理信息科学界把由公众通过网络自发贡献的地理数据和信息称作志愿者地理信息（郝志刚等，2015）。2007 年，GoodChild（2007）首先提出志愿地理信息的概念，然而目前，学者对 VGI 理解的侧重点有所不同，GoodChild 指出 VGI 是指使用网页创建、收集、传播个人自发提供的地理信息。Maué（2007）认为 VGI 通常是由对空间数据处理没有专业技能的用户合作创建的地理信息。Basiouka 和 Potsiou（2012）认为 VGI 是通过公民而非数据生产者来收集和编辑的数字空间数据，这些公民不是专家，也没有受到任何特殊的邀请，但愿意传播空间知识和观察资料。本书认为 VGI 是公众通过互联网自发地协作完成带有空间信息的数据采集、处理、管理和维护，以实现地理信息的快速传播与广泛共享，在对地理数据的丰富性和实时性要求高而对其准确度要求不严格时可以起到很好的应用效果。

VGI 理论的应用实现主要有两种方式，一种是应用 VGI 理论来收集地理信息数据，一种是应用 VGI 理论来实现快速制图。在众多应用 VGI 理论收集地理信息数据的类似项目中，OSM（http://www.openstreetmap.org）是最具有影响力的。OSM 通过提供一个全志愿式的在线世界地图，对用户没有使用限制，并且资源开发给所有用户。通过 OSM 任何人都可以编辑地图、讨论地图、创建教程和其他说明材料，可以自由访问数据，并影响地图未来的发展方向。OSM 志愿者项目通过在线数据的参与和邮件列表来吸引志愿者参与到这个项目中来。全球范围内举行频繁的制图聚会，通过添加面对面交流的经验来巩固各个团体的交流。因此，地图成了一个用户可以被邀请去参与绘制的平台或者画布，用户可以自己编辑地图。每位用户每一次在地图上的编辑，就是一次地理信息的收集与分享（Tulloch，2012）。而在众多应用 VGI 理论实现快速制图的类似项目中，发生在海地特大地震中的 VGI 快速制图最能表现其在突发灾害中的重要应用价值。2010 年 1 月 12 日，海地特大地震发生后的短时间内，有两个重要的问题需要尽可能快地得到回答，那就是谁需要帮助？以及他（她）在哪里？但是对海地这个贫穷落后的国家而言，正常更新的地图数据是没有的，甚至连基本的道路数据都没有，这给震后救援工作带来极大的阻碍。在 1 月 12 日晚上，海地太子港的路网数据几乎还是空白的，然而 10 天之后，该地区的路网数据就几乎被完全补充完整，且仅仅 2 天，就有超过 800 多次的数据更新。这项工作的完成除了得到 Yahoo、Google 等商业公司及时免费提供高分辨影像数据的帮助外，活跃于网络上的志愿者也功不可没。志愿者们通过网络及时共享了精准的路况信息、房屋倒塌信息以及应急帐篷信息等信息，这些志愿信息在基于 OSM 的开源地图上集中，因此关于海地震后的现实状况的地图可以极快地绘制成功，为后续的国际救援奠定基础（Roche et al.，2013）。

2.4 大数据分析理论与方法

大数据由巨型数据集组成，这些数据集无法在时间和空间上整理为人类所能解读的信息。全球知名咨询公司麦肯锡（Mckinsey & Company）麦肯锡全球研究院（Mckinsey Global Institute, MGI）在《大数据：创新、竞争和生产力的下一个前沿领域》中首次提出

"大数据时代"的概念。报告称：数据，已经渗透到当今每一个行业和业务职能领域，成为重要的生产因素。人们对于海量数据的挖掘和运用，预示着新一波生产率增长和消费者盈余浪潮的到来。报告中给出的大数据的定义是：大数据指的是大小超出常规的数据库工具获取、存储、管理和分析能力的数据集（Manyika et al., 2014）。1970 年之后，以文字为载体的信息量大约每三年就翻一番，如今，全球信息总量每两年可以翻一番。2011 年全球被创建和被复制的数据总量为 1.8ZB。截至 2014 年，单一数据集的大小从数太字节（TB）至数十兆亿字节（PB）不等。根据麦肯锡全球研究院（MGI）预测，到 2020 年，全球数据预计将是 2009 年数据总量的 44 倍，达到 35ZB（方巍等，2014）。同时，传感网、物联网、社交网络等技术的爆发式增长，各种监控、监测感应设备也源源不断地产生流媒体数据和日志数据（李国杰和程学旗，2012）。能源、交通、医疗卫生、地理信息等各行各业每天都产生大量数据。面向不同业务的数据源和数据采集技术层出不穷，大大增加了数据的维度，极大地提高了数据的复杂度。由此，本书对大数据的定义如下，大数据＝"海量数据"＋"复杂类型的数据"。业界对大数据的特点，从早期的 3V、4V 说到现在比较认可的 5V，即 volume、velocity、variety、veracity、value（冯登国等，2014；孟小峰和慈祥，2013），大数据的 5V 特点如图 2-5 所示。

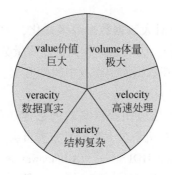

图 2-5　大数据的 5V 特点

volume（数据体量极大），指人们需要面对的数据量非常大（冯登国等，2014；孟小峰和慈祥，2013）；velocity（高速处理），流媒体、日志等数据出现要求系统提供近似实时的分析效率；variety（数据结构复杂），指存在包含日志、视频、图片、地理位置等各种结构化、半结构化、非结构化数据需要处理；veracity（数据真实），指数据内容记录整个真实世界，对社会状态的直接反映，同时也包含了真实世界的突发特性；value（价值巨大），虽然数据噪声巨大，但包含着经济和社会的发展趋势，通过大数据处理方法可以抓住极大的商业机遇和价值（冯登国等，2014；孟小峰和慈祥，2013）。

大数据技术依托云计算，将计算任务分布在大量计算机构成的集群资源上，用户根据计算复杂度获取计算、存储、网络资源（中国计算机学会大数据专家委员会，2013）。而大数据技术根据数据的周期，通常可以分为大数据的采集与预处理、大数据存储与管理、大数据计算模式与系统、大数据分析与挖掘、大数据可视化分析以及大数据隐私与安全几个方面（李国杰，2012），大数据的分析过程如图 2-6 所示。

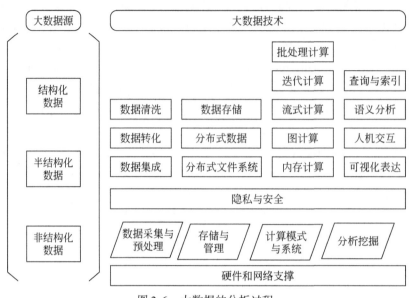

图 2-6　大数据的分析过程

1）数据采集与预处理，针对大数据数据源多样化，大数据技术第一步就是从数据源采集数据并进行高效的集成操作，为后续流程提供高质量数据集，常用的方法包括：基于物化或 ETL 引擎方法、基于联邦数据库引擎或中间件方法、基于数据流引擎方法和基于搜索引擎方法（Arasu et al.，2012）。

2）存储与管理，主要对上层应用提供高效的数据访问接口，包括基于分布式缓存（CARP、memcached）（中国计算机学会大数据专家委员会，2013）、基于 MPP 的分布式数据库、分布式文件系统（GFS、HDFS）　（Ghemawat et al.，2003；Borthakur，2008）、NoSQL 分布式存储方案（http：∥nosqldatabase. org/）等。

3）计算模式系统，根据实际需求抽象出高层次的模型，满足计算速度和维度的要求，常见的计算系统和工具包括查询分析计算（HBase，Hive，Cassandra）、批处理计算（Hadoop，Spark）、图计算（PowerGraph）、内存计算（Storm）等（Dean and Ghemawat，2004；Zaharia et al.，2012；Gonzalez et al.，2012）。

4）分析挖掘，针对大数据本身，通过分析挖掘提供数据质量和可信度，帮助用户理解数据，发现数据的价值。常见的有 IBM 公司使用基于 Hadoop 集成 R 的统计分析模块（Gubanov and Pyayt，2012）。还有针对图片和地理信息的 Hadoop-GIS 分析工具。

5）大数据可视化表达，有效的数据表达技术的出现可以让用户更充分地了解数据的价值，常见的可视化技术有原位分析（In Situ Analysis）、标签云（Tag Cloud）、空间信息流（Spatail information flow）、不确定性分析（Ahrens et al.，2001；Scheidegger et al.，2012）。同时，人机交互技术也成为用户了解和使用大数据的有效工具，让用户参与和了解整个数据的分析和挖掘工程，更好地理解结果和反馈。

6）大数据隐私与安全，由于大数据技术建立在网络和云计算基础上，无法避免在存储、处理、传输中面临安全风险，而分布式技术让大数据的隐私与安全变得更为棘手，常见的方法包括文件访问控制、基础设备加密、基础数据失真等。

随着大数据理论和技术日益成熟，各行各业必然随之发生重大变革。例如，在交通领域，IBM 使用大数据解决了波士顿堵车难题。波士顿和全球很多大城市一样，长期被堵车问题困扰。IBM 的专家和波士顿大学的技术人员通过一个安装在手机上的应用，获取波士顿车辆的行驶记录，利用每秒钟数以百万计的地理信息点和其属性信息（交通信号灯、汽车故障诊断系统等），通过后台分析系统，实时发现拥堵问题并制定管控方案，大大降低了堵车发生的概率，在堵车发生的时候及时疏导，同时大幅度降低碳排放，减少了污染。而在商业领域，电商巨头沃尔玛则通过自主研发的搜索引擎和推荐系统，利用语义数据进行文本分析、机器学习和同义词挖掘等，发现用户购买习惯和规律，实时推送促销信息，让其在线购物的完成率提高了 10%~15%。同样，在政治领域，大数据技术也带来很多革命性的变化，最著名的例子当属奥巴马的总统竞选运动。在竞选开始的时候，奥巴马的数据科学团队搭建了一套大数据分析平台，将先前散布在各个数据库内关于民调专家、选民、筹款人、选战员工和媒体人的数据聚合在了一起。伴随着反馈数据的收集，数据科学团队马上着手利用已有数据对未来数据构建统计和推荐模型。他们扩大了调查样本，以俄亥俄州为例，数据分析团队做了近 29 000 人的民意调查，相当于该州全部选民的 0.5%。同时，他们动用多组而不是一组民意调查数据来勾画更完整的数据图谱。更关键的是，数据科学团队用计算机对采集来的民意调查数据进行模拟竞选，有时候一个晚上要运算66 000 次来模拟各种情况下的选情结果。根据这一连串模型和数据，数据科学团队预计了选民的选举模式，使得奥巴马竞选团队筹集资金和花费都更加精确和有效率。大数据技术在灾害方面也有很多应用，如联合国泰国曼谷项目中，居民手机中的移动应用程序——手机城市可以实时监控洪水，达到洪水预警和防范目的，美国在黄石火山布置了几百个观测仪器，从而使数据能够实时传输到预警系统，之后通过互联网发布（张国民，2002）。国内则更多地使用大数据技术来分析灾情情况；用于灾前信息的收集挖掘仍处于探索阶段。

2.5 公众参与式的自然语言处理方法

自然语言处理（natural language processing, NLP）是人工智能和语言学领域的交叉学科，主要探讨如何处理和使用自然语言。自然语言处理是一门融汇计算机科学、人工智能、语言学、数学于一体的科学。因此，这一领域的研究将涉及自然语言，即人们日常使用的语言，所以它与语言学的研究有着密切的联系，但又有重要的区别。自然语言处理并不是一般地研究自然语言，而在于研发能有效实现自然语言通信的人–机–人系统，特别是其中的软件系统，因而它又是计算机科学的一部分（张钹，2007；宗成庆，2013）。近年来，随着社交媒体和通信技术的发展，公众基于社交媒体发布的文本越来越多，面向各行业应用的自然语言处理技术也获得了长足的进步。地震由于其突发性及实时性要求较高的特点，将公众通过社交媒体提供的信息纳入地震灾害信息范畴的同时带来了自然语言处理技术在地震领域中的应用与发展。在自然语言处理中，话题发现是一个重要的研究方向，话题（topic，或称为主题）可以看成是词项的概率分布。

公众提供的信息具有时效性强和覆盖面广等特点，由于公众信息的多源性，无论用词、形式还是具体内容的质量都参差不齐，给话题发现带来很大困难。书中公众参与式的自然语言主要指基于微博发布的信息，微博内容的基础是对短文本的理解，其特点主要体现为：①文本表达口语化，不规则字符、谐音词、网络用语多（蒋盛益等，2012）；②文本特征词少且稀疏，使得特征词之间的相关性难以度量（闫瑞，2009）；③文本样本数量巨大，分布高度不平衡，少部分的短文本在整体中占有较大比例（彭泽映，2011）。将微博信息应用于分析地震灾害的发生、发展过程，首先需要将信息内容与位置对应起来，然后即是文本内容的识别。

微博信息的位置提取通常有两种办法，显性位置提取和隐性位置提取（图2-7）。

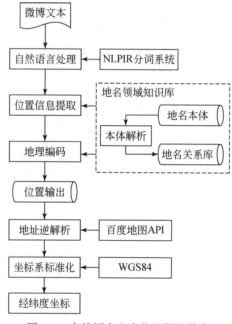

图2-7　自然语言文本位置提取技术

显性位置提取是将微博信息带有的地址信息进行标注，通常从微博平台获取的数据包括有用户、博文、博文内容、博文发布时间、发布位置、博文链接、微博评论数、微博转发数等信息。通过将发布位置转换为地理坐标，实现地理信息坐标的拾取，并在 GIS 平台中实现地理空间参考的统一。显性位置提取的信息可以提供实时精确的经纬度信息，但这类信息所占比例非常小，并存在标注位置与文本主题位置不符的情况，容易导致灾情误判，因此仅供参考。隐性位置信息有极度模糊等问题，通过语义分析技术提高获取位置的精度是目前的研究重点之一。通常采用中文分词技术，对自然语言文本进行分词，对不同的词组附上不同的标签，如："凌晨/t 6：30/m 分/qt，/wd 新疆/ns 阿克陶县/ns 发生/v6.7/m 级/q 地震/n。/wj"，这里把句子中带有/ns 标签的位置词组提取出来，并按照省、市、乡村的规则进行地理编码，然后由地名本体和地名关系库二者构成的地名领域知识库进行位置文本的歧义消除，并按照省、市、县、乡的规则进行编码。最后将完成编码的地理位置信息输出并存于数据库中。

文本识别的关键是怎样才能正确地识别微博中短文本的话题信息，进一步做出正确的分析与判断；而前提条件为能够设计出适应前面所讲到的短文本的三个特征的挖掘算法，这涉及话题发现的研究问题。首先，需要针对地震发生阶段的特点构建地震信息的分类，必要的时候需要根据地震领域的特点构建词典，然后进行分类统计与分析。话题发现的基础是文本表征，具有代表性的文本表示模型有布尔模型、向量空间模型、聚类模型、基于知识模型和概率模型等。向量空间模型具有较强的可计算性和可操作性，因而被广泛应用。在向量空间模型中，文档被形象化为多维空间中的一个点，以向量的形式表示。通过向量之间的距离来判定文档和查询之间的相似程度，然后基于相似程度对查询结果进行排列。其中，特征向量的选取和特征向量的权值计算为向量空间模型的关键所在。文本转化为向量时，文档中每个词对应向量中的每个特征项，所有文档中的词所对应的维度构成了整个空间，而特征权重则对应每一维的取值（何跃等，2014），于是，对于文本集合 D 中每一条微博 d 都可表示成词的空间向量形式 $\vec{d}$，见式（2-1）。

$$\vec{d} = （w_{d,1}, w_{d,2}, \cdots, w_{d,j}） \tag{2-1}$$

式中，向量分量 $w_{d,j}$ 代表文档 d 中特征词 j 所具有的权重。

越多出现在微博中的词语，被认为越可能是热门的地震主题词。对词汇权重的汇总方式有 TF-IDF（Kumaran and Allan，2004；Xu et al.，2011）和 TF-PDF，其中 TF-PDF 由 Bun 和 Ishizuka（2002）提出，为在多个渠道多个文档中频繁出现的词汇分配更大的权重（李照航等，2015；马佩勋和高琰，2013），该方法偏向于文档频率较大的特征词，这和热门主题词选取的目的是一致的。微博可以认为是单渠道的，所以在应用中使用较多，权重的计算公式为

$$w_{d,i} = tf_i \exp （df_i / D） \tag{2-2}$$

式中，tf_i 为词 i 在文档 d 中的频率；df_i 为文档集中包含词 i 的文档数；D 为文档集的总数。

通过式（2-2）得到特征词在文本中的权重，它最直观地反映了单条微博中出现频率高，且在文档集中也大量出现的特征词，这类词往往代表了用户广泛讨论的热门主题（苏晓慧等，2018）。

根据文本内容以及人们讨论的热点主题，地震信息通常分为三类：①地震发生前地震宏观异常数据；②地震发生后的震情；③地震发生后的救援及伤亡情况（胡春蕾，2015）。结合已搜集到的地震应急信息构建分类主题词库，然后利用主题词库对未处理的地震应急信息进行筛选归类，获得分属于上述三种类别的信息。因公众参与的地震灾情信息具有信息内容复杂、表达随意、传播载体多样、传播速度快、信息交互等特点（张方浩等，2016），需要结合地震信息的特点，构建同义词典（图2-8）。将具有相近含义的词进行统计分析，可以得出地震灾害信息的时空分布，为灾害的预警、救援等提供决策支持。

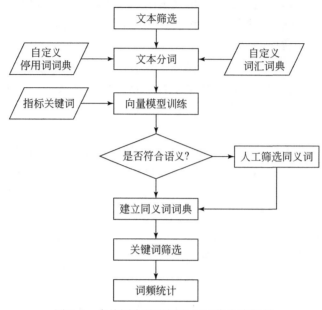

图 2-8　自然语言处理同义词词典构建流程

2.6　本章小结

公众参与式地震灾害信息的分析需要经过收集、预处理、评价、分析等过程才能将其应用于地震监测与应急指挥决策之中。其中，基于社交媒体获得的信息除了需要获取位置信息之外，还需要分析其所表达的语义信息，利用位置信息可以分析地震对不同地区、不同时间所造成的影响，而语义信息的分析则可以将信息进行聚类，支持地震监测与应急指挥决策的资源优化配置。

参 考 文 献

蔡定剑. 2009. 公众参与：风险社会的制度建设 ［M］. 北京：法律出版社.

陈军辉，叶宏，任勇. 2010. 环评中的公众环境意识及社会心理分析 ［J］. 四川环境，29（4）：95-99.

大数据应用与案例分析 ［EB/ OL］.［2014-08-25］. 中国人民大学经济学论坛，http：// bbs. pinggu. org/
bigdata Application and analysis of Big Data ［EB/OL］.

杜鹏，徐中民. 2007. 公众参与理论、方法及其在水资源集成管理研究中的国际进展 ［J］. 地球科学进
展. 22（6）：592-597.

范小星. 2004. 中国环境影响评价中公众参与心理学研究 ［EB/OL］. http://www. paper. edu. cn/releasepaper/
content/200409-33.［2004-09-09］

方巍，郑玉，徐江. 2014. 大数据：概念、技术及应用研究综述 ［J］. 南京信息工程大学学报（自然科学
版），6（5）：405-419.

冯登国，张敏，李昊. 2014. 大数据安全与隐私保护 ［J］. 计算机学报，37（1）：246-258.

工业和信息化部赛迪智库. 2014. 大数据时代信息安全面临的挑战与机遇 ［EB/OL］.［2014-08-25］

国家环境保护局 . 1993. 世界银行技术文件（第 139 号）. 环境评价资料汇摘 ［Z］. 北京：国家环境保护局 .

郝志刚，俞乐，李仁杰 . 2015. 国外自发地理信息研究进展及对我国的启示 ［J］. 地理信息世界，（2）：51-58.

何跃，帅马恋，冯韵 . 2014. 中文微博热点话题挖掘研究 ［J］. 统计与信息论坛，（6）：86-90.

侯建平，蔡灵 . 2014. 浅析海洋环境影响评价的公众参与方法研究 ［J］. 环境科学与管理，39（4）：170-172.

胡春蕾 . 2015. 地震微博热门主题词提取与时空分布研究 ［D］. 北京：中国农业大学硕士学位论文 .

蒋盛益，麦智凯，庞观松，等 . 2012. 微博信息挖掘技术研究综述 ［J］. 图书情报工作，56（17）：136-142.

雷秀雅，杨阳，葛高飞 . 2009. 促进公众环保行为的社会心理学手段 ［J］. 新东方，（Z1）：39-43.

李国杰，程学旗 . 2012. 大数据研究：未来科技及经济社会发展的重大战略领域 ［J］. 中国科学院院刊，27（6）：647-657.

李国杰 . 2012. 大数据研究的科学价值 ［J］. 中国计算机学会通讯，8（9）：8-15.

李天威，李新民，王暖春，等 . 1999. 环境影响评价中公众参与机制和方法探讨 ［J］. 环境科学研究，12（2）：39-42.

李照航，郭风华，李仁杰，等 . 2015. 大量网络游记文本中热度地名提取方法与实证研究 ［J］. 地理与地理信息科学，31（1）：68-73.

刘毅，陈吉宁，范琳，等 . 2007. 城市规划环境影响评价中公众参与研究方法与案例 ［J］. 中国环境科学 . 27（3）：428-432.

刘云碧，刘元达，周靖斐 . 2009. 参与型 GIS：Web2.0 下的地理媒介 ［J］. 地理空间信息，7（1）：16-19.

刘政荣 . 2005. PPGIS 及其在加拿大安大略省核废料处理选址项目中的应用 ［J］. 武汉大学学报（信息科学版），30（1）：82-85.

马佩勋，高琰 . 2013. 基于 TF * PDF 的热点关键短语提取 ［J］. 计算机应用研究，30（12）：3610-3613.

孟小峰，慈祥 . 2013. 大数据管理：概念、技术与挑战 ［J］. 计算机研究与发展，50（1）：146-169.

莫泰基 . 1995. 公民参与：社会政策的基石 ［M］. 香港：中华书局（香港）有限公司 .

莫文竞，夏南凯 . 2012. 基于参与主体成熟度的城市规划公众参与方式选择 ［J］. 城市规划学刊，（4）：79-85.

欧洲经济委员会 . 1998. 在环境问题上获得信息公众参与决策和诉诸法律的公约 ［Z］. 纽约和日内瓦：联合国 .

彭泽映，俞晓明，许洪波，等 . 2011. 大规模短文本的不完全聚类 ［J］. 中文信息学报，25（1）：54-59.

邵东华 . 2007. 论行政立法程序中公众参与的问题与对策 ［J］. 河南师范大学学报（哲学社会科学版），34（5）：132-136.

石路，蒋云根 . 2007. 论政府危机管理中的公众参与 ［J］. 理论导刊（1）：19-21.

世界上那些知名的运用威客众包模式的网站们（一）——"创新中心" InnoCentive. http://www.chuangyimao.com/detail/2040.html.

苏晓慧，张晓东，胡春蕾，等 . 2018. 基于改进 TF-PDF 算法的地震微博热门主题词提取研究 ［J］. 地理与地理信息科学，34（4）：90-95.

王锡梓 . 2008. 行政过程中公众参与的制度实践 ［M］. 北京：中国法制出版社 .

王晓军 . 2010. 参与式地理信息系统研究综述 ［J］. 中国生态农业学报，18（5）：1138-1144.

网络众包：http://wenku. baidu. com/link? url = 7wOznVp- 8pCV- jM _ 9U1- pJ _ BfY9ksjFv5rU4jy YpiDc5A3Iue6S- jQAP10ugqXatP9srm0tMRMoxdfKH89oxjK3su36X_ OeDU5omTJxOwm.

吴春艳. 2010. 提高和评估环境影响评价公众参与有效性的方法探索［J］. 群文天地. （5）：105-108.

闫瑞，曹先彬，李凯. 2009. 面向短文本的动态组合分类算法［J］. 电子学报，37（5）：1019-1024.

杨秋波. 2012. 邻避设施决策中公众参与的作用机理与行为分析研究［D］. 天津：天津大学博士学位论文.

杨锡怀. 2001. 企业战略管理［M］. 北京：高等教育出版社.

尹永超. 2012. 国民环境意识与环境行为的不一致性及其疏导——基于社会心理学的分析［J］. 经营管理者，（10）：8-9.

尹章才，章光，李井冈，等. 2008. 基于 PPGIS 的社会化震害信息获取模型研究［J］. 灾害学，23（3）：135-139.

张铖. 2007. 自然语言处理的计算模型［J］. 中文信息学报，21（3）：3-7.

张方浩，和仕芳，吕佳丽，等. 2016. 基于互联网的地震灾情信息分类编码与初步应用研究［J］. 地震研究，39（4）：664-672.

张国民. 2002. 我国地震监测预报研究的主要科学进展［J］. 地震，22（8）：2-8.

张红梅. 2007. 协同应对：公共危机管理中的公众参与［J］. 长白学刊，（6）：68-71.

张侃. 2012. PPGIS 实现的难点探讨［J］. 测绘与空间地理信息，35（5）：81-83.

中国计算机学会大数据专家委员会. 2013. 中国大数据技术与产业发展白报告［R］. 北京：机械工业出版社.

中华人民共和国环境保护部. 2015. 环境保护公众参与办法（试行）［Z］. 北京：中华人民共和国环境保护部.

周立君，汪涛. 2014. 亚马逊土耳其机器人：科学研究的众包网络平台研究综述［J］. 科技进步与对策，31（8）：156-160.

宗成庆. 2013. 统计自然语言处理［M］. 北京：清华大学出版社.

Adler J H. 2001. Free and Green：A New Approach to Environmental Protection［J］. Harvard Journal of law and public policy，24（5）：2.

Ahrens J，Brislawn K，Martin K，et al. 2001. Large scale data visualization using parallel data streaming［J］. IEEE Com-puter Graphics and Applications，21（4）：34-41.

Arasu A，Chaudhuri S，Chen Z，et al. 2012. Experiences with using data cleaning technology for bing services［J］. IEEE Data Engineering Bulletin，35（2）：14-23.

Basiouka S，Potsiou C. 2012. VGI in Cadastre：a Greek experiment to investigate the potential of crowd sourcing techniques in Cadastral Mapping［J］. Survey Review，44（325）：153-161.

Becker E，Jahn T，Stiess I. 1999. Exploring uncommon ground：sustainability and the social sciences［J］. Sustainability and the Social Sciences：A cross- disciplinary approach integrating environmental considerations into theoretical reorientation［M］. London ：Zed Books.

BGS. 2007. Dumfries Earthquake Survey Results［J/OL］. http://www. earthquakes. bgs. ac. uk/education/reports/dumfries_ 26122006/dumfries_ macro_ results. htm.［2007-1-18］

Borthakur D. 2008. HDFS Architecture Guide［EB/OL］. http：// hadoop. apache. org/docs/stable/hdfs-design. htm，20130512.［2014-08-25］

Bun K K，Ishizuka M. 2002. Topic extraction from news archive using TF＊PDF algorithm［C］. Shanghai：Proceedings of the 3rd International Conference on Web Information Systems Engineering. IEEE：73-82.

Carver S，Evans A，Kingston R，et al. 1999. Virtual Slaithwaite：A Web-based Public Participation 'Planning for

Real' ® System [C]. Leeds: University of Leeds, School of Geography.

Dean J, Ghemawat S. 2004. MapReduce: Simplified data processing on large clusters [J] Communications of the ACM, 51 (1): 137-149.

Dunn C E. 2007. Participatory GIS—a people's GIS? [J]. Progress in human geography, 31 (5): 616-637.

Elwood S, Ghose R. 2004. PPGIS in community development planning: Framing the organizational context [J]. Cartographica, 38 (3-4), 19-33.

Elwood S. 2009. Geographic information science: New geovisualization technologies-emerging questions and linkages with GIScience research [J]. Progress in Human Geography, 33 (2): 256-263.

Friedmann J. 1992. Empowerment: the politics of alternative development [M]. New York : Blackwell.

Ghemawat S, Gobioff H, Leung S-T. 2003. The Google file system [C] // New York: Proceedings of the 19th ACM Symposium on Operating Systems Principles: 29-43.

Gonzalez J E, Low Y, Gu H, et al. 2012. PowerGraph: Distributed graph-parallel computation on natural graphs [C] //Hollywood: Proceeding of the 10th USENIX Symposium on Operating Systems Design and Implementation: 17-30.

Goodchild M F. 2007. Citizens as sensors: the world of volunteered geography [J]. GeoJournal, 69 (4): 211-221.

Green A. 1997. Public Participation and Environmental Policy Outcomes [J]. Canadian Public Policy, 4 (23): 435-458.

Gubanov M, Pyayt A. 2012. MEDREADFAST: A structural in- formation retrieval engine for big clinical text [C] //Las Vegas : Proceedings of the 13th International Conference on Information Reuse and Integration (IRI): 371-376.

Haklay M, Singleton A, Parker C. 2008. Web mapping 2. 0: The neogeography of the GeoWeb [J]. Geography Compass, 2 (6): 2011-2039.

Hassan M M. 2005. Arsenic poisoning in Bangladesh: spatial mitigation planning with GIS and public participation [J]. Health Policy, 74 (3): 247-260.

Haubrock S, Wittkopf T, Grünthal G, et al. 2007. Community- made earthquake intensity maps using Google's API [C]. Aalborg, Denmark: Proceedings of the 10th AGILE international conference on geographic information science.

Hemmati M, Dodds F, Enayati J. 2009. Multi- stakeholder processes for governance and sustainability: beyond deadlock and conflict [J]. Earthscan, 29 (1): 132-133.

Howe J. 2006. The rise of crowdsourcing [J]. Wired magazine, 14 (6): 1-4.

Kaufman A S. 1960. Human Nature and Participatory Politics [M]. New York: Atherton Press.

Kumaran G, Allan J. 2004. Text Classication and Named Entities for New Event Detection [C]. Sheffield : Proceedings of the 27th annual international ACM SIGIR conference on Research and development in information retrieval, ACM: 297-304.

Manyika J, Chui M, Brown B, et al. 2011. Big Data : The next frontier for innovation, competition, and prducitivity [EB/OL]. Seattle: McKinsey Global Institute.

Maué P. 2007. Reputation as tool to ensure validity of VGI [C] // Münster: Workshop on volunteered geographic information.

Meffe G K, Nielsen L A, Knihgt L R, et al. 2002. Ecosystem Management [M]. Washington Covelo London: Island Press.

Obermeyer N. 2007. Thoughts on volunteered （geo） slavery ［J/OL］. http://www. ncgia. ucsb. edu/projects/ vgi/participants. html. ［2011-6-24］

Pallak M S, Cook D A, Sullivan J J. 1980. Commitment and energy conservation ［J］. Policy Studies Review Annual, 4: 235-253.

Perkins C. 2008. Cultures of map use ［J］. The Cartographic Journal, 45 （2）: 150-158.

Pfeiffer C, Glaser S, Vencatesan J, et al. 2008. Facilitating participatory multilevel decision- making by using interactive mental maps ［J］. Geospatial Health, 3 （1）: 103-112.

Pirotti F, Guarnieri A, Vettore A. 2011. Collaborative Web - GIS Design: A Case Study for Road Risk Analysis and Monitoring ［J］. Transactions in GIS, 15 （2）: 213-226.

Roche S, Propeck-Zimmermann E, Mericskay B. 2013. GeoWeb and crisis management: Issues and perspectives of volunteered geographic information ［J］. GeoJournal, 78 （1）: 21-40.

Scheidegger L, Vo H T, Kruger J, et al. 2012. Parallel large data visualization with display walls ［C］ // Burlingame: Proceedings of the 2012 Conference on Visualization and Data Analysis （VDA）: 1-8.

Sieber R. 2006. Public participation geographic information systems: A literature review andframework ［J］. Annals of the Association of American Geographers, 96 （3）: 491-507.

Sui D. 2008. The wikification of GIS and its consequences: Or Angelina Jolie's new tattoo and the future of GIS ［J］. Computers, Environment and Urban Systems, 32: 1-5.

Swell C, Robert C. 1994. Participatory Rural Development: analysis of experience ［J］. World evelopment, 22 （9）: 1253-1268.

Thompson S C, Stoutemyer K. 1991. Water Use as a Commons Dilemma The Effects of Education that Focuses on Long-Term Consequences and Individual Action ［J］. Environment & Behavior, 23 （3）: 314-333.

Tulloch D. 2008. Is VGI participation? From vernal pools to video games ［J］. GeoJournal, 72 （3-4）: 161-171.

Tulloch D. 2012. Crowdsourcing geographic knowledge: volunteered geographic information （VGI） in theory and practice ［J］. International Journal of Geographical Information Science, 28 （4）: 847-849.

USGS. 2012. Did You Feel It? ［EB/OL］. http://earthquake. usgs. gov/earthquakes/dyfi/. ［2012-9-5］

USGS. 2005. Did You Feel It? Citizens Contribute to Earthquake Science ［EB/OL］. http://pubs. usgs. gov/fs/ 2005/3016/.

Xu R F, Peng W H, Xu J, et al. 2011. On-line new event detection using time window strategy ［C］ //Guilin: International Conference on Machine Learning & Cybernetics. IEEE: 1932-1937.

Zaharia M, Chowdhury M, Das T, et al. 2012. Resilient distributed datasets: A fault-tolerant abstraction for in memory cluster computing ［C］ //San Joes: Proceedings of the 9th USENIX Symposium on Networked Systems Design and Implementation: 2-16.

Zook M, Graham M. 2007. The creative reconstruction of the Internet: Google and the privatization of cyberspace and DigiPlace ［J］. Geoforum, 38: 1322-1343.

第 3 章 | 地震灾害信息的采集与评价方法

3.1 地震灾害信息遥感监测与评价方法

相较于传统的地面现场调查方式，地震灾害遥感监测具有观测范围广、获取信息量大、监测手段多、可动态持续监测等独特优势，是地震灾害调查的一种重要技术手段（魏成阶等，2008）。我国地震灾害遥感监测始于 20 世纪 60 年代，早期主要是利用航空摄影测量手段对地震重灾区进行震害调查和遥感制图。随着高分辨率、多谱段、星座组网等卫星遥感技术的快速发展，到 20 世纪 90 年代，卫星遥感技术开始应用到震害信息的提取中。

经过多年的发展，我国的灾害遥感监测已逐步建立起军、民、商和国际等多种卫星遥感数据获取渠道（杨思全，2008）。目前，高响应速度、短重复周期、高分辨率是地震灾害遥感监测数据筛选的重要条件。其中，高分系列卫星、资源系列卫星等自主国产民用遥感卫星越来越成为常态化开展地震灾害卫星遥感监测的主要数据源。特别是高分二号、高分七号等遥感卫星，为震区目标损毁识别提供了高分辨率影像数据。以北京二号、吉林一号等为代表的商业遥感卫星越来越多地参与到地震灾害监测中。2007 年，中国国家航天局正式加入到国际减灾宪章机制（CHARTER），针对重大地震灾害，可向该机制免费申请获取国际遥感卫星观测数据。迄今为止，已有欧洲空间局、法国国家空间研究中心、加拿大航天局、美国国家海洋和大气管理局、日本宇宙航空研究开发机构、中国国家航天局等 17 个国家机构成为该机制成员，提供 Radarsat-2、TerraSAR-X 等数十种遥感卫星数据，我国针对汶川地震、玉树地震、九寨沟地震等重大地震灾害已成功通过 CHARTER 机制获取国际卫星数据，并在地震灾害应急监测评估中发挥重要作用。同时，航空、无人机遥感也是重特大地震灾后损失评估的重要数据源。针对不同监测目标，采用相适应的遥感数据。其中，优于 20m 的中高分辨率数据可用于大范围的次生地质灾害、农作物损毁等监测；优于 5m 的高分辨率遥感数据可用于损毁交通、水利等基础设施监测和恢复重建规划；优于 1m 的遥感数据可用于倒损房屋评估；特别是优于 0.2m 分辨率的航空遥感图像，对于房屋等实物量的精细化损毁评估有着不可替代的重要作用。

遥感技术在地震监测中的应用可分为三个阶段，即震前地震前兆异常监测、震中震害监测和震后恢复重建监测。遥感技术能在地震发生前的短临预测方面发挥作用。有研究利用热红外亮温异常信息分析地震前兆，也有通过卫星云图观测地震云来预测地震，但这些方法都易受到多种因素的干扰，因而需要将热红外、电磁卫星探测、地面台站观测等多种观测手段结合起来提高地震前兆探测和预测预报水平（陈六嘉，2012）。地震遥感监测的重点是在地震发生后应急阶段针对次生灾害和承灾体的监测，分析其空间分布、数量和损失变化程度等情况，为灾民转移安置、灾害风险防范和救灾救援决策提供及时信息。遥感监测的内容主要有：房屋，包括城乡各类居民住房和非居民住房；生命线工程，包括公路、铁路、桥梁、水利、电力、通信等设施；次生灾害，包括地震引发的崩塌、滑坡、泥石流、堰塞湖等；灾民安置场所，包括救灾帐篷、安置广场等。地震应急期结束后，灾区进入恢复重建阶段。利用遥感技术能够对震区进行定期监测，获取房屋重建、交通基础设施、水利基础设施、市政基础设施等恢复和重建进展，以便更好地评估灾区重建效果。

地震灾害遥感监测的数据包括光学卫星遥感数据、星载合成孔径雷达（SAR）数据、机载光学和 SAR 数据、无人机遥感数据、机载激光雷达（Lidar）数据等。近年来，还有研究利用灯光遥感等新型载荷图像宏观分析地震灾情信息和空间分布状况。地震遥感监测主要处理流程包括遥感图像的筛选、几何纠正、辐射校正、影像融合、图像增强、图像的裁切与镶嵌、震害信息提取和分级、统计分析、遥感专题制图等。震害信息的提取和分级是地震灾害遥感监测的关键问题。常用的方法有基于震后单期影像的分割分类方法、基于多期影像的变化检测方法和人工目视判读解译方法（许仕敏等，2014）。其中，由于地震发生后，受损与未受损坏承灾体间在光谱、结构等方面存在较大差异。因此，针对震后遥感影像，可基于像元、分割对象等实现震害信息的分类。根据地震前后建筑物、道路、滑坡等在光谱、形态结构、高程等方面的变化提取实物量损毁和次生灾害信息也是常用的震害信息提取方法。通过像元级、分割对象特征级、分类结果的变化检测，实现变化目标的快速发现。而目视判读解译是通过建立建筑物、道路损毁解译标志和分类分级标准，通过人机交互统计震害信息，这种方法识别精度和可靠性较高，但易受判读员专业知识和判读经验影响。尽管目视解译工作量大，效率低，但在很多实际应用中，由于缺乏特别通用、精度高的震害识别提取方法，目视解译仍然是最为普遍、最为广泛使用的震害信息识别提取方法，在汶川地震、玉树地震、雅安地震、九寨沟地震等重特大地震灾害应急中发挥了重要作用。

构建天空地一体化灾害立体观测体系是我国灾害遥感发展的方向。只有充分发挥天基、空基和地基各类观测手段的优势，将 SAR、光学、Lidar 等多类型数据和时序化数据进行集成应用，才能实现地震灾害宏观与微观监测、大范围普查和局地精细化详查的结合，形成全方位的地震灾害遥感监测能力。近年来，融合形态、纹理、光谱、地形等多类型特征，利用卷积网络、生成对抗网络等人工智能方法是实现震害信息自动化提取的研究热点，而将人工判读与自动化提取相结合将会在地震灾害遥感监测中越来越多地得到应用。

3.2 基于台站的地震灾害信息采集方法

地震台站是部署地震观测设施并开展地震监测工作的机构。按照观测手段和学科属性，地震台站可划分为测震观测站、形变观测站、电磁观测站和地下流体观测站 4 类。若干个地震台站共同组成地震监测台网。地震监测台网是监视地震活动，测定地震时间、位置和强度等数据的重要基础设施。我国的地震监测台网包括国家级地震监测台网、省级地震监测台网、市县级地震监测台网和服务于水库、核电站、油田等重大工程的专用地震台网等。据国家地震科学数据中心统计，我国测震运行台站共计 1021 个，包括国家台 148 个、区域台 821 个、火山台 33 个、台阵 2 个、台点 19 个[①]。根据《中国地震局党组关于推进地震台站改革的指导意见》，我国将在"十四五"期间构建由国家地震台、省地震台、中心站、一般监测站组成的四级地震台站，其中国家和省地震台分别负责全国和省级地震监测预报业务，承担地震速报等工作，中心站负责所辖区域内地震监测设施的运维保障任务，一般监测站按照有人看护、无人值守的方式，承担测震数据获取任务。按照《中国测震站网规划（2020—2030 年)》，我国已建设覆盖全国的数字化测震站网，实现地震观测资料实时传输，能在 20min 内对全国 3 级以上显著地震完成速报。随着地震监测站网的逐步优化布局，我国将形成国家和地方、专业和群测、宏观和微观、固定和流动相互协调配合、多手段综合运用的地震监测台站网络。

高性能地震观测设备是观测地球内部运动和地震活动的工具。地震监测设备包括宽频带地震计、超宽频带地震计、甚宽频带地震计、短周期地震计、加速度计、烈度仪等。宽频带地震计具有宽频带、低噪声等特点，能够记录地震发生发展的完整地动信息，可观测高频地震波、长周期地震信号，应用于地震活动监测、大地震速报等方面。超宽频带地震计、甚宽频带地震计能应用于火山地震、水库地震等监测中。短周期地震计是短周期地震观测的工具，可应用于监测微震活动等。加速度计可用于强震动观测以及大坝、桥梁等低频振动的观测。烈度仪可检测地震事件、计算地震烈度等，用于地震预警等方面。将地震观测、强震观测、地震烈度观测等多类型的地震监测手段进行融合，构建地震预警观测网络，形成地震烈度速报和预警能力，是地震台站观测的发展趋势（王光冲等，2019）。地震信号数字化采集、实时数据传输、实时监控是保障地震监测预报的基础。地震台站观测数据是地震仪器获取的客观地动数据，这些采集数据通过多种通信方式在地震台站与台网中心间进行传输，包括卫星、光纤（SDH）、ADSL、CDMA、帧中继、数字数据网（DDN）等。不同的传输方式有不同的优势特点。卫星通信方式具有通信距离远、传输容量大、线路稳定可靠等特点，数据传输不受地震观测条件的限制，中断次数少、中断时间短，但是通信成本高，主要用于超远距离点对点传输或偏远地区的信号传输；SDH 通信方式在我国台网中广泛使用，具有网络稳定可靠、误码少、传输速率高等优势，但在偏远地区无法安装或安装成本很高；ADSL 通信方式传输中断次数少、中断时间短，但距离增加会影响传输速率；CDMA 通信基站覆盖性好，但网络信号不稳定，中断多；帧中继通信网络时延低、误码率低、中断次数少、中断时间短，但费用较高；DDN 通信方式适合中远距离台站间信号传输，性能稳定、传输误码率低、速率高（胡文灼等，2019）。选择哪些传输方式，主要是依据台站条件、数据传输紧迫性、运行成本等因素来确定。

地震发生前的宏观异常信息能为地震短临预报提供参考。宏观异常监测工作以经地震主管部门认定的宏观异常测报员为主承担，宏观异常观测点可以为一定规模的养殖场、有较好观测条件的地下水井等。测报员发现宏观异常后，需要进行现场实地调查，核实异常

---

① 资料来源：https://data. earthquake. cn/gcywfl/index. html

是否真实可靠，分析原因、异常现象规模、时间和地理分布特征等，判断是否属于地震前兆信息，并将调查核实后的地震宏观异常及时向市、县级地震主管部门报告。上报的内容一般包括异常信息的类别，如地下水、动物、植物、气象等，以及异常现象描述、上报人、地点、异常调查情况、处理情况、原因分析等，以报告、表格形式为主。受地震宏观异常信息报送人员数量、经验和地震宏观观测点分布布局等因素影响，报送的宏观异常信息很难做到系统、全面和准确。同时，由于地震宏观异常的成因、表现方式等非常复杂，一般需要由地震部门专业人员再进行调查核实，分析异常的原因以及与可能发生地震的关联性等。

此外，地震灾害灾情统计报送工作由各级应急管理部门负责。根据《自然灾害情况统计制度》有关规定，灾情统计以乡镇（街道）为基本单元，县级应急管理部门为基本上报单位。地震灾情统计指标包括震级、受灾人口、因灾死亡人口、失踪人口、紧急转移安置人口、需紧急生活救助人口、倒塌房屋间数（户数）、严重损坏房屋间数（户数）、一般损坏房屋间数（户数）、直接经济损失等。地震灾情的报送工作分为初报、续报和核报，其中初报要求地震发生后，县级应急管理部门要在 2h 内将灾害基本情况报送市级应急管理部门，市级应急管理部门在接报后，2h 内完成审核汇总工作，并将灾情数据报送省级应急管理部门，省级应急管理部门在接报后，2h 内完成审核、汇总，并向应急管理部报告。对于重大地震灾害，要求县级应急管理部门在灾害发生 2h 内，将灾情信息同时直接报送给省级应急管理部门和应急管理部。

3.3 公众参与的地震灾害信息获取与筛选方法

3.3.1 地震异常信息的获取与筛选方法

随着通信手段的日益丰富，公众也经常通过网络将自己观察到的地震宏观异常传递给地震部门。同样，地震部门也可以利用信息技术手段，将互联网上的地震宏观异常信息收集起来，丰富自己的地震测报工作。但是随着信息技术的发展和人们对网络的依赖程度的提高，互联网承载的信息愈发庞大。如何从大量的网络信息中获取并筛选出有用的地震宏观异常信息，是一个需要解决的问题。公众参与式的地震异常信息即灾前宏观异常信息。由于公众文化程度、参与热情度、社会责任感等方面的差异，公众信息源存在质量参差不齐的问题，所以首先要对这些信息进行质量的核实与验证。信息筛选即是对公众提供的宏观异常信息进行的一个初步检验，将谎报、上报不完整或者由非震原因引起的异常现象进行剔除，不参与评价。引起异常发生的原因有很多种，地震活动只是其中的一个原因，所以排除其他干扰因素，最大可能地提取由地震而引起的异常信息是地震异常信息研究的一个重点与难点，信息提取即指通过各种方法，尽量排除趋势项、年变项等其他非震因素引起的异常现象，从原始数据中获得与地震活动有关的异常信息。每一次地震发生前后，异常的种类与现象并不完全相同，即此次地震前后出现的异常现象，下次地震时并不一定出现，地震异常具有"不可复制性"，所以不能完全以历史震例的地震异常来分析异常的可信度，要结合当时的实际情况和多种异常的综合分析，每一次异常现象都要谨慎待之。

公众参与式的地震异常信息包含：①普通公众、宏观异常测报员、防震减灾助理员和地震宏观异常志愿者提供与上报的地震宏观异常现象，地震宏观异常是指地震发生前后，通过人的感官或者简易测量工具能直接感觉或测量到的各种与地震孕育、发生有关的自然界的异常现象；②遥感专家提供的热红外异常信息，热红外异常是指遥感影像的热红外波段随着时间的变化在时间和空间范围内出现突然增加或者降低的异常现象；③气象专家提供的气象异常信息，气象异常是指气象指标等于或者超出历史极值的现象等。

下面将从三方面分别阐述公众参与式的地震异常信息的获取与筛选方法。

3.3.1.1 宏观异常信息获取与筛选方法

宏观异常的原始数据主要是基于 PGIS 的方式采集而来，包括采集平台（Web 端和移动采集端）、网络新闻（地震局网站新闻和各大门户网站新闻）、网络意见（贴吧和 BBS 论坛等），另外由于近年来微博的迅猛发展及其实时性，本书将微博用户发布的异常现象作为宏观异常数据的一个重要来源。

通过采集平台上报宏观异常现象的用户主要包括地震宏观异常测报员、防震减灾助理员、地震宏观异常志愿者和普通公众。地震宏观异常测报员是我国最早建立也是最普遍的群测群防工作组织与队伍，是热心地震事业，有责任心，遵纪守法，身体健康，初中以上受教育程度，具备通信条件且相对稳定的当地常住人口，主要工作以观测地震宏观前兆异常为主，部分主干观测点也有一些微观观测手段；防震减灾助理员是防震减灾"三网一员"中的一员，在乡镇、街道等基层组织配置兼职防震减灾助理员，综合管理和从事本辖区的宏观异常与地震安全知识宣传、灾情测报、抗震设防、应急准备等工作，非地震专业其他专业人士，也可以定义为防震减灾助理员；地震宏观异常志愿者，指有志于地震群测群防事业，并接受过地震宏观异常培训的人员；普通公众，即为普通用户，指没有或者甚少经过培训的群体，只是出于责任心或者偶然因素上报宏观异常信息。

宏观异常的筛选是将不满足条件的信息标记为无效信息、正常信息和非震原因引起的异常信息，不参与评价，筛选包括初筛、复筛和精筛 3 个步骤。具体技术路线如图 3-1 所示。

首先，信息的真实性是保证信息有效利用的最基本的前提，真伪度也对信息具有"一票否决"权，所以基于真伪度的信息筛选为初筛。其次，宏观异常是地震前兆的一种，和其他前兆一起加以分析，可以为地震的预测预报提供数据支持，所以宏观异常的时空性以及对异常描述的完善性就非常重要，基于这些方面的分析为宏观异常的复筛。最后，宏观异常的表现形式多样，出现的次数也比较多，但是发生的宏观异常并不一定就是地震因素造成的，而且很大部分是非震因素造成的，如环境污染、自然变化、常规变化、人为干扰等，所以在宏观异常发现或者上报之后，对非震因素造成的宏观异常加以排除，是宏观异常的精筛。

（1）宏观异常信息的初筛和复筛方法

基于宏观异常采集系统（Web 端或者手机端）采集到的信息，由于采集用户对宏观

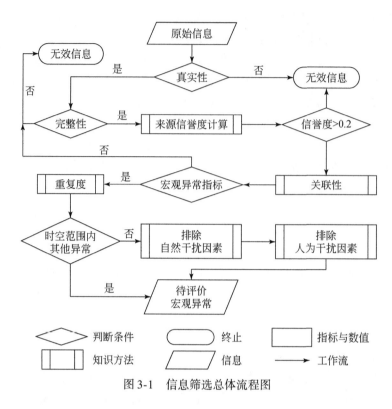

图 3-1 信息筛选总体流程图

异常信息理解或者文化程度等的不同，原始信息质量参差不齐；另外，基于网络新闻或者网络意见爬取的信息，是按照给定的字段以及时间段搜集到的信息，在质量上也无法保证其真实度。所以，采集到的原始信息需要先经过筛选，剔除一些质量不符合要求的信息。结合地震宏观异常的特殊性，信息筛选主要从真实性、完整性、信誉度和关联度几个方面进行。

1）真实性。信息与事实的符合程度，对于信息筛选具有"一票否决权"。通常有推理判断、实验证明、现场调查取证与同类信息比较等方法。本书对通过采集平台上报的信息采用现场调研取证方法进行核实，主要为地震局或者地震相关专业人士到地震宏观异常发生现场去落实，或者通过打电话等非现场手段来落实异常的发生状况。而对于网络新闻或者网络意见，则从其他 3 个方面（完整性、信誉度和关联度）来进行筛选。

$$Tr_i = \begin{cases} T, & A_i \text{ 为真} \\ F, & A_i \text{ 为假} \end{cases} \quad (3-1)$$

式中，Tr_i 为宏观异常信息 A_i 的真实性标记。在信息管理时，宏观异常信息 A_i 为真记为 T，否则记为 F。依据真实性筛选完毕之后，即下一步的筛选只针对标记为 T 的信息进行筛选，标记为 F 的信息不予考虑。

2）完整性。完整性主要指内容的完整性，发生时间、地点、宏观异常的描述缺一不可。通过采集平台上报的数据，在信息上报的过程中，直接需要对时间和地点属性进行填写；而微博数据，由于发布微博具有时效性强的特点，且获取的原始数据中，包含微博发布时间和发布地点，基础的时间和地点信息已经具备，但微博发布时间和地点与宏观异常现象发生的时间和地点可能存在着一定程度的偏差，所以需要在宏观异常信息描述的文本中进一步挖掘时间信息，从而获得异常现象发生的具体时间和地点。网络新闻数据则没有直接的时间和地点属性，时间和地点信息包含在宏观异常的具体描述中，需要对文本进行时间和地点语义挖掘；网络意见（贴吧和 BBS 数据等）有明确的帖子的发布时间，但是没有帖子发布时用户的地点，同样需要对帖子内容进行语义挖掘。不同来源的数据具体判断过程如下。

其一，通过采集平台上报的数据。

由于此类数据是通过地震宏观前兆观测点测报员、防震减灾助理员或者具有一定热情和自觉性的地震宏观异常志愿者等进行上报的，上报数据格式具有明确的要求，直接就有宏观异常发生时间和发生地点的属性信息，所以该来源的数据直接具备时间和地点信息。

其二，微博数据。

微博数据具有实时性强的特点，反映的情况如果不特殊标注时间，经过统计87%情况下反映的状况都是发布时间前几分钟或者前几个小时发生的信息，微博内容发生的地点一般也与发布微博位置相同，所以时间和地点字段首先均赋初值为用户发布微博时间和地点。

其三，网络新闻。

网络新闻数据采集时并不能够采集到时间和地点属性，但时间和地点信息往往包含在宏观异常的具体描述中，所以赋初值时时间和地点信息为空，需要进一步提取时间和地址。

其四，贴吧数据。

贴吧的原始数据具有每一条帖子的发布时间，但是没有帖子发布时用户的地点，所以赋初值时时间为帖子发布时间，地点为空，同样需要后续提取。

总结来看即每一类信息时间地点初值情况如表 3-1 所示。

表 3-1　不同来源信息时间地点初值情况

来源	时间	地点
采集平台上报	发生时间	发生地点
微博	微博发布时间	微博发布地点
网络新闻	空	空
帖吧	帖子发布时间	空

接下来需要对微博数据、网络新闻数据和贴吧数据进行文本的时间和地点提取。

文本分词：分词模块采用 NLPIR 汉语分词系统 2014 版（又名 ICTCLAS 分析系统）进行自动分词和词性标注，采用层叠隐马尔可夫模型，该系统是中国科学院开发后由北京理工大学大数据搜索与挖掘实验室张华平副教授不断进行改进的版本，即现在所用的 NLPIR 2014 版，在学术界和产业界应用广泛。

时间和地点提取：通过分析系统得到依据北京大学词性标注规范的分词结果以及词性，其中"/t"列别代表词性为时间词性，"/ns"代表地点词性（北京大学计算机语言学研究所，1999）。利用程序将时间和地点进行提取。利用提取的时间和地点，对微博数据、网络新闻、贴吧数据的异常发生时间和发生地点进行进一步补充和修正。

微博数据：微博数据宏观异常发生时间和地点已经具有初始值，但由于信息所限，得到的原始数据地点信息仅精确到市，而宏观异常现象发生的地点需要更加详细，才能达到更好效果。在实际情况中，存在着一些用户并不是及时发布的异常信息但在异常描述中有详细的发生时间补充，或者在发布微博时又进行了精确的定位，所以对内容信息进行时间和地点的提取，可以进一步补充和修正宏观异常发生的具体时间和地点信息。

网络新闻：提取的时间和地点信息直接对宏观异常现象的发生时间和地点进行补充。

贴吧数据：根据提取的时间对初始时间进行补充和修正，将提取的地点信息直接对宏观异常现象的地点字段进行补充。具体方法流程如图 3-2 所示。

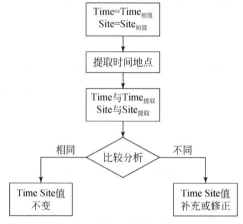

图 3-2　时间地点修正流程图

地震宏观异常既具有空间属性，又具有时间属性，所以能够用来处理以及应用的宏观异常信息必须是对异常现象发生时间、地点、宏观异常的描述缺一不可的信息。该项指标具有布尔函数的与操作特征，即只要被检验信息缺一项内容的描述，则该信息不可用。被检验信息的完整性用完整度（I）来表征。基于此条原则，针对完整度的筛选方法如下：

$$I = t \cap l \cap s \tag{3-2}$$

式中，I 为被检验信息的完整度，值为 0 或 1；t 为时间信息；l 为地点信息；s 为宏观异常描述信息。经信息采集平台或者网络获取的信息情况共有 7 种，如表 3-2 所示。

表 3-2　信息完整度情况

情况 信息	1	2	3	4	5	6	7
时间（t）	1	1	1	1	0	0	0
地点（l）	0	1	1	0	1	1	0
描述（s）	0	0	1	1	1	0	1
完整度（I）	0	0	1	0	0	0	0

注：赋值 1 表示被检验信息中包含此内容，0 表示被检验信息中不含此内容。

3）信誉度。主要从两方面对信誉度进行判断：①通过信息来源来判断；②通过提供信息用户的信誉程度来判断，如表 3-3 所示。

表 3-3   信息来源信誉度的判断方法

传播类型	信息类型	发送者	信誉度权值
直线式	采集平台	普通用户	0.5
		地震宏观异常志愿者	0.6
		地震宏观异常测报员	0.8
		防震减灾助理员	1.0
层次式	网络新闻	地震局的相关网站	1.0
		其他大门户网站	0.9
队列式 网状	网络意见	BBS/论坛	0.5
		微博	0.5

信息来源为宏观异常采集平台和网页信息，网络信息分为两种：网络新闻、网络意见，它的传播类型为直线式、层次式、队列式、网状式，由此组合即可得到宏观异常信息的来源为 8 种：①采集平台-普通用户；②采集平台-防震减灾助理员；③采集平台-地震宏观异常志愿者；④采集平台-地震宏观异测报员；⑤网络新闻-地震局的相关网站；⑥网络新闻-其他大门户网站；⑦网络意见-BBS/论坛；⑧网络意见-微博。前 4 种为直线式传播类型，即发送者与接收者之间是用直线的方式（忽视中间服务器）直接相连的。第 5 种和第 6 种是层次式，信息之间的关系通常是层次树的结构，即信息被发送者人为地分成若干层，不同信息处于不同的层次上。位于高层的信息，被人们接收到的可能性较大，而位于低层的信息，被人们接收到的可能性较小。第 7 种即为队列式，信息间的关系是线性的，有先后顺序之分。第 8 种为网状传播模式，信息是由用户的兴趣爱好决定的，用户可以订阅自己感兴趣的话题，也可以通过好友的分享等观察到其他方面的话题。每一种信息来源根据其传播类型和发送者性质，设置一定的信誉度权值（表 3-3）。

采集平台和 BBS、微博信息，根据来源每一种统一有一个信誉度，但是每一种类包含的用户的信誉度，并不是全部相等的，如微博的部分发布者可能存在为了获得更多关注度而发布与转发的虚假信息，论坛的用户也有可能存在为了提高自己的会员等级，而出现"灌水"现象，所以还需要对每一种类信息来源背后的发送者信誉度进行计算。发送者包括采集平台用户与微博用户。通过发送者的历史发言记录，建立信誉体系。这一点的想法来源于信用卡用户的信用度。采集平台的用户全部是经过注册的，所以每个用户都有唯一的账户，通过追踪该账户，即可查看到该用户的历史发送记录，主要从 3 方面构建采集平台用户的信誉度：用户发送密集度、用户发送信息得到别人证实的信息比、用户发送信息得到别人不相信的信息比。

$$cu = du \times cr \tag{3-3}$$

式中，du 为用户发送密集度，通过用户发送的总信息量 Iu 与用户注册平台到统计时间的时间跨度 Tu 来获得，这是一个动态变化的量，随着时间的推进需要逐步修正。用户发送的密集度主要从四个维度来进行评价，一是至少每 3 天发送一条，则密集度赋值为 1；二是至少每 7 天发送一条，则密集度赋值为 0.8；三是至少每 10 天发送一条，则密集度赋值为 0.5；四是发送比较随机，则密集度赋值为 0.2。

$$du = \begin{cases} 1, & Iu/Tu \geq 0.3 \\ 0.8, & Iu/Tu \in [0.143, 0.3) \\ 0.5, & Iu/Tu \in [0.1, 0.143) \\ 0.2, & Iu/Tu < 0.1 \end{cases} \tag{3-4}$$

用户发送信息得到别人证实的信息比 Ia 和别人不相信的信息比 Iq，这两个因素是基于公众参与式的互动特点而得来的。cr 为他人证实度被其他用户证实的信息明显比质疑的信息多时，则他人证实度 cr 为 1；证实的信息与质疑信息的数量相同时，则 cr 为 0.5；被证实的信息数量比被质疑的信息数量少时，则 cr 为 0。

$$cr = \begin{cases} 1, & Ia-Iq \geq 0.5 \\ 0.5, & 0 \leq Ia-Iq < 0.5 \\ 0, & Ia-Iq < 0 \end{cases} \tag{3-5}$$

上述方法适用于采集平台用户信誉度的评价，而微博发言者的信誉度 cwu 主要从两方面构建：发言者的信息影响（Ie）和发言者的身份信息（uI）。发言者的信息影响主要通过评价中其他用户对该条信息的质疑度（Iq）和认可度（Ia）来表示，此处 Ia 和 Iq 和计算同上。由于用户的隐私保密原则等，部分用户的身份信息在微博中是无法查询的，但是有的身份信息是可以查询的，此因素为可选因素。

$$cwu = Ie \cup uI \tag{3-6}$$

$$Ie = \begin{cases} 1, & Ia-Iq \geq 0 \\ 0, & Ia-Iq < 0 \end{cases} \tag{3-7}$$

其中，在回复与评价中，如果对该信息认可的用户数量大于质疑的用户数量，则发言者的信息影响值 Ie 为 1，否则为 0。发言者的信息影响和发言者的身份，这两个因素中只要有一项因素满足值为 1 的情况，则该发言者的信誉度为 1。

4）关联度。宏观异常信息的关联度分析，主要针对获得的信息中夹杂的一些非宏观异常信息，如地震的发生公布信息，用户上报的监测正常信息等。造成这种现象的原因主要有两种：一是由于宏观异常指标种类繁多，在网页信息获取过程中，不可能逐项利用宏观异常的指标去获取信息，只能利用"地震"二字去爬取，所以爬取到的信息包含纯粹的地震发生信息，而不是宏观异常信息；二是经由采集平台上报的信息中，普通公众或者网站用户可能上报的信息只是某些现象，而不是宏观异常信息。所以，信息在完整度校验之后，需要对其关联度进行分析。关联度即信息内容与"地震""宏观异常"的相关程度，是从信息结构方面进行的校验。具体的筛选方法如下。

确定过滤关键词：在确定过滤关键词时，以地震宏观异常分类体系为基础，并在仔细研究历史震例地震宏观异常现象描述的基础上，将三级类别分别抽象为简洁、单一、具有代表性的词汇。由于第一级类别描述为如"动物异常"的形式，这其中包含两个关键词，分别是异常发生的主体——"动物"，和异常具体状态的描述——"异常"，所以在确定关键词时，将第一级分别分成两类，宏观异常第一级类别中主体词归为第一类关键词；宏观异常第一级类别中的状态词归为第四类关键词；第二级类别中的词通过上述规则转化为第二类关键词；第三级类别中的词通过上述规则转化为第三类关键词；从而得到基础关键词词库。再根据近义词词库，将基础关键词词汇进行扩充，得到完整的关键词词库。

构建语法规则：宏观异常现象的描述必须具有宏观异常的主体和主体对应行为或状态的描述，两者缺一不可，所以将关键词进行分类，分别分成主语和谓语，第一类和第二类关键词描述地震宏观异常现象的主体，所以将第一类、第二类关键词作为主语关键词；第三类和第四类关键词描述地震宏观异常的行为或状态，所以将第三类和第四类关键词作为谓语关键词；两者任意组合，最终形成 4 种语法规则。具体如表 3-4 所示。

表 3-4　语法规则

序号	组合	举例
1	第一类+第四类	动物出现异常；地下水出现异常
2	第一类+第三类	动物惊慌乱跳；地下水发浑
3	第二类+第四类	狗有异常；泉水有异常
4	第二类+第三类	狗狂叫不止；泉水发浑

（2）宏观异常信息的精筛方法

宏观异常信息的精筛，主要指针对不同种类的宏观异常信息进行非震原因的排除。地震宏观异常分为动物异常、地下水异常、天气异常、地声异常、地光异常、地气异常、植物异常、地面与电磁异常。例不，同宏观异常的成因不同，所以其相应的筛选方法与筛选流程也不同。例如，地下水的水位、水温等存在时间序列的变化，所以对地下水异常的筛选需要从年变规律等方面展开；而地声异常、地光异常等是零星出现，没有固定地点与时间，所以对这些异常的筛选需要从同类信息比较等方面展开。对各种宏观异常的说明如下。

动物异常是由于地震孕育过程中的各种物理、化学变化，某些动物的某些器官特别灵敏，感受到了变化的刺激，因而比人提前感觉到地震的前兆现象而发生的异常现象。1956年出版的《中国地震资料年表》统计了 126 条历史上震前生物异常的数据，共涉及 24 种动物。1966 年出版的《地震常识》明确提到，动物行为异常是地震前兆。多次震例表明，动物是观察地震前兆的"活仪器"。动物异常一般在时间上具有同步性、数量上具有集中性，体现出种类多、范围广、数量大、反应强烈的特点。目前，已发现上百种动物的震前异常反应，最常见的动物异常现象有：①生活习性违反常规，如大批青蛙上岸迁移、老鼠不怕人、冬眠的蛇集体出洞等；②惊恐反应，如动物不进圈、在圈内乱闹、鸡惊恐乱飞等；③痴呆型异常，如发呆发痴、不吃食等。但是这些反应不一定都是由地震引起的，有的是气候突变、环境变化（水体污染）、生理变化（如动物发病、发情）、饲养状况改变、敌害侵扰等引起的，所以人们需要对这些异常进行辨别，排除非地震干扰因素，评价动物异常信息作为地震宏观异常的可信度。动物异常的筛选与评价，必须从熟悉动物的生活习性入手，调查环境、生理、饲养状况等多方面的变化因素，逐个进行分析与排除。作为地震宏观异常的动物异常，与其他地震异常一样，也应具有一定规模，出现在一定区域和一定时间范围内。对于孤立出现的单体异常，评价时需要特别关注。

动物异常的筛选与其他异常筛选的不同在于动物具有群居性，它们所受的环境的感染是相同的，所以发生变化的时候，一般都是群体异常；而对于群居单体异常则予以排除，不作为宏观异常的评价范围。上述流程图中，非震因素的干扰，只要满足 1 项，则该信息被视为无效信息；每一项筛选条件没有必然的前后关系，逐一排查即可。动物异常的筛选方法如图 3-3 所示。

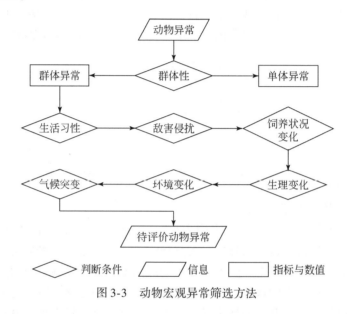

图 3-3　动物宏观异常筛选方法

地下水异常是由于存储并运动于地下深处的地下水把地震活动的信息带到地面上，从而引起水位、水温、流量变化和水质、水中气体浓度变化等现象的总称（中国地震局，2008）。地下水异常通常表现介质为井水、泉水、库水、池塘等，表现形式为水位升降、水温升降、在干旱季节自溢或者洪涝季节断流、翻花冒泡、发响以及变味、变浑等。地下水位在震前的变化是地壳内岩层应力集中和构造运动的一种反映。1955 年 4 月 14 日四川康定 7.5 级地震前两天，距离震中 10km 处的温泉冒水，震前一天喷起 1~2 尺[①]高，震后恢复正常（天津市地震局地震处，1976）。地下水异常开始数量少，随着时间的推进，不断增多，到发震时达到高峰；在空间上则表现为开始于震中，然后向外围推移，最后震中地区爆发式增多。它的出现时间早、范围广，具有协调性、重复性、迁移性等特性，主要是沿着构造带迁移（陆明勇等，2010），一般表现为"上升—下降—地震"和"上升—地震—下降"关系（顾申宜等，2010）。地下水的水位、水量的变化可能与降雨、天气干旱等有关，也有可能与抽水（邻井）、灌溉有关；水温变化可能与附近供暖水管断裂、电缆

①　1 尺 = $\frac{1}{3}$m。

漏电等有关；翻花冒泡甚至发响可能与有机质，如草木死后的堆积物腐烂放出的气体有关；水发浑也可能与环境污染、其他物体落入水中有关，如夏季井水发浑可能是井壁坍塌引起的（中国地震局，2008）。造成地下水异常的原因有很多种，所以针对不同的表现形式需要不同的筛选方法（表3-5）。

表 3-5 地下水异常原因筛选方式

异常表现形式	非震原因	排除方法
水位、水量变化	降雨、干旱	去除年变规律的异常提取方法
	邻井抽水、灌溉	邻井分析，现场调研
水温变化	季节、气象	去除周期项的异常提取方法
	供暖水管破裂	现场调研核实
	电缆漏电	拔掉电源，重新检验
翻花冒泡	其他气体渗入	气体成分检验
发响	双井互流	实地调研，观察是否含双水层
发浑	环境污染	检验成分
	其他物体落入	现场调研

天气异常指地震运动释放大量的其他不同形式的能量到空中，引起降雨、气温、风、气压等发生异常的现象。地震影响气象的大小和程度受地震释放能量、深度、位置、时间、波及范围等诸多因素影响（王尚彦和谷晓平，2009）。主要变现为突然刮风与下雨、长时间干旱、风向紊乱、气温增高等现象。地震活动与气候冷暖关系也十分密切。对此，中国科学院院士马宗晋等科学家所著的《中国自然灾害综合研究的进展》一书明确指出，我国近500年来地震活动时期多与低温期相对应。例如，华北东部地震多发生在冷期。也有一些地震，如1679年河北省三河县和平谷县（今属北京市）8级地震、1937年山东菏泽县地震等，震前酷热。1966年，邢台地区地震前7天内，平均气温由-13℃猛增至11℃（高琳，2011）。对于气象异常的筛选主要是判断是不是气象异常的多项指标同时发生，如果只发生一项，则它与地震的关系较为松散；如果同时发生多项异常，且持续时间较长、异常幅度较大（耿庆国，2005），则可以将其与其他宏观异常一起进行分析。

地声异常现象的理论依据来源于岩石力学实验，是指地震过程中受力岩石破裂前出现大量的声发射（李子殷和胡心康，1980），主要有机器轰隆声、雷声、炮声、咔嚓声、呜呜呜声、撕布声等各种声音。震前的地声异常，我国早在公元474年山西地震时就有发现，在1855年辽宁地震前，民众已经能够根据地声异常，外逃户外避免死亡。1933年8月25日茂县叠溪7.5级地震中，有相当多的人因地声警报而幸免于难（武玉霞，2012）。地声主要分布于震中及其附近地区（中国地震局，2008），但是由于人们所处位置或者经历、听觉的不同，地声一般也不完全相同。近海、近湖地区在大震前容易听到地声，是因为声音是纵波，水是一种适合于传播纵波的介质，对声波的吸收很小。对于地震前的声音，狗、鱼、家畜等动物的听觉范围比人类更宽，对地声的灵敏度更高。一般出现在震前几分钟、几小时、几天或者几十天内，但往往震前几分钟内出现的现象居多，几十天的极为少见（安徽省地震局，1978）。由于每次地震的震源区物理特征等不尽相同，声音也表现为很多种，所以对于地声的筛选主要通过调研的方式进行核实。

地光是地震发生前地球内部物理场复杂变化的一种表现，是地应力增强的一种外部表现形式（王唯俊等，2010）。地光异常是重要的短临前兆，主要分布在震中及其附近地区，一般从形状、颜色、持续时间3方面来描述地光现象，主要有片状、带状、球状、柱状、弥漫状等形状，颜色主要有白色、红色、紫色、杏黄色、白紫色、绿青色等（中国地震局，2008）。与地光异常容易混淆的主要有霞、彩虹、闪电、极光、电线走火、黄道光等，在地光筛选时，必须根据各种现象的不同来进行区别（表3-6）。地光异常发生的原因有很多，高空低温冰晶的折光，高空电场变化造成的空气光离子放射，断层处的正电子发射和红外线辐射，以及震前可燃性气体的逸出和燃烧等（武玉霞，2012）。在地光异常筛选时，要排除人工光源干扰、气象光照异常等因素，如果有当时的照片或者视频文件可以将其用于筛选；或者可以采取实地调研或电话访问的方式，核实现象发生的特点。

表 3-6　地光异常与干扰现象的重要区别

序号	干扰现象	概念及特征	与地光异常的重要区别
1	霞	太阳升起、落山之前地干线上空出现的云彩	出现的时间、地点固定 色彩排列有规律
2	彩虹	太阳光经水滴折射、反射而成，带状	雨后晴天出现
3	闪电	雷雨季节出现的大气放电现象	出现在空中 运动速度极快
4	极光	太阳微粒辐射作用于地球高层大气，发光而成	特定地区、季节出现 离地面 800～1000km 高空
5	黄道光	春分前后黄昏后山巅西向，秋分前后黎明前山顶东向，地平线上锥形暗弱的光辉	时间、地点固定，光弱 持续时间不长
6	流星	岩石碎片与大气发生强烈撞击摩擦燃烧引起	晴朗的夜晚
7	闪光	夜间焊接作业而发；或者高压输电线走火	位置明确，范围有限
8	生物发光	某些海洋生物夜间发光	以淡蓝色为主，随生物群落的 运动而迁移
9	其他发光	建筑物尖端发光、大规模雪崩或火山喷发	高度固定、颜色不同

注：根据《地震群测群防工作指南》整理而得。

地气异常是指地震前后大的构造变动，使地球内部气体突然间大量释放而产生的现象（周子勇和陶澍，2003）。主要从颜色和气味两方面进行描述，地气的颜色一般有白、黑、黄三种，气味一般为硫磺味、硫化氢味、划火柴味、硝烟味等。地气的发生时间具有间歇性、空间上具有间断性，最早可能出现在震前数月之前，往往有几次高潮，与其他宏观异常的"几起几落"具有同步性，多分布在沿断裂带或其交汇处（李海华和韩元杰，1979）。与地气异常容易混淆的包括烟花燃放气味、环境污染等，对地气的筛选方法主要是综合颜色和气味进行辨别，如果难以辨别，可以采集样本，进行气体成分的检验。

植物异常是植物电发生变化引起的一系列反常表现，地震孕育过程中，由于地下应力的变化，岩层中的水化成分、带电离子等都发生相应的变化，植物根系吸收这些毛细血管水和重力水，就导致了植物电的变化（陈玉玲和徐一夫，1981）。植物异常一般表现为反季节发育，二次开花，以及大面积枯萎和异常繁盛等现象。气候条件的变化、病虫害、肥料不当、移栽等问题都可能导致植物发生异常现象。所以对于这些异常现象，要从植物本身的生长习性出发，逐一排查（安徽省地震局，1978）。而且植物的生长是需要过程的，从接收到地下变化到开花、发芽等需要一段时间以后才会出现，所以植物异常一般作为中期和短期地震预报的参考因素，而不作为短临地震预报的参考依据。

电磁异常是由于震前或者震时，岩石破裂扩展而造成尖端放电、辐射电磁波脉冲，或岩石晶格破坏而产生电位跳跃辐射出电磁波信号的现象（包德修等，1991；冯竟和张世杰，1985；郭子祺和郭自强，1999；郭自强等，1989；王海华，1998；徐世渐，1979）。电磁异常主要通过钟表、收音机、电视等介质表现出来，如收音机连续出现噪声、日光灯自明、电子闹钟停止或者突然走快、电视信号中断等。电磁异常一般发生在临震前，震中地区。

地面异常是指外力作用使岩体内部平衡破坏而发生位移、变形甚至破裂等，常表现为地裂缝、地鼓、地陷等。地裂缝是断层运动的诱导产物（钱洪等，1984），主要成因包括地震、火山、构造蠕变、崩塌与滑塌、塌陷与陷落、湿陷、渗蚀、干旱、融冻和盐丘等，非构造成因的地面异常往往受地表水、地下水、土质条件、建筑物基础等影响。与地震有关的地面异常，一般分布在极震区，呈规律的线性展布。地震地裂缝常常伴有喷水冒砂、溢气体或烟雾等奇异现象，如河间 6.3 级地震、海城 7.3 级地震、唐山 7.8 级地震，另外，1933 年 8 月 25 日茂县叠溪 7.5 级地震出现的地裂缝，在地震时忽开忽合，并从裂缝中溢出黄色烟雾（肖和平和于萍，2011）。地面异常的鉴别可以通过详细记录它们变化的速度和幅度，结合当地的地质构造和其他宏观异常现象进行综合分析（安徽省地震局，1978）。

总之，地震宏观异常的发生一般具有以下特点：空间上条带分布比较明显，而且相对集中；地声、地光、地磁等现象一般发生在临震前震中及其附近地区。宏观异常与地震是伴随关系，宏观异常的发生不一定是地震造成的，在震后或者地震频发时期，宏观异常的出现容易造成社会的恐慌，所以对宏观异常的核实、筛选非常重要，同时也可以为地震预测预报的研究工作提供参考。

3.3.1.2 热红外异常信息获取与筛选方法

地震热红外异常是地震发生前的一种地表辐射温度异常，是一种较显著的震前异常现象，并且得到了一定的应震效果，人们逐渐开始应用卫星热红外遥感技术对震前的热红外异常研究进行新的更深层次的探索。大范围获取热红外异常信息的最好途径就是通过遥感平台，从遥感影像中提取地震前后热红外异常信息，遥感影像数据主要来源于美国国家航空航天局 LAADS Web 网站的 MODIS 数据，空间范围为全国，内容为夜间影像。

（1）热红外异常发生的原因与采用缘由

地震的红外异常是地下热信息引起的，而非地面或者地上气温的增高等引起，所以红外异常能够很好地反映地震的活动信息。热红外异常产生的原因主要有三大类：一是断层的活动摩擦或者岩石变形的能量转化为辐射能，由而出现热红外异常；二是热通量变化，从而使地表温度发生变化，所以也有研究学者针对潜热通量，利用 SLHF 数据来分析潜热通量与地震发生的关系；三是地球放气说，即震前放气产生电场等激发了增温效应，由此产生了震前热红外异常（强祖基等，1992）。国外最开始研究热红外异常是苏联的 Gornyi 等，在研究 1984 年亚洲中部的地震时，发现了热红外辐射异常现象（Gornyi et al., 1988）。而我国最早开始研究热红外异常的则是中国地震地质研究所，该所的强祖基研究员与浙江师范大学徐秀登等人于 1989 年总结得出，震前几天至十几天的时间内，孕震区有明显的红外增温前兆（徐好民等，2011）。2011 年，陈杨针对中国的 32 个 6 级以上地震进行研究，发现有 14 次地震前存在震中附近明显地表温度增高的现象，映震比例达到 43.7%。上述研究都说明，震前的热红外异常是普遍存在的，用热红外异常来研究地震是具有理论与实际应用可行性的。

随着遥感影像观测范围与观测精度的提高，震前热红外异常的资料越来越丰富，国内外很多研究学者对热红外异常与地震发生的三要素做了相关性研究，研究表明，震前一个月之内，震中区一定范围内出现增温异常是一种较为普遍的现象。而且虽然气象部门的地面温度监测点能够观测到比较真实的情况，也能够反映局部地区的地表温度变化情况，但是如果想得到大面积范围内的地面温度长时间序列动态的演变资料，则需要依靠遥感影像的支持。鉴于热红外遥感影像监测范围广、时间精度逐步提高，以及比较容易获取等特点，加上其实施时空动态监测的特点一定程度上弥补了传统的定点监测的不足，所以本书中热红外异常的计算原始资料选用 MODIS 影像。表 3-7 是利用热红外异常进行地震预报成功的案例。

表 3-7　利用热红外异常成功预报地震的案例

时间（年–月–日）	地点	震级	资料来源
1989-10-18 1989-10-19	山西大同	5.7 6.1	强祖基等（1990）
1990-2-10	江苏常熟	5.1	强祖基等（1998）
1990-4-26	青海共和	7.0	郑兰哲等（1996）
1991-3-12	台湾台南	6.0	强祖基等（1998）
1992-4-20	台湾花莲海外	6.8	强祖基等（1998）
1992-9-14	南海东沙群岛	5.9	郑兰哲等（1996）
1997-3-3 1997-3-4	伊豆半岛	5.2 5.7	李玲芝（1998）
1997-4-9	日本丈八岛	5.2	李玲芝（1998）
1997-5-13	日本鹿儿岛	6.4	李玲芝（1998）
1997-5-17	新疆伽师	5.4	李玲芝（1998）
1998-4-14	河北唐山	4.7	强祖基等（1998）

热红外遥感影像反映了地表温度信息，但是受云层、地形地势、气象或者其他因素的影响，从这种强背景下提取热红外辐射的弱信息是热红外异常信息提取的关键。MODIS 遥感影像一共有 36 个光谱波段，波段范围从 0.4μm（可见光）到 14.4μm（热红外），其中波段 31（10.780~11.280μm）和波段 32（11.770~12.270μm）对于提取地表热信息是有效的。为了将大气影响与太阳日照对于地表温度的影响降到最低，本书在研究中全部采用夜间影像，也是对地表温度的一个最真实的反映。

（2）热红外异常的计算方法

热红外异常并不是地表的实际温度，从本质上看应该是热红外辐射，与实际温度有关，但不是真正的温度，通常被称为"表观温度"。在 10~11μm 波段上测量得到的并不是地面的实际温度，而要根据维恩位移定律来确定绝对温度：

$$\lambda_{max} T = 2897.8 \pm 0.4K \tag{3-8}$$

计算 10~11μm 的辐射温度为 263~290K，相当于 -10~17℃，称为热辐射温度，或者称为亮度温度（可见光、近红外、中红外中常用），更准确地说是 10~11μm 热红外辐射能量（赵得秀和强祖基，2012）。热红外异常的提取需要排除气象因素和地面表层热情况，如地形地貌、水文植被、降雨和及积雪覆盖等因素的干扰，国内外学者也针对此方面开展了大量的研究，从最初的目视解译判别法，到定量的断裂带内外温差法，以及刘培洵等（2004）从热传导理论出发，提出的透热指数法，都从一定程度上排除了影响热红外异常为非震异常的部分因素。

（3）热红外异常信息提取方法

热红外异常的干扰因素分为 3 类：大气的衰减、地形地物本身的差异和气象的变化，在提取中应用各种方法对干扰因素加以排除，才能提取出地震因素造成的热红外异常。所以本书主要介绍能有效消除上述 3 个干扰因素的区域均温、增温异常比值和透热指数法，并利用这三种方法对地震前后的热红外异常信息进行提取。

其中，增温异常比值是通过对同一像素（单元）长时间序列的灰度（亮温）变化计算而得，所以从一定程度上排除了地形地物本身的差异；透热指数法则是通过对相邻像素（单元）变化的不相关性进行分析，取 1 与相关系数的差而得，所以排除了气象变化的影响。

1）区域均温异常提取方法。

亮温增温异常分析包括全局和局部两种计算方法。全局计算方法，即针对研究区进行平均值的计算，每个时间对应一个全局平均值，由此形成区域平均温度时间序列值，逐个平均值按照时间顺序排列，即可得到一个研究区的平均亮温值曲线图。在曲线图中，出现突然转折点的即可作为异常出现的疑似时间。具体计算方法如下：

$$f_t = \frac{\sum\limits_{i=1}^{s}\sum\limits_{j=1}^{l} x_{ij}}{s \times l} \tag{3-9}$$

全局计算方法是按照研究区域内的像素或者统计单元进行计算的。式中，f_t 为时间 t 时，整个研究区的平均温度；s 和 l 分别为研究区域内像素（统计单元）的行号和列号；i

和 j 分别为正在进行计算的像素（统计单元）的行号和列号。x_{ij} 为第 i 行、第 j 列的像素（或统计单元）的亮温值。温度平均值表征的是整个研究区域在某一时间的整体温度情况，如果局部内有少数几个比较高温的像素（统计单元），则很容易在平均值计算的情况下，将这种异常值限制或者平滑处理。为此，局部计算方法是针对每个像素点进行正常与异常的判断。

2）增温异常比值方法。

增温异常比值法即为局部计算方法，是一种基于时间序列的定量分析方法，是通过计算区域内亮温异常点数与总点数的比值而得来的。要计算亮温点异常比值，首先需要计算滑动方差，然后通过比较研究点亮温与方差的关系确定研究点为正常点还是异常点。即针对每个像素点，按照一定的时间滑动窗，计算其滑动方差，并将该点温度值与 3 倍滑动方差进行比较，判断其为正异常或者负异常，进而计算表现正异常的点数与研究区内的总像素点数的比值。将同一地点的同一个像素按照时间顺序进行排列，以 m 为滑动时间窗，每个像素的滑动平均值如下：

$$\overline{x_k} = \frac{\sum\limits_{k-\left[\frac{m}{2}\right]}^{k+\left[\frac{m}{2}\right]} x_p}{m} \tag{3-10}$$

式中，$\overline{x_k}$ 为像素滑动平均值 x_p 为按照时间排序编号的图像像素；k 为当前计算的像素所在的图像编号；m 为滑动时间窗，即取 m 幅图像来进行平均值的计算；[ ] 符号为取整运算。假设滑动时间窗为 3，当前图像为第 5 幅，则分别计算当前图像每个像素的平均值时，均需取第 4、第 5 和第 6 幅图像共 3 幅影像来参与统计计算。每一个像素均为时间序列，在滑动平均值计算的基础上，即可获得滑动方差：

$$\sigma_k = \sqrt{\frac{\sum (x_p - \overline{x_k})^2}{m}} \tag{3-11}$$

式中，σ_k 为编号为 k 的影像中像素的滑动方差。利用滑动方差、滑动平均值即可构成每个像素短时间范围内的地形地貌温度基准，将基准温度与研究点的实际亮温值 x_k 进行比较，判断该研究像素为正异常点还是负异常点：

$$x_k - 3\sigma_k - \overline{x_k} > 0 \tag{3-12}$$

$$x_k - 3\sigma_k - \overline{x_k} \leq 0 \tag{3-13}$$

滑动方差的倍数可以根据研究地区的不同而选择不同的数值，本书主要是利用热红外异常来评价地震宏观异常的可信度，为了增加可信度评价的可靠性，将滑动方差的倍数选择为一个相对较大的值，相关研究学者在之前的研究中，将滑动方差的倍数定为 1~3。当研究点的亮温值大于基准温度时，该点被判定为正异常点，当该点的亮温值小于或等于基准温度时，该点被判定为负异常点。每个点都被划为正异常或者负异常，在研究区域内，统计正异常点数的数量，并与研究区域内的总点数求比，即可得到热红外异常点比值：

$$R = \frac{\text{count} \ (\text{XPA})}{s \times l} \tag{3-14}$$

式中，XPA（X which is positive anomaly）为正异常点；count 指对这些正异常点进行数量统计运算；R 为正异常点数与所有点数的比值。

局部计算方法也称异常点比值法，该方法的原理是比较同一像素点与其在一定时间序列内的平均值、方差，所以从一定程度上消除了地形地势、地质地貌的影响，而且能逐个判断出异常出现的像素，从而确定异常分布。但是，由于对每个像素进行的是纵向比较，即该像素随着时间的温度变化比较，自然变化、气温升高等周期变化或者趋势变化对增温异常的影响难以消除。

3）透热指数法。

热红外增温异常与异常点比值相结合的方法从一定程度上消除了地形、地势造成的干扰，但是容易将气象变化对其产生的干扰也考虑进去。因为气象对地表温度的影响是大范围的，而且是渐变的，所以可以通过计算邻近点亮温变化趋势的不相关指数来消除气象增温的影响。

邻近点的反相关指数法，顾名思义，就是通过比较像素单元与其周围单元平均值的变化趋势得来。如果两者的变化趋势不一致，则说明该像素变化所受影响与周围单元变化所受影响不一样，排除了气候因素影响造成的大面积异常现象。计算相邻点的反相关指数，需要确定每个像素的周围单元平均值，而像素所处的位置决定了其用来比较的周围单元数量。一幅影像中有 3 种位置（角、边、中心）的像素点，如图 3-4 ~ 图 3-6 所示。像素点 1 (x, y) 位于影像左上角，相邻像素为其右方 $(x+1, y)$、下方 $(x, y+1)$ 及右下角 $(x+1, y+1)$ 共 3 个；像素点 2 (x, y) 位于影像边的位置，相邻像素为其左方 $(x-1, y)$、右方 $(x+1, y)$、下方 $(x, y+1)$、左下角 $(x-1, y+1)$ 和右下角 $(x+1, y+1)$ 共 5 个；像素点 3 (x, y) 位于影像中心，相邻像素为其上方 $(x, y-1)$、下方 $(x, y+1)$、左方 $(x-1, y)$、右方 $(x+1, y)$、左上角 $(x-1, y-1)$、左下角 $(x-1, y+1)$、右上角 $(x+1, y-1)$ 及右下角 $(x+1, y+1)$ 共 8 个。

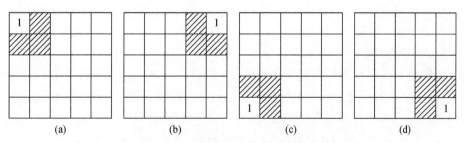

图 3-4　位于影像顶点像素的周围单元

像素周围单元的平均值用来与该像素进行变化趋势反相关分析。首先，以 t 为滑动时间窗，分别计算像素与周围单元的滑动平均值，然后以当前像素的亮温值变化和周围单元的亮温平均值变化为基础，计算皮尔逊相关系数，如果相关程度高，则说明两者之间的变化趋势一致程度高，所以利用皮尔逊相关系数的特点，对其求与 1 的差，则为反相关指数。

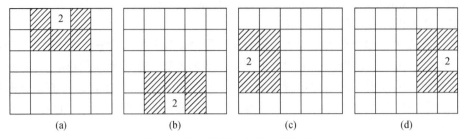

图 3-5　位于影像边像素的周围单元

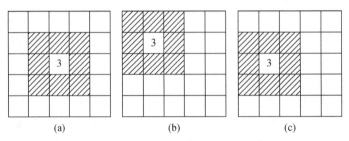

图 3-6　位于影像中心的周围单元

$$D = 1 - \frac{\sum\limits_{t}(x_t - \bar{x})(y_t - \bar{y})}{\sqrt{\sum\limits_{t}(x_t - \bar{x})^2}\sqrt{\sum\limits_{t}(y_t - \bar{y})^2}} \tag{3-15}$$

式中，$\bar{x}$ 为像素的时间滑动平均值；$\bar{y}$ 为像素周围单元的时间滑动平均值；D 为反相关指数。在 D 的计算中，假设每个像素单元所受的气象影响是一样的，所以空间单元选择越小，则该方法的计算结果更接近实际情况。时间跨度长可以更好地消除地面的影响，但是却降低了指数的反应灵敏度，时间跨度短可以增加时间分辨率，但是气象因素的影响则加大。所以在研究中，滑动时间窗为 90 天，即一个季节的时间，滑动空间选择 1 个像素。

4）涡度处理方法。

为了能够更加及时准确地捕捉可靠的地震异常信息，本书研究最后采用了涡度处理方法，对 MODIS 原始数据进行地震热红外异常信息的提取及识别。"涡度"指的是任一像素单位的辐射强度与其相邻像素单位辐射强度的差值（康春丽等，2007），其表达式为

$$S^*(i,j) = [4S(i,j) - S(i,j-1) - S(i,j+1) - S(i-1,j) - S(i+1,j)]/4 \tag{3-16}$$

式中，$S^*(i,j)$ 为该像素在时间窗内的涡度值；$S(i,j)$ 为对应像素相同时间跨度内的平均值；i 和 j 为任意像素所在的行号和列号。

涡度处理方法主要是利用中心像素与其周围像素之间的关系来进行判断，从一定程度上可以消除气象因素带来的影响。涡度处理方法是一种定量分析方法，而透热指数方法是一种定性分析方法，将两者结合来对异常信息进行提取与评价，效果会更好。

3.3.1.3 气象异常信息获取与筛选方法

气象异常指当地气象台站的气温、气压、降水量等达到或者突破 20 年以来的极值，地震台站也会配备气象仪对上述三个要素进行观测，而且每小时形成一组观测数据（刘其寿等，2010）。气象异常信息的提取来自地震发生时间以及震前 30 年历年同日的气象数据。气象数据来源于中国气象科学数据共享服务网的日值数据集，空间范围：全国 752 个国家基本气象站点，内容包括：日平均气压、日平均温度、日最高温度、日最低温度和日降水量。

引起气象要素异常的因素有很多，但出自地震的原因目前只有两点：①释放声波引起了电离层的扰动，从而造成了气象异常；②地热释放引起大气变化，造成了气象异常（王尚彦和谷晓平，2009）。国内外研究学者针对气象要素开展了与地震相关性的研究，来自法国国家科学研究中心的许敦煌在汶川地震后对宏观异常现象进行了走访与落实，发现在震前有 8 起不同地点的天气闷热和临震时天空变暗等异常现象（张小涛等，2009）。在降水量和气压异常方面，王尚彦和谷晓平（2009）、李贵福和解明思（1996）、赵红岩等（2007）发现中国的"旱震"现象比较明显，一般在干旱后的第 4 年发生地震的概率比较高，而且李贵福和解明思（1996）针对云南 1901～1993 年气象和地震相关分析，发现震前一个月以高温（70.14%）、高压（58.3%）、低压型（41.7%）为主。马敬霞等（2009）对 1965～2008 年中国 71 次 6 级以上地震进行统计，发现地震发生前后一个月内震中出现异常旱和异常涝的概率是相似的。而异常旱的情况是当地长时间累积造成的，对于宏观异常可信度的评价只选择了短期指标，即异常涝。气温异常方面，汤懋苍和高晓清（1997）对 1966 年邢台地震、1969 年渤海地震、1975 年海城地震、1976 年唐山地震进行研究，发现震中附近有地热涡合并情况发生。明亮（2010）对 2008 年汶川大震前后短期低温气候做出了一种解释，即 2007 年高温之后，马上出现了低温冷冻与降水异常，而且这些异常的地区均分布在震区的周围。郭广猛（2010）针对 1998 年张北地震前的张北气象站和邻近的化德站进行了差异分析，发现在张北附近有一个孤立的增温区。综上，可以发现，在地震前后，气象异常的指标主要包括气温高、气温低、降水低、降水高、气压高和气压低。

我国著名地震科学家耿庆国通过多年的研究，在 1975 年提出了进行地震短临预测的 5 项气象指标异常法，在进行气象异常判断时，气象资料必须达到 20 年以上分析结果才可靠，而且统计的必须是同一地点历年同日的气象指标（耿庆国，2005）。5 项气象指标异常出现的时间间隔不得超过 30 天，即从第 1 项指标出现异常算起，到第 5 项指标出现异常为止，整个历程需要在一个月之内才可以进行分析。韩世刚（2010）针对重庆 4 次地震进行了日平均气压、日降水量、日最高气温、日平均气温和日最低气温异常的分析，发现重庆地震满足临震气象要素 5 项指标异常情况。石俊等（2010）对汶川地震前后的 5 项气象指标进行了分析，发现异常现象集中出现在震前 1～2 个月，而且分布在震中及所在的龙门山断裂区域。

基于气象异常对宏观异常的评价主要采取临震指标，气压因素中选取气压低异常和降水量因素中选择降水量高异常，即气象指标依据耿庆国先生提出的 5 项指标而定。

（1）气象要素 5 项指标概念及计算流程

气象 5 要素指标是由我国著名地震科学家耿庆国于 1975 年提出的预测破坏性地震的短临方法，主要包括：日最高气温、日平均气温、日最低气温、日降水量和日平均气压（耿庆国，2005；叶淑华和陈述彭，2002）。他指出 5 项指标中，从第 1 个出现到最后 1 个出现的时间历程不超过 1 个月，则可能发生 5.0 级以上的地震。在计算过程中，必须是同一地点多年（20 年以上）同日的指标进行比较，采用纵向比较法，即只考虑气温的相对变化，而不考虑气温的横向增值，即绝对变化，这样，在比较时，去掉了年际变化规律、季节影响而引起的气温、降雨差异。

气象要素异常信息的提取（图 3-7），首先要确定进行统计分析的时间段和气象站，气象指标的时间选择最长不超过 30 天，即气象指标观察的时间选择为第 n 年第 i 日至第 n 年第（$i+30$）日；其次，以气象指标观测时间为起始，往前推 30 年，计算历年同日的日降水量（r）、日平均气温（x）、日最低气温（z）、日最高气温（y）和日平均气压（p）的异常情况；最后，根据 5 项指标异常的情况，分别统计 30 日内各项指标异常出现的天数、持续异常的天数和异常的最大幅度。

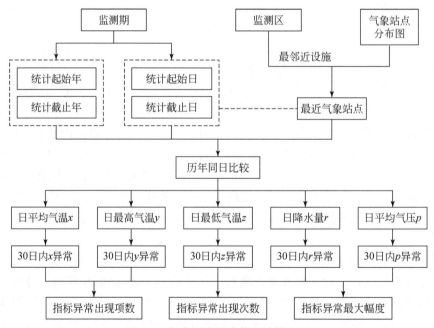

图 3-7 气象要素异常信息计算流程

（2）气象要素 5 项指标异常计算方法

日降水量、日平均气温、日最低气温、日最高气温和日平均气压的异常提取，首先要计算每天的上述指标是否异常，然后根据是否异常以及异常的幅度来统计气象异常所需的指标。计算上述指标是否异常，需要将当日的气象指标与历年同日的相同指标进行比较而确定，计算方法分别如下。

日平均气温是指根据历年的日平均气温值，计算近 20 年或更长时间内，同一日的平均气温值。如果日平均气温值达到或者高出历年同日的日均气温最大值，则称出现日平均气温异常现象；同样，如果日平均气温达到或者低于历年同日的日平均气温的最小值，也称为日平均气温异常。根据国家气象数据共享服务网提供的日值数据集，选择近 30 年为统计时间，日平均气温异常的表达式如式（3-17）所示。其中，x_{ni} 为第 n 年第 i 日的日平均气温；n 为被评价年份，在本书中指被评价气象异常发生的年份；x_{di} 为第 d 年第 i 日的日平均气温；d 的取值为从被评价年份往前计算的 30 年。

$$\begin{cases} x_{ni} \geqslant \max \ \{x_{di}\}, \ d=n-1, \ \cdots, \ n-30 \\ x_{ni} \leqslant \min \ \{x_{di}\}, \ d=n-1, \ \cdots, \ n-30 \end{cases} \quad (3\text{-}17)$$

日最高气温异常是指该值达到或者突破历年同日的极值，即日最高气温达到或者高于历年同日的日最高气温的最大值和日最高气温达到或者低于历年同日的日最高气温的最小值两种情况，计算如式（3-18）所示。其中，y_{di} 为第 d 年第 i 日的最高气温；y_{ni} 为被评价时间的日最高气温；d 的取值为从被评价宏观异常发生的年份往前计算的 30 年。

$$\begin{cases} y_{ni} \geqslant \max \ \{y_{di}\}, \ d=n-1, \ \cdots, \ n-30 \\ y_{ni} \leqslant \min \ \{y_{di}\}, \ d=n-1, \ \cdots, \ n-30 \end{cases} \quad (3\text{-}18)$$

日降水量异常指达到或者高于历年同日降水量的最大值，计算公式如式（3-19）所示。其中，r_{ni} 为宏观异常发生时间的第 d 年第 i 日的降水量；i 的取值为宏观异常发生时间的前后 1 个月；d 为被统计年份。

$$r_{ni} \geqslant \max \ \{r_{di}\}, \ d=n-1, \ \cdots, \ n-30 \quad (3\text{-}19)$$

日最低气温异常指达到或者高于历年同日的日最低气温最高值，或者达到或低于历年同日的日最低气温最低值，计算如式（3-20）所示。其中，z_{di} 为第 d 年第 i 日的最低气温；z_{ni} 为第 n 年第 i 日的最低气温，其他变量的含义与式（3-19）所示相同。

$$\begin{cases} z_{ni} \geqslant \max \ \{z_{di}\}, \ d=n-1, \ \cdots, \ n-30 \\ z_{ni} \leqslant \min \ \{z_{di}\}, \ d=n-1, \ \cdots, \ n-30 \end{cases} \quad (3\text{-}20)$$

日平均气压异常指达到或者低于历年同日日平均气压的最低值，计算如式（3-21）所示。其中，p_{di} 为第 d 年第 i 日的日平均气压；p_{ni} 为第 n 年第 i 日的日平均气压。

$$p_{ni} \leqslant \min \ \{p_{di}\}, \ d=n-1, \ \cdots, \ n-30 \quad (3\text{-}21)$$

根据指标是否异常的计算，即可统计出指标异常的持续天数和异常出现的总天数，以日平均气压（p）为例，统计的流程如下（图 3-8）。

计算方法中，i 为开始计算的日期；T 为异常出现的总天数；p_i 为第 i 日的日平均气压；min 表示历年同日的日平均气压最小值，以 30 天为统计界限，如果 30 天内异常天数 $T>0$，则表明该项异常出现，那么可以计入气象异常的指标中。

日平均气压的异常持续天数指从统计日开始，30 天内发生异常所持续的最大天数，具体计算流程如图（3-9）所示。计算流程中，T_L 为最长的持续天数；T_n 为过程中每次异常持续的天数，T_L 即为所有 T_n 的最大值。日平均气压异常的最大幅度是指日平均气压与历年同日的日平均气压最小值的差值的最大值，计算如式（3-22）所示。式中，r_p 为日平均气压异常的最大幅度；p_{ni} 和 p_{di} 与式（3-21）中的含义相同。其他指标异常的计算流程

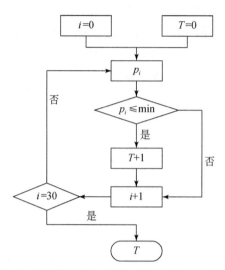

图 3-8 日平均气压 30 天内异常总天数计算流程

与日平均气压相同，这里不再赘述。

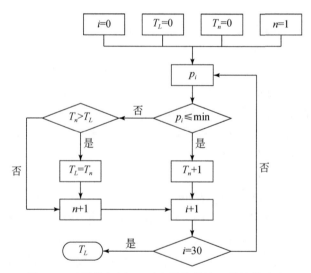

图 3-9 日平均气压 30 天内异常持续天数计算流程

$$r_p = \left| \min \left\{ p_{ni} - \min \left\{ p_{di} \right\} \right\} \right| \tag{3-22}$$

（3）全局异常趋势干扰的排除方法

气象的变化和影响是在大面积内逐步变化的，为了鉴别所选的气象站点不是因为大范围内气象整体异常引起的，本书中提出将所选气象站点与邻近气象站点的指标数据进行比较分析，从而排除全局气象异常趋势的干扰。邻近气象站点的选择遵循 3 个原则：

1）因海拔每增加 100m，气温下降 0.6℃，为了使邻近气象站点与所研究气象站点之间的可比较性较高，二者之间的海拔之差不超过 300m；

2）气象的变化是受气候等影响的，所以选择的邻近气象站点应该与所研究气象站点同属于一个气候分区，但是二者的距离不超过 200m；

3）不同地形的气候是不同的，选择邻近气象站点时，参照中国地形分布图，选择的邻近气象站点和研究的气象站点不宜分属于地势较高或者地势较低的两侧。

将研究的气象站点称为研究点，将选择的邻近气象站点称为对比点（下同）。对比点的气象异常提取方法与研究点的气象异常提取方法相同。排除气象全局趋势干扰的方法如图 3-10 所示。

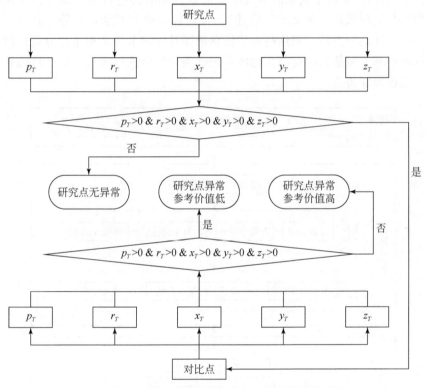

图 3-10　气象异常提取中排除全局趋势的技术路线

首先，计算研究点的气象异常，并判断 5 项指标是否在 30 天内均出现异常；其次，依据计算结果，如果同时出现异常，则计算对比点的气象异常情况，如果对比点也出现气象异常，则研究点气象异常的参考价值较低；如果对比点未出现气象异常，则研究点气象异常的参考价值较高。

3.3.2　地震灾害应急信息获取与评价方法

3.3.2.1　地震灾害应急信息概述

地震应急最突出的特点是时间紧迫且事关重大，要求能够在最短的时间内完成灾情研判，拟定救灾方案，部署救援力量。而灾情信息的快速获取，对地震应急工作的有序开展起着决定性的作用。地震应急信息除具有信息的一般性质外，还具有复杂性、时效性、等级性和层次性（苏桂武等，2003）。3.3.2 节中地震应急信息特指挖掘的与地震应急有关的诸要素、诸物质和诸过程的公众参与提供的自媒体信息，在4.3节中还涉及遥感影像等能够表征地震灾害损失的面数据。其中，源于自媒体的地震应急信息是以灾民、救灾人员、关注者等身份来关注灾情的时空动态变化，并在表达的信息中掺杂了个人的观点或情感，因此这类信息也称为灾情感知数据。

如图 3-11 所示，从网络获取的地震应急信息首先需要进行筛选除噪、分词和构建向量空间模型等预处理操作（如2.5节所述），过滤掉噪声和冗余信息等；其次，基于构建训练集和朴素贝叶斯分类器，对这些灾情信息依据对应的事件类型进行分类；最后，基于构建的评价模型和灾情信息评价的指标体系来逐条对信息进行语义分析，最终获得地震灾情信息的危急度等评价值。

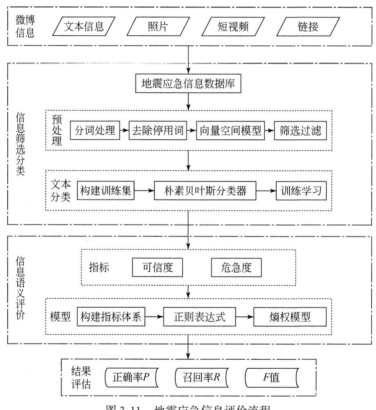

图 3-11 地震应急信息评价流程

3.3.2.2 地震应急信息的获取及分类

(1) 地震应急信息的获取与预处理

地震应急信息主要来源于自媒体，因此数据的获取采用爬取技术，在爬取的同时进行去重去噪、地理位置提取。震后实时爬取的信息中存在大量的转发类、情感表达类等与地震应急主题无关的信息，这类信息数量庞大，它的存在会对接下来的信息分类和语义评价的精度和效率造成巨大的影响。所以在爬取的同时要对信息进行去重去噪的预处理工作。而地理位置提取则按照 2.5 节所描述的方法与过程进行。

（2）地震应急信息的分类原则和依据

从获取到评价中间会经过比较重要的一个步骤，那就是分类。

震后对自媒体中地震应急信息进行快速分类，并应用到震后的应急救援中，其难点在于构建满足地震应急需求的、符合自媒体灾情信息特点的分类体系和相应训练集。分类体系的构建要借鉴目前已有的地震应急信息分类标准，遵循信息分类的基本原则，并综合考虑类别划分的精细度、粒度、对应训练集的数量等会对分类效果产生的影响等。目前已有的地震应急信息分类标准，大都从广义的角度进行信息分类，而不是单纯面向自媒体信息或针对某一个特定的信息源。所以本书中构建的地震应急信息分类体系的原则和依据包括：

1）以服务和服从地震应急指挥和抗震救灾为主要目的，并能够实现在地震应急时快速提取和辨别对抗震救灾最为关键、对应急指挥和救援最具参考性的信息，为实现更为科学的灾情动态评估提供依据；

2）建立一个符合地震应急需求的分类体系必须要遵循信息分类的基本原则，即科学性、系统性、可扩延性、兼容性、综合实用性（赵艳华，1989；王丙义，2003；中华人民共和国国家质量监督检验检疫总局，2002；中华人民共和国国家质量监督检验检疫总局；2008）；

3）需要同现行的有关规范与标准相协调，能更好地被相关行业应用所理解、接受和共享。即需要基于现有的分类体系和思想，同时结合自媒体灾情信息的特点、灾民的需求等来构建满足震后应急需求的分类体系；

4）分类体系的构建也需要兼顾震后从海量的信息中进行实时爬取、快速筛选分类时，机器学习模型对分类的准确度、精细度与训练集数量的协调统一；

5）最后重点参照国家救援队在完成多次地震灾害应急救援处置的工作中，总结和提出的具体需求，如地震应急时对特殊重大事件、极震区和重要目标等不易通过其他途径快速获取，但又特别危急需要被快速挖掘的事件信息。

（3）地震应急信息的分类方法与结果

分类方法可采用朴素贝叶斯分类器、交叉验证法和字符级卷积神经网络分类器。两种方法的分类都符合（2）中提到的分类原则和依据，字符级卷积神经网络在样本数量较大时相较于朴素贝叶斯分类器分类精度有较明显的提高，但在样本数量较少时极易出现过拟合或无法收敛等问题，导致分类效果较差。在具体使用时，可以根据训练样本的个数和对精度等的要求灵活选择。

方法一：朴素贝叶斯分类器和交叉验证法。

朴素贝叶斯分类器发源于古典数学理论，有着坚实的数学基础，以及稳定的分类效率。朴素贝叶斯分类器的假设条件是每个属性之间都是相互独立的，并且每个属性对给定类产生的影响都是一样的。依据概率统计知识进行判断，无须额外的知识体系，因此具有分类准确、速度快，可处理大规模数据的特点（Dai et al., 2007；Kim et al., 2007）。在进行地震应急信息分类时，针对朴素贝叶斯算法对条件概率分布作出了独立性假设的前提，即假设各个维度的特征 x_1，x_2，$\cdots$，x_n 相互独立；并结合文本中各特征 x_i 对类别标签 y_k 占比的关系进行条件概率转化，最终构建的朴素贝叶斯分类模型可表示为

$$f(x) = \mathrm{argmax}_{y_k} P(y_k \mid x) = \mathrm{argmax}_{y_k} \frac{P(y_k) \prod_{i=1}^{n} P(x_i \mid y_k)}{\sum_k P(y_k) \prod_{i=1}^{n} P(x_i \mid y_k)} \tag{3-23}$$

式中，argmax_{y_k} 代表文本 x 在各类别 y_k 中的最大概率值，同时也是文本 x 最终输出的类别标签；$P(y_k)$ 为先验概率，为模型基于训练集训练得出的各条信息的类别概率值；分母是根据全概率公式分解 $P(x)$ 所得。

使用 10 折交叉验证方式训练分类模型，用已采集的地震数据来构建训练集和交叉验证集，比例为 9∶1，经过多次完善训练集和模型训练，最终获得可靠稳定的分类模型。最后取雅安地震的数据作为测试集，来验证模型的分类精度，训练后模型输出的准确率、召回率、F 值分别为 73.6%、69.7%、69.8%，kappa 系数为 0.62，结果具备高度一致性。

从模型输出的混淆矩阵（图 3-12）中可以发现，在次生灾害、重大工程和生命线破坏这三个类别内的信息分类准确率较低，究其原因是构建这几类训练集的信息数量少；同时通过分析错分的数据可以发现，这些信息大部分都表达了多重内容，或部分微博内容简短、特征稀疏而无法准确分类。例如，"杭州户外救援队一行 8 人驱车抵达宝兴县，在徒步进入太平镇后，救援队突遭山体滑坡，目前与总部失去联系"，这条信息的预测类别为次生灾害类，原分为抢险救灾类，实则隐含了双重内容。而在微博"【头盔！头盔！】雅安地震以来，滑坡落石砸伤甚至砸死部队官兵、志愿者的悲剧不绝于耳，好多进入重灾区救援的人以及撤出来的灾民都被山上落下的石头砸伤。灾区需要头盔！"中预测的类别为次生灾害类，而信息中同时表达了灾民求助、物资需求的内容。

预测类别 实际类别	抢险救灾	灾民求助	次生灾害	重大工程	生命线工程	物资保障	社会舆情
抢险救灾	0.765	0.041	0.010	0.010	0.010	0.143	0.021
灾民求助	0.020	0.784	0.000	0.020	0.000	0.176	0.000
次生灾害	0.348	0.000	0.522	0.000	0.000	0.130	0.000
重大工程	0.083	0.042	0.000	0.458	0.000	0.375	0.042
生命线工程	0.350	0.000	0.000	0.000	0.450	0.200	0.000
物资保障	0.120	0.022	0.000	0.000	0.011	0.755	0.044
社会舆情	0.077	0.013	0.000	0.013	0.000	0.257	0.640

图 3-12　分类精度矩阵

基于以上多次实验分析的结果，在继续完善训练集的基础上，模型的分类精度基本满

足震后应急的需求，并能够在震后对信息进行实时、快速分类，辅助震后的应急救援。

在具体构建的过程中，以采集到的已有灾情数据为研究对象，采用交叉验证的方法：即通过自下而上的方式，从这些采样信息中进行特征提取并确定了主题；再进一步采用自上而下的方式，参考现有文献的分类体系和标准以及多位应急专家的经验知识，对分类的主题进行评价优化，最终构建了满足以上规则的信息分类体系（表3-8）。其中，依据主题共划分为 7 个一级类别和若干个二级类别。

表3-8 地震应急信息分类体系

编号	一级类别	二级类别	训练集	依据及属性描述
1	灾民求助类	人员伤亡，建筑物倒塌，医疗求助，物资求助	602	针对震区灾民习惯借助微博平台发布求助信息，以期获得周围人或更广泛的救助；同时灾民发布的图片、短视频等信息有助于灾情研判和精准救援，据此进行划分
2	抢险救灾类	救援力量，人员救助，医疗救助，灾后防疫，灾后安置	1453	在历史震灾中，自媒体中出现的关于抢险救灾类信息比例能达到25%，说明大家广泛关注这类信息，而且对这类信息的统一收集整理，对救灾资源的指挥调度、进行科学救灾有很大帮助，据此划分为一类
3	次生灾害类	堰塞湖、泥石流、滑坡、海啸等地质灾害；禽流感等疫情灾害	306	震后会引发各种次生灾害，不仅是已有体系中的重要一项，而且是应急救灾、指挥决策等部门重点关注的内容
4	重大工程类	水库、核电站、大坝、机场、石油化工、输油气管道、水源地等对社会有重大价值或重大影响的工程	67	随着经济的快速发展，越来越多地区建设的重大工程需要引起特别关注，也是参与过地震救援工作的队员提出的新需求，因此单独划分一类来研究相关灾情信息的特点
5	生命线工程类	交通，道路，桥梁，铁路，航空，通信，电力，供水，供汽，供热	266	不仅是已有体系中的重要一项，而且是自媒体平台中用户和决策部门关注的重点内容，相关信息对震后的抢险救灾有重大影响
6	物资保障类	救灾设备，物资，食品，信息资源，灾后安置，捐款捐物	1106	在已有体系中该类别处于二级或三级，主要是因为之前在震后该类信息没有一个广泛发布的平台，导致这类信息收集得比较少。而社交媒体的出现，使得有非常多的民间或官方救灾物资信息广泛发布。对其管理不仅有利于社会监督，而且有利于统一指挥调度，据此划分
7	社会舆情类	灾情通报，应急常识，教育宣传，祈祷祝福等相关	3250	在社交媒体平台中数量占比最多的一种类型，这类信息的准确提取，对舆论的引导和灾民的心理疏导有重大意义

方法二：字符级卷积神经网络分类。

卷积神经网络仿照生物的视知觉机制构建，是一类包含卷积计算且具有深度结构的前馈神经网络，是深度学习的代表算法之一。卷积神经网络具有表征学习能力，能够按其阶层结构对输入信息进行平移不变分类,因此也被称为"平移不变人工神经网络",卷积神经网络是一个多层神经网络,一般由输入层、卷积层、池化层、全连接构成。

本书参考了 Zhang 和 Wang(2016)构建的字符级卷积神经网络,传统的神经网络分类模型往往基于单词级别,而字符级卷积神经网络基于单个字母构建,而不需要训练词向量或提取特征。字符级卷积神经网络对社交媒体数据分类有着天然的优势,因为它基于单个字母(单个中文汉字),很自然地学会拼写错误和网络用语等特殊的字符组合。另外,对于灾后信息分类的快速性要求,它省去了词袋模型或词向量模型中的预训练阶段,可以较为简单地根据新发生的灾害事件重新训练模型,以适应不同灾害事件的社交媒体数据表达习惯。本书构建了字符级卷积神经模型,该模型包括一层卷积层,一层池化层,两层全连接层。基于 python 语言 tensorflow 库进行编码。

字符级卷积神经网络区别于其他卷积神经网络的特点是需要构建字向量嵌入。它将输入的文本数据中单个汉字转换为 One-hot 编码,在读入社交媒体文本数据后从字向量嵌入表中找到对应的字向量位置,以将文本转换为数字表示。英文字母、数字及常用符号共 69 个(图 3-13),再外加一个全零向量用于处理不在该字符表中的字符共 70 个,可直接以 70 作为字符数量大小。但汉字库体系较为庞大,本书下载了《现代汉语常用字表》,该表中包含常用字 3500 字,因此选择 3500 作为字符嵌入的字符数量。另外本书给每个字符分配一个固定长度的向量来表示,且两个字向量之间的夹角值可以作为他们之间关系的一个衡量。根据不断测试后本书选择 300 作为长度,即最终构成的字向量嵌入矩阵维度为(3500,300),如图 3-14 所示。

abcdefghijklmnopqrstuvwxyz0123456789
-,;.!?:'″/\|_@#$%^&*~`+-=<>()[]{}

图 3-13 英文字母、数字及常用符号

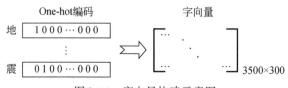

图 3-14 字向量构建示意图

社交媒体数据多为短文本,去除停用词后文本长度在 70 字符左右,因此本书选择每次输入的文本长度为 70 字符,利用字向量矩阵将其转换为矩阵作为输入层。同时,通过测试调整参数,最后本书选择卷积核数目设为 50,卷积核尺寸为 8 时,模型分类效果最好。

社交媒体信息中包含大量公众对地震事件的评价信息、情感抒发信息,在进行地震应急信息的时空分析前,需要对文本进行分类,以筛选与紧急情况有关、可辅助应急救援的信息,定性分析地震应急信息。由于地震应急阶段侧重于搜救人员开展医疗救治和卫生防疫,安置受灾群众,抢修基础设施等,参考相关研究并结合微博文本特点将微博划分震感类、防震知识类、震情灾情类、交通通信类、人员伤亡类、求救求助类、救援提供类、物资提供类、情感抒发类、捐款类 10 类（Qu et al.，2011；Kim et al.，2018；Huang and Xiao，2015），如表 3-9 所示。

表 3-9 分类分级标准

类别	危急程度		
	1 级	2 级	3 级
震感类	没感觉、没觉得晃动、完全没有感到地震、毫无震感、没有一丝震感、睡得很沉、昏睡过去	感觉到摇晃、震了一下、轻微抖动、晃了几下、感觉地震了、明显晃动、震醒了	震感强烈、晃动严重、狂摇、摇晃得厉害、梦中惊醒、被吓醒、剧烈的响声、心跳加速、极其危险
情感抒发类	淡定、冷漠、微笑、麻木、无所谓、安心、无聊、庆幸	担心、害怕、不安、好怕、吓一跳、紧张、不敢睡觉、不幸	瑟瑟发抖、吓死了、紧急、吓哭了、十分慌乱、崩溃、心急如焚、撕心裂肺
震情灾情类	没有观察到灾情	灯在摇晃、床晃、水杯被晃倒、人在晃、东西响了、上街避险、建筑物裂缝	废墟、山体垮塌、山崩、堰塞湖、泥石流、房屋倒塌
人员伤亡类	无人员伤亡	受伤、献血、病情较轻	下落不明、失联、伤亡惨重、多人遇难、遗体、生命垂危、伤情严重
交通通信类	通信、道路未受地震影响	道路限流、道路部分受损、受阻、电话中断	道路断裂、生命线中断、道路封锁
救援提供类	安置点、有序、休息	救援、搜救	危急，紧急疏散
物资提供类		提供食品、帐篷、被子、生活用品	
求救求助类			被困、急需物资、紧急扩散、血库告急、寻人
捐款类	捐助数目、捐款信息发布		
防震知识类	防震知识、急救方法、抵御地震、避震宣传片		

通过爬取 2013 年雅安芦山地震、2018 年台湾花莲地震等历史震例数据，人工根据分类标准划分训练样本，采用字符级卷积神经网络对微博数据进行分类，使用精度、召回率和 F1 评分度量分类结果，其中精确度是指某类测试样本中正确预测微博占预测为该类的所有微博的比例。Recall 是一个类中正确预测微博占样本中该类微博总数的比例。F1 得分，即准确率和召回率的加权平均值，在 1 处达到最佳值，在 0 处达到最差值。利用字符级卷积神经网络分类历史震例数据精度 87.4%、召回率 83.9%、f1-score 85.4%（表 3-10），由于物资提供类、救援提供类和捐款类往往存在信息重合，分类效果稍差。但与传统支持向量

机（SVM）分类对比，本书的方法总体精度较高，SVM 在震感类、物资提供类、捐款类等样本数量较少的类别，分类精度较差，而本方法可以更好地提取文本特征，一定程度上解决不平衡样本集问题。

表 3-10　分类精度评价结果 （单位：%）

类别	SVM			卷积神经网络		
	precision	recall	f1-score	precision	recall	f1-score
震感类	62.0	42.0	45.0	82.0	93.0	87.0
防震知识类	74.0	74.0	74.0	88.0	73.0	80.0
震情灾情类	70.0	55.0	62.0	90.0	84.0	87.0
交通通信类	87.0	79.0	83.0	85.0	78.0	81.0
人员伤亡类	73.0	75.0	74.0	92.0	92.0	92.0
求救求助类	80.0	77.0	78.0	86.0	88.0	87.0
救援提供类	84.0	74.0	79.0	80.0	83.0	83.0
物资提供类	62.0	76.0	69.0	94.0	63.0	75.0
情感抒发类	66.0	82.0	73.0	93.0	97.0	95.0
捐款类	69.0	72.0	71.0	84.0	88.0	87.0
平均值	72.7	70.6	70.8	87.4	83.9	85.4

3.3.2.3　评价的过程与方法

对地震应急信息的评价着重是危急度的评价。

危急度评价类似于文本的情感分析，不仅仅是一种文本的分类，更倾向于对用户情感的理解。评价时通常是根据词语表征的危急度语义进行判别，从而确定信息的危急程度，而这里的词语就可以根据评价的指标划分为主体词、行为词、程度词、时间、位置度量等或者是直接将各类信息中表征危急程度不同的词语构成训练样本，然后基于训练样本进行新爬取信息危急度的评价。下面将针对这两种方法分别进行描述。

（1）依据词性构建的评价指标体系和方法

1）危急度评价指标体系构建。

传统的基于词典的语义计算方法能综合单条信息中的所有特征进行评价，但也存在不能有效识别未登录词、转折词等缺陷；而机器学习方法虽然能综合训练集中所有信息的特征进行分类，但针对不同地域、不同习俗的用户在情感表达的习惯上有着很大差异的问题，表现出的分类效果不稳定。综合考虑上述方法各自的优缺点，构建了一个机器学习和语义计算相融合的复合评价模型。如图 3-15 所示，语义计算模型构建的原理和依据是复合评价模型构建的重点，直接影响模型分类结果的准确性和可靠性。

依据《中华人民共和国突发事件应对法》，可以预警的自然灾害、事故灾害和公共卫生事件的预警级别，按照突发事件发生的紧急程度、发展势态和可能造成的危害程度分为一级、二级、三级和四级，分别用红色、橙色、黄色和蓝色标示，其中一级为最高级别。

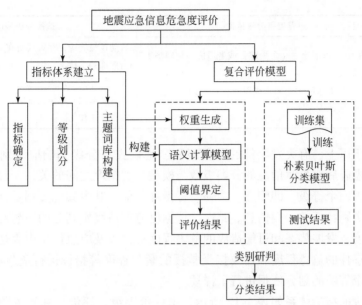

图 3-15 危急度评价技术路线图

在 2012 年 8 月 28 日修订的《国家地震应急预案》中,将地震灾害等级分为特别重大、重大、较大和一般四个级别。根据地震灾害分级情况,将地震灾害应急响应级别分为Ⅰ级、Ⅱ级、Ⅲ级和Ⅳ级。具体的分级描述和响应内容如表 3-11 所示。

表 3-11 地震灾害等级

级别	地震灾害分级依据	地震分级响应
特别重大	指造成 300 人以上死亡(含失踪),或者直接经济损失占地震发生地省(区、市)上年 GDP1% 以上的地震灾害 当人口较密集地区发生 7.0 级以上地震,人口密集地区发生 6.0 级以上地震,初判为特别重大地震灾害	启动Ⅰ级响应;由灾区所在省级抗震救灾指挥部领导灾区地震应急工作;国务院抗震救灾指挥机构负责统一领导、指挥和协调全国抗震救灾工作
重大	指造成 50 人以上、300 人以下死亡(含失踪)或者造成严重经济损失的地震灾害 当人口较密集地区发生 6.0 级以上、7.0 级以下地震,人口密集地区发生 5.0 级以上、6.0 级以下地震,初判为重大地震灾害	启动Ⅱ级响应;由灾区所在省级抗震救灾指挥部领导灾区地震应急工作;国务院抗震救灾指挥部根据情况,组织协调有关部门和单位开展国家地震应急工作
较大	指造成 10 人以上、50 人以下死亡(含失踪)或者造成较重经济损失的地震灾害 当人口较密集地区发生 5.0 级以上、6.0 级以下地震,人口密集地区发生 4.0 级以上、5.0 级以下地震,初判为较大地震灾害	启动Ⅲ级响应;在灾区所在省级抗震救灾指挥部的支持下,由灾区所在市级抗震救灾指挥部领导灾区地震应急工作。中国地震局等国家有关部门和单位根据灾区需求,协助做好抗震救灾工作

级别	地震灾害分级依据	地震分级响应
一般	指造成 10 人以下死亡（含失踪）或者造成一定经济损失的地震灾害 当人口较密集地区发生 4.0 级以上、5.0 级以下地震，初判为一般地震灾害	启动Ⅳ级响应；在灾区所在省、市级抗震救灾指挥部的支持下，由灾区所在县级抗震救灾指挥部领导灾区地震应急工作。中国地震局等国家有关部门和单位根据灾区需求，协助做好抗震救灾工作

首先，基于以上已有突发事件的预警级别、地震灾害分级和响应级别的定级评价标准，并综合考虑震后应急时信息的分类级数与模型分类精度之间的关系，最终将应急信息的危急度确定为四个等级，即剧烈、中强、轻微和其他，其中其他类别是评价结果中危急度为零且没有类别特征的一类信息。其次，依据已有灾情级别划分的思想和依据，即灾情事件的紧急程度、发展势态和可能造成的危害程度等，以及应急信息中表达的人员伤亡情况、涉及灾情事件的危急程度和需要接受救援的紧急程度等指标进行危急度界限的确定，并在表中对三个等级的划分依据进行了详述。

危急度评价的指标体系如表 3-12 所示，由评价等级、评价指标和主题词库三部分内容构成。在评价等级构建的过程中，采用与分类体系相同的构建原则，并综合以上级别划分的标准和思想，构建程度等级为四级的评价标准，即剧烈、中强、轻微和其他。依据信息的语义特征和灾情事件的时空特征，将评价的指标划分为主体词、行为词、程度词、时间、位置度量等。然后，采用自下而上的方式从爬取的已有灾情信息中提取相应的主题词，并基于以上的评价指标构建危急度评价的主题词库。

表 3-12 危急度评价的指标体系

评价指标	评价等级		
	轻微	中强	剧烈
划分依据	信息中表达少量居民停水断电、或缺少应急物资等，这类事件会对灾区居民的震后生活造成影响，需要引起社会救援力量的关注并引导自救	信息中表达周围灾情严峻，建筑物、交通、电力通信设施等遭破坏，这些破坏会对救援工作的开展造成影响，需要协调专业的力量进行救援	信息中表达了有人员伤亡，或造成严重破坏的次生灾害、重大工程等灾情事件；这类信息寻求争分夺秒的紧急救援，否则会造成更大损失
主体词（subject）	通信设施，物资，帐篷，食品，食物，天气，板房，毯子，奶粉，雨具，雨衣，棉被，发电机，收音机，干粮，折叠床，方便面，面包，压缩饼干，救援队，影像，搜救队，搜救犬，突击队，供水车，防雨棚，防震棚，安全帽，妇幼用品，救济粮，救济品，灭火器，救济物资	公路，房屋，桥梁，道路，路基，生命通道，生命线，加油站，汽油，柴油，药品，基站，变电站，电网，输配电，雷达，生命探测仪，消防，部队，公安，医护，直升机，装备，武警，医护人员，医疗队，救护队，生理盐水，慢性病	核电站，水坝，水库，隧道病人，产妇，重伤员，幸存者，塌方，泥石流，滑坡，堰塞湖，地质灾害，次生灾害，化工厂，加油站，输油气管道

续表

评价指标	评价等级		
	轻微	中强	剧烈
行为词（action）	余震，露宿，饿，气温下降，水电全停，受灾，救助，降水，雨，雷电，雾，下雪，寒冷，捱冷，安置，无家可归，污染，供不应求，哄抢，聚集，预防，洗涤，消毒，医疗，身体不适，喷壶，漆黑，断水，断粮，缺水，缺物，孤岛，阻塞，堵塞，供水，破坏，裂缝，抢险，露宿，隐患点，抢通，集结，待命，防护，侦检，破拆，救生，照明，行军，预防，保暖，治安，巡逻，警戒	采血，献血，中暑，呕吐，腹泻，等待救援，失联，险，发烧，抽血，传染，咳嗽，挫伤，破伤风，止血，抗暑，消毒，传染，炎症，眼疾，疫情监测，被困，中断，阻断，倒塌，救治，摧毁，轻伤，坠落，损坏，损毁，受损，飞石，下落，堵塞，破坏，强震，震垮，危房，断电，停电，翻滚，坠入，塌落，滚落，砸中，侦察，搜救，通信，邮电，盗窃，抢劫，哄抢	遇难，伤亡，身亡，失踪，受伤，砸，骨折，重伤，车祸，重症，遗体，待产，危重，离世，丧生，牺牲，压，求救，抢救，急诊，生命垂危，手术，压死，被埋，坠崖，跳楼，砸死，被埋，崩塌，垮塌，爆炸，防病，防控，防疫，疾病，免疫，疫病，疫情，鼠疫，狂犬病，禽流感
情感/程度词（level）	需要，担心，惊吓，紧张，惊醒，吓，凶，难，难关，活跃，不幸，争分夺秒，不利，艰难，连夜，恳求，聚集，求助，彻夜，恶劣	急缺，急需，短缺，紧缺，严重，剧烈，强烈，狂摇，厉害，紧急，险峻，严峻，突发	危急，危重，重灾区，心急如焚，跪求，告急，窒息，满目疮痍，生死难料，燃眉之需
位置度量	受灾省级区划单位	受灾地市级行政区划单位	受灾县级区划单位
时间度量	5 天（销匿期）	黄金 72h（活跃期）	受灾 24h 内（信息爆发期）

2）语义计算模型构建及评价。

语义计算模型即以中文微博词典为基础，进行情感语义加权的微博情感分析方法。基于构建的评价指标体系，建立用于危急度评价的语义计算模型，如式（3-24）所示。模型将文本的语义特征作为评价主体，并综合考虑微博发布的时空等因素，能近似表达信息中灾情事件的危急度特征。

$$\text{Urgent} = \sum_{i=1}^{3} \text{Key}_{si} N_{si} + \sum_{j=1}^{3} \text{Key}_{aj} N_{aj} + \sum_{k=1}^{3} \text{Key}_{lk} N_{lk} + \text{Time}_u + \text{Locate}_v \quad (3\text{-}24)$$

式中，s、a、l 为文本中匹配到的评价指标，分别对应主体词（subject）、行为词（action）、情感/程度词（level）；i（j、k）为危急度等级，在某一评价指标中，危急度等级 i（j、k）可能存在多种情形，即某一评价指标同时存在剧烈、中强、轻微中的一种或几种等级情形，或该指标没有匹配到任何有危急程度的主题词，以上几种情形都可以通过累加求和获得该指标的评价值；而 Key、Time、Locate 分别为对应的主题词、时间和位置度量的权重值；N 为对应同一类型的主题词数量，最后通过累加求和得到文本的危急度评价值 Urgent。

从历次地震事件的数据中随机提取 3000 条用来构建机器学习模型中危急度分类的训

练集，同时选取其中 1000 条作为测试集，来验证语义计算模型和权重值的有效性。1000 条测试集的危急度评价结果散点分布如图 3-16 所示，其中蓝、红、绿点代表训练集中事先确定的危急度类别，横坐标代表信息逐条分布的数量，纵坐标代表危急度值，为了更直观地展示评价值的散点分布，所有的危急度评价结果同乘 100 来表示。

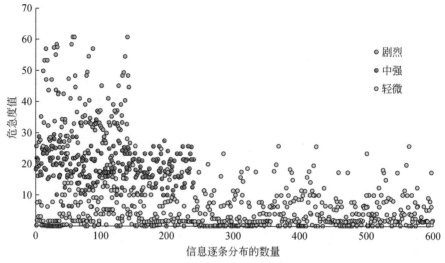

图 3-16　语义计算模型结果分布

基于坐标系中的数据可以明显发现一些规律，如在评价值>30 和<10 范围内可以实现对剧烈和轻微类的信息进行有效的分类，而区间 [10，30]，即中强区间的信息分类效果较差。通过分析数据发现，在这一区间散布的剧烈类信息的特征稀疏或存在未登录词等问题，导致评价值较小，而轻微类信息则因为语义计算模型不能准确理解转折词、否定词等弊端，评价值较高。基于这些规律，还需通过确定最优阈值和构建复合评价模型的方式，来提高危急度评价结果的准确率。

3）复合评价模型构建及其阈值的确定。

复合评价模型指复合了文本语义和机器学习两种方法特征，并生成唯一结果的模型（吴维和肖诗斌，2013），主要针对语义计算模型在中强区间判断结果误差较大而建立。在复合评价模型中，一则灾情信息首先进入语义计算模型输出一个评价值，如果评价值位于中强区间，则该信息需要继续进入朴素贝叶斯模型，并综合朴素贝叶斯模型的分类结果进行研判输出，其中朴素贝叶斯模型是基于 3000 条地震数据构建的训练集多次训练并达到精度要求的模型，准确率为 77%。具体地，在朴素贝叶斯模型中如果分类结果为中强类，则两个模型研判一致，直接输出；如果为剧烈类，为保证有危急需求的信息不会被遗漏，采用悲观法的原则输出为剧烈类；如果为轻微类，由于构成该类型的训练集数量多，朴素贝叶斯模型表现的分类效果好，同样可直接输出为轻微类。经综合研判后，上述输出结果可作为最终的危急度评价结果输出，其模型原理如图 3-17 所示。

保证复合评价模型的分类效果最优，关键在于阈值 A 和 B 的确定。在单指标预警阈值

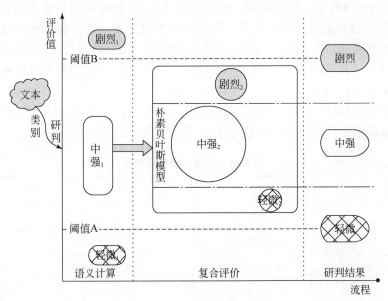

图 3-17　复合评价模型原理图

确定的方法中，通常包括比较法、波动法、专家征询法以及图像处理中常用的类别方差法等，这几类方法各自适用的背景略有不同（胡乐群，2011）。其中，比较法是通过选取一个定量值，如中数、均数、众数等作为衡量标准，通过数值间的比较分析来确定最佳分类阈值。危急度的评价值呈间断性、跳跃性分布，无法拟合出一个规则的函数模型来表达评价结果的趋势特征，且复合模型评价结果的精度同时受两个阈值的影响（图 3-18），因此基于比较法的原理，通过定量分析来确定效果最优的阈值 A 和 B。将纯净度（剧烈和轻微区间内正确分类的信息数量占该区间内信息总量的比例）作为定量指标和评价基准，来确定阈值 A 和 B，以及该阈值所对应的语义计算模型和复合评价模型评价结果的准确率。

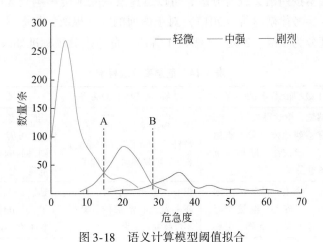

图 3-18　语义计算模型阈值拟合

以 2% 作为纯净度变化的滑动值，对测试集中 1000 条数据的评价值进行定量比较分析，得到了表 3-13 的统计结果。语义计算模型的准确率虽普遍高达 80% 以上，但该模型在中强区间的准确率最高仅有 55.6%，原因是轻微类的信息数据量大，对评价结果的控制性较高；而复合评价模型最佳分类的准确率达到 89.2%，在中强区间的准确率也达到 77%，基本满足分类的需求。同时，在纯净度 91%，即分类阈值为 15.2 和 27.39 时，模型表现的分类效果最佳，且在该阈值邻域范围内的评价值对应的准确率均小于 85.2%，因此将其作为最终语义计算模型中中强与轻微、剧烈间的界限值。

表 3-13 定量分析确定阈值

纯净度/%	阈值（A/B）	准确率（语义）/%	准确率（复合）/%
95	12.27/28.83	83.5	87.6
93	14.09/28.5	83.7	88.5
91	15.2/27.39	85.2	89.2
89	16.01/27.04	83.1	86.1
87	16.73/25.66	82.8	84.3
85	17.13/25.57	82.6	85
83	17.55/25.13	82	83.6

通过上述模型的建立、权重生成和阈值界定，最终即可构建满足精度要求的复合评价模型，模型对危急度评价的准确率达到 89.2%，远高于语义计算模型的 85.2% 和机器学习模型的 77%。

（2）基于词语训练样本的危急度评价方法

通过将震后文本按照语义进行分级，可以迅速发现受地震影响较大的地点，辅助救援力量、物资调配。参考徐敬海等（2015）对于微博的灾情提取，将微博文本进行危急度分级，按照危急程度分为 1 级、2 级、3 级三个等级。危急度分级标准如表 3-14 所示。

表 3-14 危急度分级标准

分级标准	1 级/训练样本 4269 条	2 级/训练样本 3266 条	3 级/训练样本 7180 条
震感	没感觉、没觉得晃动、完全没有感到地震、毫无震感、没有一丝震感、睡得很沉、昏睡过去	感觉到摇晃、震了一下、轻微抖动、晃了几下、感觉地震了、明显晃动、弄醒了	震感强烈、晃动严重、狂摇、摇晃得厉害、梦中惊醒、被吓醒、剧烈的响声、心跳加速、极其危险
心情	淡定、冷漠、微笑、麻木、无所谓、安心、继续学习、翻个身又睡了、无聊、庆幸	担心、害怕、不安、好怕、吓一跳、心情郁闷、紧张、不敢睡觉、不幸	瑟瑟发抖、吓死了、紧急、吓哭了、十分慌乱、惊悚、崩溃、心急如焚、撕心裂肺

分级标准	1 级/训练样本 4269 条	2 级/训练样本 3266 条	3 级/训练样本 7180 条
器物反应	没有观察到器物反应	灯在摇晃、桌子晃了、床晃、水杯被晃倒、人在晃、东西响了	灯甩下来了、整个楼都在晃、书架上的书都掉下来了、巨响、房顶掉了
伤亡信息	无人员伤亡、未有伤亡信息	受伤、献血、病情较轻	被困、下落不明、失联、伤亡惨重、多人遇难、遗体、生命垂危、伤情严重
建筑、道路及次生灾害等信息	房屋、道路未受地震影响	上街避险、公园避难、建筑物裂缝、设施受损、道路限流、道路部分受损、电话中断	生命线中断、废墟、山体垮塌、山崩、堰塞湖、泥石流、房屋倒塌、余震不断、毁了
救援相关信息	防震知识、急救方法、抵御地震、避震宣传片	食品、帐篷、爱心人士、专业人员、捐款信息	求助、急需药品、紧急扩散、救援队、搜救犬、直升机、血库告急

根据上述分级标准，采用字符级卷积神经网络进行训练，精度为 1 级 96.8%，2 级 91.2%，3 级 98.2%，可较好进行社交媒体信息的评价。

利用文本分级结果，综合使用 Getis-Ord G_i^* 热点分析（Getis and Ord，1992）［式（3-25）］与局部莫兰指数（Anselin，1995）［式（3-26）］进行空间自相关分析，旨在去除不同地区微博数量对于应急信息聚集情况的影响，发现急需救援的地点。

Getis-Ord G_i^* 热点分析是检测聚集空间单元相对于整体研究范围而言其空间自相关是否足够显著。计算公式为

$$G_i^* = \frac{\sum_{j=1}^n w_{i,j} x_j - \bar{X} \sum_{j=1}^n}{\sqrt{\dfrac{[n \sum_{j=1}^n w_{i,j}^2 - (\sum_{j=1}^n w_{i,j})^2]}{n-1}}} \qquad (3\text{-}25)$$

式中，x_j 为要素 j 的属性值，即文本分级后的危急程度值；$W_{i,j}$ 为要素 i 和 j 之间的空间权重；n 为要素总数；G_i^* 为 z 得分，$z>0$，则高值的空间分布聚类程度高，即危急度较高的微博聚集，$z<0$ 则低值的空间分布聚类程度高，即危急度较低的微博聚集。

局部莫兰指数公式如下：

$$I_i = \frac{x_i - \bar{x}}{\Sigma_j (x_i - \bar{x})^2} \Sigma_j w_{ij} (x_i - \bar{x}) \qquad (3\text{-}26)$$

式中，I_i 为微博 i 的局部自相关值；x_i 为不同点处微博文本的危急度；$x_i - \bar{x}$ 为该点 i 的危急度与临近区域（该区域距离阈值保证所有点至少有一个临近点）内所有点之间的差距；w_{ij} 为空间权重矩阵，本书采用空间反距离权重矩阵。局部莫兰指数可以检测出社交媒体文本中反映出不同模式的危急情况聚集程度，它将空间自相关情况分为高值要素邻接高值要素，即高值聚类（HH）；低值要素邻接低值要素，即低值聚类（LL）；高值要素而四周围

绕的是低值要素（HL）；或者低值要素而四周围绕的是高值要素（LH）。

利用核密度估计分析微博数量空间分布特征，并与热点分析、局部莫兰指数分析结果进行对比，以挖掘微博大量聚集位置与危急信息位置差异。核密度估计方法以每个样点 x_i 为中心，通过核函数计算出每个点 x 在指定半径范围 h 内（本书中搜索半径为 60km）的密度贡献值，以估计该范围内的微博密度，密度越大微博数量越多（Silvenman，1986）。其公式如下：

$$\hat{f}_h(x) = \frac{1}{nh} \sum_{i=1}^{n} K\left(\frac{x - x_i}{h}\right) \tag{3-27}$$

其中 K 为核函数

$$K(x) = \begin{cases} 3\pi^{-1}(1 - x^{\mathrm{T}}x)^{-2} & x^{\mathrm{T}}x < 1 \\ 0 & 其他 \end{cases} \tag{3-28}$$

3.4　地震灾害信息舆情收集与评价方法

网络空间给广大网民提供了平等表达自己意见的"新公共领域"，而网络空间也已经成为人们发表言论的重要场所。随着互联网的普及，以及互联网技术的发展与广泛应用，我国的社会舆情环境也发生了深刻变化，人人都是信息源，是报道者，也是围观者，社会各界也都在谈论舆情，关注舆情（齐中祥，2015）。

而地震等突发性自然灾害，在给社会的生产生活带来严重损失和深远影响的同时，通常会引发舆情热点，其突发性强，信息波及范围广，往往引起更高的关注度和更大的社会影响（党生翠，2013）；尤其可能有政府救灾能力和技术水平有限、灾害信息发布存在缺陷、网络舆情应对能力落后、主流媒体舆论引导失当等因素，阻塞灾害舆情的疏导与治理，自然灾害极易转化为网络公共事件，造成网络舆论的激荡与对抗（董理，2015）。通过舆情监控，政府还可以更广泛地了解民情，倾听灾区公众的呼声，有的放矢地满足灾区公众需求，最大限度地减轻自然灾害负面后果；舆情监控有助于政府查找应急管理的疏漏，及时矫正灾害应对过程中的失当行为（王宏伟，2008）。因此，需要对地震灾害信息舆情进行有效的收集与评价，进而更好地实现监控舆情，应对舆情，利用舆情。

3.4.1　舆情与舆情类型

关于"舆情"的概念界定，学界目前尚无定论。王来华（2004）从民众社会政治态度和国家管理的角度，将舆情定义为舆情是指在一定的社会空间内，围绕中介性社会事项的发生、发展和变化，作为主体的民众对作为客体的国家管理者产生和持有的社会政治态度（王来华，2004）。张克生（2004）认为王来华（2004）上述的舆情定义是狭义舆情，即民意，而其将广义舆情定为：国家决策主体在决策活动中必然涉及的、关乎民众利益的民众生活（民情）、社会生产（民力）和民众中蕴藏的知识和智力（民智）等社会客观情况，以及民众在认知、情感和意志基础上，对社会客观情况以及国家决策产生的社会政治态度（张克生，2004）。

然而，对于地震灾害信息舆情，仅仅把舆情定义为一种社会政治态度显然是不全面的。

刘毅（2007）从个人心理和社会心态双重视角度对舆情进行了定义：舆情是由个人以及各种社会群体构成的公众，在一定的社会空间内，对自己关心或与自身利益紧密相关的各种公共事务所持有的多种情绪、态度和意见交错的总和。刘毅（2007）的舆情定义不局限在社会政治态度，而是把舆情的内涵扩充为个人及公众情绪、态度和意见交错的总和。上海交通大学舆情研究实验室发布的《中国社会舆情与危机管理报告（2011）》将舆情作了这样的界定：舆情，是作为主体的民众以媒介为载体反映现实社会这一客体的动态过程，是个人以及公众关于公共事务的情绪、意愿、态度和意见的总和。相比刘毅（2007）的舆情定义，《中国社会舆情与危机管理报告（2011）》中强调了舆情的主体（民众）、客体（现实社会）、载体（媒介），提出了舆情对现实社会的反映。

类似地，本书对地震灾害信息舆情进行了如下界定：地震灾害信息舆情，是作为主体的民众以媒介为载体反映现实社会中地震灾害信息这一客体的动态过程，是个人以及公众关于地震灾害及相关公共事务的情绪、意愿、态度和意见的总和。

而舆情信息所包含的类型，在不同学者眼中也有所不同。尚明生等（2015）在《舆情信息分析与处理技术》一书中谈到，合理设置舆情信息的类型是舆情信息收集的基础，并从舆情信息收集角度把舆情信息类型归纳为 7 种：①经济工作、重点工作；②重大事件；③突发事件；④重要改革措施出台；⑤重大政策调整；⑥与群众切身利益密切相关的事件；⑦炒作。谢耘耕（2012）则按舆情信息内容将舆情分为食品安全舆情、环境舆情、医疗业舆情、教育舆情、反腐倡廉舆情、官员人事任免舆情、交通舆情、涉警涉法舆情、企业及企业家舆情。而中共中央宣传部舆情信息局（2009）分别按内容，将网络舆情分为政治性网络舆情、经济性网络舆情、文化性网路舆情、社会性网络舆情和复合性网络舆情；按形成过程，分为自发网络舆情和自觉网络舆情；按构成，分为事实性信息和意见性信息；按境内外，分为境内网络舆情和境外网络舆情。

但是，这些舆情信息类型的归纳并不能很好地与地震灾害信息舆情类型契合。

本书结合以上舆情类型归纳和胡春蕾（2015）对地震信息的分类标准，将地震灾害信息舆情按照其实质内容分为地震相关宏观异常信息情绪、意愿、态度和意见，地震震情信息情绪、意愿、态度和意见，地震损失和地震救援信息情绪、意愿、态度和意见。而这样的地震灾害信息舆情类型归纳，也更有助于地震灾害信息舆情的收集与评价。

3.4.2　舆情信息收集方法

舆情信息收集是舆情分析、评价的基础。当今，互联网网络已经逐渐成为反映社会舆情的主要载体之一，网络舆情监控也受到了密切关注。而网络舆情信息可以通过网络信息自动采集等技术获取，进而提取、收集舆情信息。

（1）主题爬虫

网络舆情数据抓取是网络舆情信息自动采集的第一步，完成从网络信息源中获取页面数据的工作，其过程中主要问题是网络爬虫的实现以及优化，具体包括 Deep Web 下载、网页脚本解析、更新搜索控制、爬行的深度和广度控制等（王兰城，2014）。

网络爬虫是一种根据既定规则自动抓取网页信息的程序或者脚本。它从一个初始的 URL 链接或者 URL 集开始访问，将访问到的网页或者网络文档中所包含的 URL 放入待访问的 URL 队列中，之后从队列中取出 URL 继续访问，然后重复以上活动，直至满足结束条件为止。

主题爬虫又称聚焦爬虫，是在网络爬虫技术上发展而来的，主题爬虫并不需要保证尽可能广泛的信息抓取率，而是追求符合用户需求的信息的抓取效率，为用户使用某一方面信息提供数据基础。

如图 3-19 所示，与通用爬虫相比，主题爬虫的不同之处主要在于页面分析和 URL 链接排序两个方面，体现了主题爬虫的定向信息获取能力。主题爬虫主要通过对页面内主题内容的鉴别，确定爬虫 URL 访问顺序，并且根据对主题的判定，确定页面的取舍。因此，主题爬虫的核心内容是爬取策略的选取。主要的爬取策略分为三大类：基于文本启发式的策略、基于 Web 连接分析的策略、基于分类器的策略。基于文本启发式的策略是最早出现的主题爬虫采用的策略。1994 年，Debra 等提出了一种主题爬虫的雏形，名为 Fish Search。1998 年，Hersovici 等在 Fish Search 的基础上改进提出了 Shark Search 算法。同一年，Cho 也提出了 Best First Search 算法，他利用了已爬取的网页进行待访问网页主题相关性的预测，从而确定 URL 的访问顺序。基于 Web 连接分析的策略起源于 Brin 和 Page（1998）的 PageRank 算法，这个算法用于 Google 搜索引擎的搜索结果排序。利用 PR 值可以方便地调整 URL 访问序列，但问题是网络重要度更大的网页不一定与主题相关。基于分类器的策略主要基于几种常用的分类数学模型，如 SVM 分类器、朴素贝叶斯分类器、BP 神经网络分类器等。例如，1999 年 Chakrabarti 提出了基于朴素贝叶斯分类法的分类器，这个分类器在只有一个主题的爬虫系统中效果很好，对于爬取的网页可以进行准确的分类（Chakrabarti et al.，2002）。

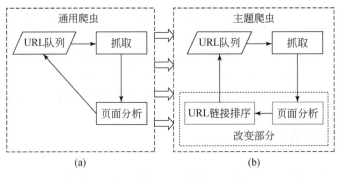

图 3-19　通用爬虫与主题爬虫的区别

（2）网页信息的抽取

信息抽取，是指从文本书档中抽取特定的目标信息或数据（如事件和事实），将其形成结构化的表示形式（如数据库和 XML 等），以供用户查询使用的过程。而网页信息提取，是指将 Web 作为信息源的一类信息抽取。

信息抽取所处理的文本结构可以分为 3 类：自由结构、半结构和结构化文本。自由结构文本，也被称为非结构文本，其抽取规则主要是建立在词法和句法的基础上，需要结合机器学习等人工智能方面的技术对大量的文本进行训练和学习；结构化文本的信息一般是来自数据库，且具有严格的格式，只需要使用所定义的格式进行抽取即可；半结构化文本处于自由结构文本和结构化文本之间，这一类文本的信息通常是不合乎文法的，也不遵循任何严格的格式。Web 页面就是半结构化文本的一种典型实例。

Web 是一个松散分布式的文件系统，许多 HTML 语言的语法规范不一致。提取网页信息首先需要对 HTML 网页进行解析，纠正其中的语法错误，如增补缺失的父元素、自动用结束标签关闭相应的元素以及不匹配的内嵌元素标签等。此外，网页中通常会插入大量的非文本信息，如图像、自动弹出的广告条、flash 动画、导航条等，而这些非文本信息增加了 Web 文本分割难度，甚至会降低其性能和精确度。因此，必须在 Web 文档解析阶段过滤这些非文本信息（尚明生等，2015）。Web 信息抽取技术主要有基于自然语言理解方式的信息抽取、基于包装器归纳方式的信息抽取、基于 HTML 结构的信息抽取、基于本体的信息抽取和基于统计学习方式的信息抽取。

1）基于自然语言理解方式的信息抽取，是将 Web 文档视为文本进行处理，主要适用于含有大量文本的 Web 页面，需要经过句法分析、语义标注、专有对象的识别和抽取规则等处理步骤，把文本分割成多个子句，利用子句结构、短语和子句间的关系，建立基于语法和语义的抽取规则，实现信息抽取。

包装器是一种软件构件，由一系列的抽取规则以及应用这些规则的代码组成，通过这些一定的抽取规则将隐含在 HTML 等文档中的信息提取出来，并转换成能够被进一步处理的某种数据结构存储的数据。但通常，一个包装器只能处理一种特定的信息源；从多种不同信息源中抽取信息，需要一系列的包装器程序库。包装器一般包括规则库、规则执行模块和信息转换模块三个部分（王敬普等，2006）。基于包装器归纳方式的信息抽取是根据事先由用户标记的样本实例应用机器学习方式的归纳算法，生成基于定界符的抽取规则。其中定界符实质上是对感兴趣语义项上下文的描述，即根据语义项的左右边界来定位语义项（蒲筱哥等，2007）。与自然语言处理方式相比，包装器较少依赖全面的句子语法分析和分词等自然语言处理技术，而更注重文本结构和表格格式的分析。

2）基于 HTML 结构的信息抽取是根据 Web 页面的结构定位信息，通过解析器将 Web 文档解析成语法树，通过自动或半自动方式产生抽取规则，将信息抽取转化为对语法树的操作。

3）基于本体的信息抽取适用于处理非结构化或半结构化的自然语言文本，通过引入本体作为一种机制抽取特定类型的信息，并将抽取结果以本体的形式呈现（李传席，2012）。信息抽取过程中的本体，通常包括对象的模式信息、常值、关键字的描述信息，其中常值和关键字提供了语义项的描述信息。系统根据边界分隔符和启发信息将文档分割为多个描述某一事物不同实例的无结构的文本块，然后根据本体中常值和关键字描述信息产生抽取规则，对每个无结构的文本块进行抽取获得各语义项的值，最后将抽取结果放入根据本体的描述信息生成的数据库中。

4）基于统计学习方式的信息抽取主要有基于隐马尔可夫模型的信息抽取等。隐马尔可夫模型，是一种有效的统计分析模型，拥有强大的统计学基础、成熟的训练和评估算法，同时还具有强大的处理新数据的能力。隐马尔可夫模型是一个双重的随机过程，基本随机过程是观察事件，依存于状态的概率函数；另一个随机过程是状态转移随机过程，该过程是不可观察的，即隐蔽的，必须根据生成的观察序列的另一个概率过程间接观察（章栋兵，2010）。一个隐马尔可夫模型可表示为一个五元组（S，V，A，B，π），S 为模型中状态集合；V 为词汇集；A 为状态转移矩阵；B 为释放概率矩阵，π 为初始状态概率集合。而隐马尔可夫模型中的三个问题是：①估计问题或称作评估问题，即根据给定的观察值序列 $O = (O1，O2，\cdots，OT)$ 和模型 $\lambda = (\pi，A，B)$，如何快速计算出给定模型 λ 情况下，观察序列 O 的概率，即 $P(O|\lambda)$，常用算法有前向算法和后向算法；②训练问题或称作学习问题、参数估计问题，对于给定的观察值序列 $O = (O1，O2，\cdots，OT)$，如何调整模型 $\lambda = (\pi，A，B)$ 的参数，使观察值出现的概率 $P(O|\lambda)$ 最大，常用的算法有最大似然算法和 Baum-Welch 算法；③解码问题或序列问题，根据给定的观察值序列 $O = (O1，O2，\cdots，OT)$ 和模型 $\lambda = (\pi，A，B)$，如何快速有效计算出可能性最大状态序列或是最优状态序列，常用算法有 Viterbi 算法。信息抽取过程中，就需要解决其中的训练问题和解码问题。隐马尔可夫模型提供了一种可以实现这种功能的概率机制。利用这种信息抽取方法，可以通过对涵盖大量文本的词汇集进行读取、训练，将众多文本以词为单位串接而成，也就是可观察的符号序列，同时将抽取的信息作为需要求解的目标序列，观察序列就可以作为另一组不可观测的"状态"产生的一组实现，并通过学习得出概率分布，即隐马尔可夫模型，进而实现信息的抽取。

3.4.3　舆情评价方法

在重特大灾害发生期间，包括灾情、救援信息在内的消息层出不穷，但其中虚假、不实的消息很多，一些虚假信息可能得到广泛传播，特别是一些舆论领袖，在未证实消息真假的情况下可能进行非理性传播（刘哲，2014）。这不仅仅需要对舆情信息进行收集、监控，更需要及时对舆情进行研判、评价，进而通过舆情研究，维护灾害发生期间的社会稳定，提升减灾救灾信息社会化服务，有效地提高民众灾害应对能力，减轻灾害造成的损失。

（1）网络舆情研判方法

网络舆情研判是对网络媒体上的舆情进行价值和趋向判断的过程（郝晓玲，2012）。程亮（2010）将网络舆情研判方法总结归纳为系统研究方法、多文档精选法、内容分析法、案例库比较法 4 种方法（程亮，2010）。

网络舆情的研判涉及社会学、公共管理、新闻学、传播学等多个学科和领域，涉及政府行政系统、社会系统的互动，涉及对新闻、媒体的认识系统、思维系统、行动系统等多个方面。而网络舆情研判的系统研究方法，在网络舆情实践中运用系统论批评方法，以整体性原则为基本出发点，把研究对象作为一个整体来考察，从整体与部分的相互关系中揭示系统的特征和规律。因此，系统研究方法可引导网络舆情监控者从整体的角度研究网络舆情。

多文档精选法则侧重在网络舆情研判的过程中，应坚持定性与定量相结合的方式，绝不能将二者绝对地割裂开来，并针对不同事件进行区别对待，实现定性与定量研究方式的主次互补。

内容分析法，是一种对具有明确特性的传播内容进行客观、系统和定量描述的研究技术。舆情和舆情信息是不同的，舆情往往是内隐的，需要载体和渠道来抒发和表达，而网络正是其中主要载体之一。而具体形态的舆情信息隐含着民众的情绪、态度，其产生根源、发展态势以及可能导致的后果，都需要相关方面进行深层次的挖掘。而内容分析法的基本做法是把媒介上的文字、非量化的有交流价值的信息转化为定量的数据，建立有意义的类目分解交流内容，并以此来分析信息的某些特征；其目的就是弄清或测验文本中本质性的事实和趋势，揭示文本所含有的隐性情报内容，对事物发展作情报预测。内容分析法可以揭示文本，包括保存的网页的隐性内容，和舆情研究结合起来可以分辨不同时期不同环境的舆情特征，反映个人与团体的态度、兴趣，揭示大众关注的焦点等（许鑫和章成志，2008）。因此，内容分析法可以为深层次地挖掘舆情信息提供有力的方法支持。

案例库比较法，运用比较的研究方法对网络事件进行分析时，一方面，既可以对不同地区的网络事件进行比较，又可以对同一地区的不同事件进行比较；另一方面，还可从多学科的角度入手，突破研究视野的局限，通过研究传播学与其他学科的关系，使网络舆情的研判视野更开阔，范围更扩大，以更好地探求网络舆情研究价值。

（2）舆情态势分析

舆情态势是指公众的情绪及其构成要素特性在一特定时刻或阶段在其周围环境中所处的综合境况（包括内外部环境）及未来变化趋势的总和（齐中祥，2015）。舆情态势分析的目的就在于探明可见形式下寻求表达的社会心理及其构成要素在某一特定时刻或阶段在其周围环境下所处的综合境况及未来变化趋势的总和。

SWOT 分析法是一种态势分析方法，通过将研究对象内部的优势（strengths）、劣势（weakness）和所面临的机会（opportunities）、威胁（threats）等因素进行矩阵排列，通过综合分析得出相应结论（兰月新等，2012）。SWOT 分析法主要包括分析环境因素、构造SWOT 矩阵、制定行动计划三个内容。

而舆情态势感知和评估模型，是对舆情态势进行感知、评估，从而用以研究舆情态势的研究方法。舆情态势感知，是指在一定时间和空间的环境约束下，对能够引起舆情态势发生变化的因素进行的获取、理解、显示，以及预测未来短期的发展趋势。该模型的流程依次为舆情数据采集、数据集成、态势评估、态势预测（齐中祥，2015；席荣荣等，2012；龚正虎和卓莹，2010）。其中，态势评估包括关联分析、态势分析和态势评价，核心是关联分析。关联分析是采用数据融合技术对多源异构数据从时间、空间等多个方面进行关联和识别。态势评估的结果是形成态势评价报告和综合态势图，借助态势可视化为舆情管理员提供辅助决策信息，同时为舆情干预提供依据。态势评估根据实体和被观察时间的关系，结合先验知识和多元监测数据来确定实体的意义。在态势评估中，尤其强调关系信息，如实体间的自然亲近关系、通信拓扑关系、因果关系和隶属关系等。

还有一种舆情态势分析模型，即舆情三维集对分析模型。集对分析是一种关于确定不确定系统同异反定量分析的系统分析方法，其基本思路是在一定的问题背景下对所论两个集合所具有的特性作同异反分析并加以度量刻画，得出这两个集合在所论问题背景下的同异反联系度表达式，并推广到系统由 $m>2$ 个集合组成时的情况（赵克勤，1994）。而集对分析把确定性分析结果和不确定性分析结果统一在一个同异反联系度表达式中，便于人们对实际系统作辩证、定量和完整的分析研究。特定舆情事件可以构成一个集对分析系统，选择任意两个要素进行集对分析，并在此基础引入时间轴，就构成了一个舆情三维集对分析模型。该模型可以在舆情态势分析的三个方面九个维度的要素中按照集对分析原理进行选择。

此外，结合网络舆情，李弼程等（2010）指出网络舆情态势分析，要从海量网络信息中发现舆情话题，并分析和获取网络舆情态势。其中，关键是构建网络舆情态势分析模式：一方面能够有效地表征网络舆情态势；另一方面适合计算机实现。对此，杜阿宁（2007）提出基于特定词汇的互联网舆情态势计量模型，利用 NISAC 指数方法，通过特征词汇在主流搜索引擎中采集到的 Web 页面数，来定量地了解和分析特征词汇相关主题的舆情态势。

（3）网络舆情评价指标体系

在综合考虑国际惯例、我国相关机构管理规定及网络舆情发展趋势的前提下，网络舆情的预警等级被划分为轻警情（Ⅳ级，非常态）、中度警情（Ⅲ级，警示级）、重警情（Ⅱ级，危险级）和特重警情（Ⅰ级，极度危险级）四个等级，并依次采用蓝色、黄色、橙色和红色来加以表示。蓝色级（Ⅳ级）：国内网民对该舆情关注度低，传播速度慢，舆情影响局限在较小范围内，没有转化为行为舆论的可能；黄色级（Ⅲ级）：国内网民对该舆情关注度较高，传播速度中等，舆情影响局限在一定范围内，没有转化为行为舆论的可能；橙色级（Ⅱ级）：国内网民对该舆情关注度高，境外媒体开始关注，传播速度快，影响扩散到了很大范围，舆情有转化为行为舆论的可能；红色级（Ⅰ级）：国内网民对该舆情关注度极高，境外媒体高度关注，传播速度非常快，影响扩大到了整个社会，舆情即将化为行为舆论。

吴绍忠和李淑华（2008）在此基础上总结归纳了舆情、舆情传播、舆情受众三大类下的 11 个指标，构建了舆情预警体系：舆情大类下有舆情的触发源、舆情的发展、舆情的控制 3 个指标；舆情传播下有舆情的传播媒体、舆情的传播方式、舆情的传播速度、舆情的传播阶段 4 个指标；舆情受众下有受众数量、受众心理、受众倾向性、受众结构 4 个指标。冯江平等（2014）从网络舆情的网媒舆情热度评价指标体系、网民心理特征评价指标体系、政府应对能力评价指标体系三个角度构建了网络舆情的评价指标体系，如表 3-15 ~表 3-17 所示。

表 3-15 冯江平等（2014）设计的网媒舆情热度评价指标体系与指标权重

一级指标	二级指标	二级指标指标权重	三级指标	三级指标从属权重
A. 网媒舆情热度	B1. 舆情在网络新闻媒体上的热度	0.065	C11. 新闻关键词搜索量	0.007
			C12. 实时新闻报道数量	0.015
			C13. 新闻专题数量	0.004
			C14. 新闻评论数量	0.039
	B2. 舆情在论坛平台上的热度	0.429	C21. 发帖量	0.166
			C22. 浏览量	0.097
			C23. 回复数	0.166
	B3. 舆情在博客平台上的热度	0.128	C31. 博文数	0.051
			C32. 浏览数	0.042
			C33. 评论数	0.035
	B4. 舆情在微博平台上的热度	0.378	C41. 微博数	0.133
			C42. 转发数	0.245

表 3-16 冯江平等（2014）设计的网民心理特征评价指标体系与指标权重

一级指标	二级指标	二级指标指标权重	三级指标	三级指标从属权重
A. 网民心理特征	B1. 网民结构	0.058	C11. 年龄结构	0.015
			C12. 教育程度结构	0.037
			C13. 地域结构	0.006
	B2. 网民受意见领袖影响程度	0.214	C21. 意见领袖个人影响力	0.107
			C22. 意见领袖影响参与人数	0.107
	B3. 网民的意见倾向性	0.299	C31. 支持、中立、反对的比例	0.299
	B4. 网民的情绪倾向性	0.429	C41. 积极、中性、消极的比例	0.429

表 3-17 冯江平等（2014）设计的政府应对能力评价指标体系与指标权重

一级指标	二级指标	二级指标指标权重	三级指标	三级指标从属权重
A. 政府应对能力	B1. 政府处理事件结果	0.387	C11. 民众对处理结果的满意度	0.387
	B2. 政府危机公关能力	0.443	C21. 政府对事件的响应速度	0.292
			C22. 政府资源调配程度	0.069
			C23. 各级政府协调能力	0.082
	B3. 政府信息处理能力	0.170	C31. 信息有效性	0.081
			C32. 信息应对技巧	0.013
			C33. 政府信息及时性	0.034
			C34. 各级政府信息协调能力	0.026
			C35. 政府媒体协调能力	0.016

戴媛（2008）从网络舆情安全评估角度，从传播扩散、民众关注、内容敏感性、态度倾向性四个维度构建了对某一具体的网络舆情信息的安全评估指标体系，如表 3-18 所示。

表 3-18　戴媛（2008）设计的网络舆情信息安全评估指标体系

第一级指标	第二级指标	第三级指标
传播扩散	流量变化	流通量变化值
	网络地理区域分布	网络地理区域分布扩散程度
民众关注	论坛通道舆情信息活性	累计发帖量
		发帖量变化率
		累计点击量
		点击量变化率
		累计跟帖量
		跟帖量变化率
		累计转载量
		转载量变化率
	新闻通道舆情信息活性	累计发布新闻数量
		发布新闻数量变化率
		累计浏览量
		浏览量变化率
		累计评论量
		评论量变化率
		累计转载量
		转载量变化率
	博客/微博客/社交类网站通道舆情信息活性	累计发布文章数量
		发布文章数量变化率
		累计阅读量
		阅读量变化率
		累计评论量
		评论量变化率
		累计转载量
		转载量变化率
		交际广泛度
	其他通道舆情信息活性	其他通道舆情信息活性值

第一级指标	第二级指标	第三级指标
内容敏感性	舆情信息内容敏感性	舆情信息内容敏感程度
态度倾向性	舆情信息态度倾向性	舆情信息态度倾向程度

3.4.4 舆情信息采集之后的入库

舆情信息分析的数据主要来自通过网络爬虫从互联网上爬取的网页信息。而网络舆情信息是离散的、半结构化的，因此在舆情信息采集之后，需要进行预处理、文本分类、聚类等过程，并形成一定的体系结构，以便舆情信息数据的存储入库和管理。

（1）信息预处理

信息预处理主要是在对舆情信息分析前对舆情信息做相应的处理，以减少干扰信息对舆情分析的影响，并将其处理成可计算信息的过程。系统一般不能直接处理互联网上爬取的文本信息，需要通过分词技术对文本内容进行分词处理，得到单词、词性等信息；通过关键词权重算法得到文本关键词向量（尚明生等，2015）。

1）中文分词技术。

中文分词是将汉字切分成单独词的过程，是文本挖掘的基础。英文单词之间的分解符为空格，而中文通过明显的分解符简单化界字、句和段，却唯独词没有一个形式上的分界符，虽然在短语的划分问题上，英文同样也存在问题，但对于词，中文的复杂度和困难度比英文多很多。中文分词技术属于自然语言处理技术的范畴，人能够通过自己的知识识别词，而计算机的处理过程就是分词算法。

当今主要有三大类分词算法：基于统计的分词算法、基于理解的分词算法和基于字符串的分词算法（胡春蕾，2015）。其中，基于字符串的分词算法是将待分析汉字串与词典中找到的某个字符串按照一定的策略进行匹配，此方法简单，容易实现，但是匹配速度慢、存在交集型和组合型歧义切分问题，没有统一的词集等。基于理解的分词算法是句法、语义分析与分词同时进行，利用句法和语义信息进行歧义现象处理，主要有专家系统分词法和神经网络分词法，由于汉语语言知识的笼统、复杂性，很难将各种语言信息组织成可由机器直接读取的形式，因而基于理解的分词系统还处于试验阶段。基于统计的分词方法，可以不受处理文本的领域的限制，也不需要一个由机器可读的词典，还能够将歧义自动排除，并识别出新词以及怪词，但为了建立统计模型，需要大量的训练文本，不仅计算量大，而且对常用词的识别精度差，且分词精度与训练文本的选择有关。此外，经常抽出一些并不是词的常用词组。基于语义的分词算法将语义分析引入，对自然语言自身的语言信息进行更多的处理，基于该方法的系统能够把分词的准确率提高10%左右。

哪种分词算法的难度以及准确度更高，目前并没有一个准确性的定论。对于一个成熟的中文分词系统，仅仅依赖某种算法来实现分词功能是不可能的，都需要结合每种分词算法的优缺点提高分词的精度。分词精度、分词速度、系统的可维护性、通用性以及适用性等几个基本要素是一个分词系统具备高效性、性能优良的特点所需要的。

早在 20 世纪 80 年代初就有学者开始研究自动分词系统，典型的有 CDWS 分词系统、汉语自动分词系统-NEWS、书面汉语自动分词专家系统等。但是由于受计算机硬件以及分词技术的影响，在分词速度与精度上，早期的分词系统还不够理想，所以实用性并不高，但它们的出现为后续分词系统打下了良好的基础。表 3-19 列出了目前的分词系统，在现代常见的中文分词系统中，中国科学院的 ICTCLAS 汉语词法分词系统，采用基于层叠隐马尔可夫模型对汉语进行分词，实现了一个可对中文文本进行处理的集成框架。ICTALAS 是目前应用广泛的中文分词工具。

表 3-19　分词系统对比

分词系统	系统平台	开发语言	速度	精度/%	使用方式	功能
ICTCLAS	Windows	C/C++ JAVA C#	996KB/s	98.45	dll 调用	中文分词；词性标注；命名实体识别；用户词典等，新增微博分词、新词发现与关键词提取
HTTPCWS	Linux	C++			HTTP 服务	基于 ICTCLAS，增加了 19 万条词语的扩展词库，构建成 HTTP 服务的方式
SCWS	Windows/Unix	C	1.5MB/s	小范围测试准确率 90~95	PHP 扩展	采用采集的词频词典并辅以一定的专有名称、人名、地名、数字年代等规则达到基本分词，可以满足一些小型搜索引擎、关键字提取等场合的运用
PhpanAlysis-PHP	PHP 环境	PHP			HTTP 服务	实现简单，容易使用，能做一些简单的应用，大量数据计算效率不如其他分词系统
MMSEG4J		JAVA		98.41	Lucene、Solr	中文分词
盘古分词		.NET	390K 字符/s		Lucene、HubbleDotnet 接口	中文人名识别、简繁混合分词、多元分词等，词频优先分词、停用词过滤等
IKAnalyzer		JAVA	60 万字/s		Lucene 接口	英文字母、数字、中文词汇等的分词

2）向量空间模型。

向量空间模型是文本表示模型最为经典的模型。其中，具有代表性的文本表示模型有布尔模型、向量空间模型、聚类模型、基于知识模型和概率模型等。这几种模型中，向量空间模型具有较强的可计算性和可操作性，因而被广泛应用。在向量空间模型中，文档被形象化为多维空间中的一个点，以向量的形式表示。也正是把文档以向量的形式定义到实数域中，才使得模式识别和其他领域中各种成熟的计算方法得以采用，极大地提高了自然语言文档的可计算性和可操作性。向量空间模型是由 Salton 等人于 20 世纪 60 年代末提出的，一种简便、高效的文本书件的代数模型。它应用于信息过滤、信息检索、索引以及关联规则。它用户的查询要求和数据库文档信息用由检索项构成的向量空间中的点来表示，为了判定文档和查询之间的相似程度，需要通过向量之间的距离。然后，利用相似程度对查询结果进行排列。特征向量的选取和特征向量的权值计算为向量空间模型的关键所在。文本分析对象一般是以词为单位的向量空间模型（vector space model，VSM）数据（薛薇和陈欢歌，2012）。可以利用向量空间模型将文本表示成为向量，这样就可以利用对向量空间模型的运算的方法来对文本进行处理。词向量表示形式见 2.5 节及式（2-1）。

3）特征抽取。

分词处理后，会产生很多词条。舆情信息数据集的数量很大，如果将所有词条都作为其特征项，将会使特征项异常庞大，而且这样将会使每个特征项所含有的信息非常平滑，有用的信息不会被突出出来。因此，需要进项特征项的选取，把词条中最能代表某类文本信息的词条挑选出来，作为文本的特征项。如何从原始文本特征集合中选中最能代表文本主题内容的特征子集，是文本特征抽取算法的研究目标。特征选择可以从两个方面提高系统的性能：一是分类速度，通过特征选择，可以大大减少特征集合中的特征数量，降低文本向量的维数，简化计算；二是准确率，通过适当的特征选择，不但不会降低系统的准确性，反而会使系统精度提高。

舆情信息文本中的特征项数目众多，若要得到比较准确的文本内容的向量表示，需要对显著体现文本内容特征的特征项赋予高权重，而对不能体现文本内容特征的特征项赋予低权重。

常用的特征选择算法可以分为基于字典的方法和基于统计的方法两大类，基于字典的方法精度高，但需要字典支持，与领域紧密相关；而基于统计的方法，则无须建立字典，与领域无关，精度较低，但需要的人工支持较少。常见的基于统计的特征选择算法有特征频率（term frequency，TF）、文档频率（document frequency，DF）、信息增益（information gain，IG）、互信息（mutual information，MI）和 χ^2 统计量（chi-square statistic，CHI）等（王兰成，2014）。

（2）舆情文本分类与聚类

1）舆情文本分类技术。

文本分类，是在有先验条件和训练集的前提下，进行的文本类别划分的过程，主要由训练和分类两个阶段组成，是一种典型的有监督的机器学习问题。当前的文本分类技术，大多数基于向量空间模型，用规则的向量来表示不规则的文本数据，实现粗糙数据集的离散化和降维，再进行下一步的分类流程（范绍瑜，2013）。

在训练阶段，首先定义好类别集合 $C = (c_1, c_2, \cdots, c_m)$，然后给出已标注好每一个文档所属类别的训练文档集合 $S = (s_1, s_2, \cdots, s_n)$，通过训练集 S 确定类别集 C 中每一个类别 c_i 的特征向量 $V(c_i)$；在文本分类阶段，对于待分类文档集合 $D = (d_1, d_2, \cdots, d_r)$

中的每一个文档 d_k，需要与 C 中每一个类别 c_i 进行相似度的计算，然后将 d_k 划分到相似度最大的类别中。

当前的文本分类技术有很多，如朴素贝叶斯分类算法，C5.0 决策树分类算法、基于 BP 神经网络分类算法，以及 K-最近邻参照分类算法（K-Nearest Neighbor，KNN）算法和线性最小平方拟合法等。

2）舆情文本聚类技术。

文本聚类，是在没有先验条件和训练集的前提下，根据文本数据的不同特征，进行的将类型接近的文本归类的过程，是一种无监督的机器学习方法。文本聚类不需要训练，不需要预先对文档类别进行标注，有着较好的灵活性和自动处理能力，能够实现对文本信息的有效组织、分类、摘要等功能（戴霖，2011）。

常用的文本聚类算法主要有以下几类：基于划分的方法、基于层次的方法、基于密度的方法、基于网格的方法、基于模型的方法。基于划分的方法。首先给定划分数 k，并创建初始划分，然后采用迭代的重定位技术，通过对象在已有类别中的移动来改进优化划分。k-means 算法就是一种基于划分的方法。k-means 算法的基本原理是：首先随机地选取 k 个数据对象作为初始聚类点，然后根据簇中对象平均值，将每个数据对象赋给最类似的簇，并对簇中数据对象平均值进行计算更新，并重复这一过程，直至簇的划分不再发生变化。一般通过建立准则函数实现对簇变化过程的检验。k-means 算法优点是实现简单效率高，主要缺点有需要在未知数据集上判定并指定聚类个数、聚类结果依赖初始聚类个数和初始项的选择、算法容易陷入局部最优解等。基于层次的方法是一种传统的聚类方法，可以用于处理聚类数目未知的情况，包括分裂式层次聚类法和凝聚式层次聚类法。分裂式层次聚类法是将所有数据对象作为一个聚类，然后按照使目标函数值最优的原则对聚类进行拆分，随后选择聚类直径最大的类按同一原则继续拆分，直至目标函数不再降低为止。凝聚式层次聚类法处理过程则相反，是将离散的每个对象作为一个聚类，并按照一定规则对聚类进行合并，直至满足规则条件为止。基于密度的方法是通过设定阈值，将具有足够高密度的区域划分为簇。基于网格的方法则是通过对数据元素空间的简化和量化，得到有限数目的单元形成网格结构，再基于网格结构进行聚类。基于模型的方法是通过为每个聚簇假定模型，然后寻找数据对象与假定模型的最佳拟合，代表算法有神经网络方法。

3）舆情话题检测与跟踪。

舆情信息从大量离散的舆情信息，通过舆情文本分类与聚类，依据其相似、相关程度，可以形成多个舆情话题（殷风景，2010）。而话题检测与跟踪（topic detection and tracking，TDT）技术则是一项对未知话题进行识别，并对已知话题发展动态进行跟踪的信息处理技术（洪宇等，2007）。利用话题检测与跟踪技术，可以对分散的信息进行有效地汇集、组织，从整体上获取某个舆情话题的全部细节，以及该舆情话题和其他舆情信息之间的关系。

话题检测与跟踪分成五个子任务（骆卫华等，2003；谢林燕，2012；张钰和刘云，2008）。①话题检测，其主要任务是检测和组织预先未知的话题，同时继续在信息流中收集后续的相关信息，并归类到已识别确定的话题当中，而这通常是在欠缺话题先验知识的情况下，通过构造具有通用性的检测模型来实现的；②首次报道检测，其主要任务是从具有时间顺序的信息流中，搜索并锁定，自动检测出未知新话题的第一篇报道，这与话题检测任务的主要不同之处在于，首次报道检测输出结果是关于某话题的第一篇报道，而话题检测输出结果是关于某话题的报道集合；③关联检测，关联检测任务的研究对话题检测与跟踪中其他各项研究有着重要辅助意义，其主要任务是在不具备事先经过验证的话题作为参照的前提下，对两篇报道进行分析判断，评判其是否属于同一个话题，而每对参加关联检测的报道都没有先验知识辅助系统进行评判，因此关联检测一般需要先设计不独立于特定报道对的检测模型，在没有明确话题作为参照的情况下，自主地分析报道论述的话题，并通过对比报道对的话题模型裁决其相关性；④话题跟踪，其主要任务是在确定已知话题的基础上，对针对该话题后续出现的报道进行跟踪，其中，已知话题没有明确的描述，而是通过若干篇先验的相关报道隐含描述确定，从而辅助跟踪系统训练和更新话题模型，而话题跟踪是对后续报道流中的每一篇报道进行话题相关性判定，从而实现追踪；⑤报道切分，其任务的对象是原始数据流，任务目标是模拟人对原始数据流的识别，是将其分割成一篇篇具有完整结构的、独立的、有统一主题的报道，而作为报道切分的任务对象通常会是新闻广播，其切分的方式主要有两类，即直接针对音频信号进行切分或将音频信号翻录为文本形式的信息流再进行切分。话题检测与跟踪技术的五个子任务相互结合、相互作用、相互促进，从而共同完成话题检测与跟踪整体任务。

通过话题检测与跟踪技术，可以在不具备话题先验知识的前提下，通过利用文本聚类算法作为话题检测模型，识别、判断采集到的舆情信息相互间的关系，检测出其中舆情信息相关性，划分、形成舆情话题，形成舆情信息依照舆情话题的舆情信息存储、管理体系。

3.5 地震灾害信息的专群沟通方法

3.5.1 专群沟通主体与任务

地震灾害信息专群沟通主体依据在沟通中的作用不同可以划分为四类，即政府、专家、志愿者、社会公众。

(1) 政府

中央和地方各级人民政府及其相关职能部门是地震灾害信息沟通中的政府沟通主体。政府在地震灾害信息沟通中起主体作用，是地震专群信息汇交的中心。我国防灾减灾工作实行的是以分级负责、属地管理为主。中央发挥统筹指导和支持作用，各级党委和政府分级负责，在地震救灾中承担主体责任。在政府机构中，应急管理部门负责统筹地震灾害应急管理各项工作，地震部门承担着管理地震监测预报的工作。

(2) 专家

专家队伍在地震灾害监测预报、救灾救援等各个环节中都发挥着重要作用。地震领域专家结合自身的专业知识和技术经验，能够对地震宏观异常、震情等信息进行分析，提取有效的地震特征信息，根据结果提出防震减灾救灾措施，为政府的决策指挥提供参考。同时，专家还能通过各种新闻媒体、社交平台等对有关地震信息进行解读说明，使公众在获取地震信息的同时能够理解信息，为社会公众提供信息咨询和指导，帮助公众坚定防灾抗灾的信心，建立对政府的信任。

（3）志愿者

组建志愿者队伍是参与防震减灾工作的重要举措之一。通过组织志愿者，最大限度地提升抗震救灾能力。志愿者所发挥的作用非常广泛，在震前可参与地震科普知识宣传教育活动，普及防震减灾知识，让公众认识地震、了解地震，掌握应急避险、自救互救的技能，增强防震减灾意识，还能参与地震宏观异常观测活动，及时提供地震宏观异常信息；在地震发生后，能够在政府组织下有序参与地震灾害救灾救援工作，帮助灾区尽快恢复生产生活。

（4）社会公众

社会公众主要指除政府、专家以外的其他组织或个人，如非政府组织（non-govern-mental organization，NGO）、保险金融企业等。其中，NGO 是致力于某个公益目的，依靠公众志愿参与、自我管理的自治组织。公众既是地震信息传播的主要受众，也参与到地震信息的传播中。公众通过各种传播渠道和沟通平台从政府和专家那里获取地震灾害信息，然后将反馈信息传递给政府和专家，从而实现专群信息的双向沟通，达到彼此信息共享的目的。

3.5.2 地震信息沟通技术框架

（1）地震信息沟通平台

在地震灾害信息专群沟通中，沟通平台是政府、专家、志愿者、社会公众间针对重大地震灾害进行双向沟通的渠道，是信息传输的载体，是保证沟通主体间信息传输畅通的基础环境。目前，采用的信息沟通平台主要有微博、网站、报纸杂志、广播电视、有线通信、卫星通信、微信、户外新媒体等。微博是一种分享简短实时信息的社交网络平台，可以有文字、图片、视频等，这种网络交流平台注重时效性，既可以有官方建立的微博，如中国地震台网、中国消防等，又可以有个人微博，在发布交流地震灾害信息、传播通俗易懂的防震减灾知识方面能发挥很好的作用。网站是发布地震信息的重要渠道，专业性的网站如中国应急信息网、国家减灾网等，都是发布地震灾害信息、普及防震减灾知识的窗口，相较于微博，其信息内容、板块设置和管理等方面更为规范。报纸杂志、广播电视都是传统的发布地震信息、传播地震知识的平台，具有很高的权威性，但更倾向于单向接收信息，互动性较低。随着新媒体技术的不断发展，网络电视、网络广播、电子杂志、播客等新媒介形态的不断出现，也为地震信息传播提供了新的平台。智能手机在实现传统的短信、通话等沟通方式的同时，以微信、QQ等为代表的手机APP为地震信息专群沟通提供了资源共享、沟通交流、信息上报等应用的平台。此外，公交电视、地铁电视等户外新媒体与传统户外媒体的结合，使得专群沟通的渠道更为丰富。

不同的沟通主体对于信息沟通平台的需求和应用也不同。政府机构间地震灾害的沟通平台，主要包括风险研判会、灾情会商会、视频会议等会议方式，请示、报告等公文形式以及政务专网上的专业系统、电话、智能手机等信息沟通渠道。政府与社会公众间地震灾害沟通平台，主要包括报刊、杂志、电视、广播、网站以及微信、微博等新媒体。政府与专家间地震灾害沟通平台包括专家咨询会、震情研判会、专题报告、微信等。政府与志愿者间地震灾害沟通平台包括网站、微信、微博、电话、会议等。专家与社会公众间地震灾害沟通平台包括基于专业网站的专家在线咨询、基于电视广播的专家讲授、基于报刊杂志的专家评论，以及基于微博、微信等方式的专群互动等。

（2）各主体地震信息沟通模式

政府部门内部主要包括横向和纵向沟通方式。平级政府部门间是横向沟通，遵循平等沟通、相互尊重、互通有无的原则，通过协商达成一致共识，以合作交流、召开研讨会、有偿或无偿使用对方提供的信息等形式，采用网络、文件、电话、传真等方式，实现地震信息的共享和专群信息交流。而非平级政府部门间的沟通是按照下级给上级提供建议意见、服从上级决定，上级给下级提出指导、要求的方式，通过网络、文件、电话、传真等方式实现地震专群信息交流。专家间的地震信息沟通主要通过合作交流、召开研讨会、有偿或无偿使用对方提供的信息等形式，采用网络、电话、微信等快速、有效的方式实现信息交流。社会公众之间的地震信息沟通是通过网络、电话、微信、微博、广播电视等方式实现地震信息交流，沟通信息的内容应易于理解。志愿者间的沟通遵循公平、公开、公正、快速、信息内容容易理解的原则，采用网络、手机等方式实现地震信息交流。

针对政府和专家间的地震信息沟通，地震各领域的专家将自己的专业知识和经验投入到地震监测预报、趋势判断和抗震救援等方面。而政府掌握有权威的资料信息，采用各种沟通平台，将各类专家通过一定的沟通机制联系起来，使专家为政府防震减灾救灾决策提出更多专业意见建议。政府与公众间的沟通是在法律制度的框架下，通过多种沟通平台，向公众传达全面、准确、权威的地震信息，同时获知民情民意动态，为地震灾害应对决策提供依据。专家与公众间的地震灾害信息沟通是通过沟通平台，为公众提供地震灾害知识、培训指导，公众将对地震信息的需求、问题反馈给专家，以获得专业的防震减灾、抗灾避险等知识。政府与志愿者之间通过沟通平台，将各类志愿者队伍有效组织起来，整合力量，有序投入防震和救援工作中。

（3）专群信息沟通内容

政府内部各部门依据各自职责，沟通的地震信息主要有：气象部门提供震区降水量、天气等信息，自然资源部门提供地震引发的次生地质灾害情况，交通运输部门提供地震造成的交通基础设施损毁情况，水利部门提供地震引发的堰塞湖和处置等情况，地震部门提供地震宏观异常分析、地震风险研判、震情分析等信息，应急管理部门负责提供地震灾害综合研判、救灾救援等信息。专家内部沟通的信息主要有地震宏观异常、地震风险、地震灾害损失评估、地震救援方案等信息。社会公众内部沟通的信息主要包括地震宏观异常特征、防震减灾知识等。志愿者内部沟通的信息主要包括地震宏观异常特征、应急技能信息等。

　　政府与专家之间沟通的信息主要有地震预测预报、地震宏观异常特征、地震灾害损失评估情况、次生灾害风险等。政府与志愿者之间的沟通信息主要有防震减灾法律法规、应急救援预案等。政府与社会公众之间沟通的地震信息主要有地震震情、地震灾害损失情况、防震减灾知识、救灾救援工作情况等。专家与社会公众之间沟通的信息主要有地震应急避险知识、地震科普常识等。专家与志愿者之间沟通的地震信息主要有对地震宏观异常现象的判断、地震救灾和应急救援的技能、防震减灾法律法规等。

　　由于不同沟通主体在专业背景、认知理解、需求等方面的差异，地震信息内容需要进行转换。政府和专家在地震信息沟通中，专家在提供地震预测和灾害分析结果时，需要将专业性强的意见建议内容转化为易于决策者理解、公文报告需要的信息，以提高决策支持的效果。政府、专家在和志愿者进行沟通时，提供的指导、意见内容应该清晰准确、便于操作。政府、专家在和社会公众沟通时，应将地震信息沟通内容转化为通俗易懂的语言、图表或视频文字等，以方便社会公众更好地理解地震信息。

3.6　本章小结

　　本章全面阐述了"天-空-地"地震灾害信息获取方法，首先，介绍了遥感数据的获取渠道以及在震前、震中和震后不同阶段的作用和总体技术方法。然后，叙述了我国地震台站地震监测情况、监测设备、传输方式等，并简要介绍了地震宏观异常和地震灾情统计上报工作。从宏观异常信息、热红外异常信息、气象异常信息三个方面介绍了地震异常信息获取与筛选方法，阐述了地震应急信息的获取、分类、评价过程及其方法。在分析舆情和舆情类型的基础上，介绍了舆情信息的收集、评价方法以及信息处理方法。最后，针对政府、专家、志愿者和社会公众等不同专群沟通主体，分析了他们各自的任务、沟通平台、沟通模式和内容。

参 考 文 献

安徽省地震局 . 1978. 宏观异常与地震 [M]. 北京：地震出版社 .

百度百科 . 卷积神经网络 . 2020. https：//baike. baidu. com/item/卷积神经网络/17541100？fr＝aladdin.

包德修，和仁道，马伟林，等 . 1991. 地震电磁信息的偶电体模型 [J]. 中国地震，(4)：83-86.

北京大学计算语言学研究所 . 1999. 词语切分与词性标注-规范与加工手册 [Z]. http：//icl. pku. edu. cn/icl_ groups/corpus/coprus-annotation. htm.

陈六嘉 . 2012. 遥感地震监测应用综述 [J]. 遥感信息，(1)：105-109.

陈杨 . 2011. 地震红外遥感异常特征综合研究 [D]. 北京：中国地震局地震预测研究所硕士学位论文 .

陈玉玲，徐一夫 . 1981. 震前植物电异常 [J]. 地震，(2)：13, 35.

程亮 . 2010. 网络舆情研判方法的探析 [J]. 新闻与写作，3：87-89.

戴霖 . 2011. 网络舆情信息挖掘关键技术研究与应用 [D]. 杭州：浙江工商大学硕士学位论文 .

戴媛 . 2008. 我国网络舆情安全评估指标体系研究 [D]. 北京：北京化工大学硕士学位论文 .

党生翠 . 2013. 舆情监测：灾难性事件应急管理中的重要一环 [J]. 中国减灾，3：42-43.

董理.2015. 灾害舆情的研究现状初探 [J]. 学习月刊, 4: 8-9.

杜阿宁.2007. 互联网舆情信息挖掘方法研究 [D]. 哈尔滨: 哈尔滨工业大学博士学位论文.

范绍瑜.2013. 基于海量舆情信息的网络舆情分析系统的设计与实现 [D]. 广州: 华南理工大学硕士学位论文.

冯江平, 张月, 赵淑贞, 等.2014. 网络舆情评价指标体系的构建与应用 [J]. 云南师范大学学报: 哲学社会科学版, 46 (2): 75-84.

冯竞, 张世杰.1985. 产生地震电磁前兆信息的一种机制 [J]. 地震研究, 8 (1): 33-38.

高琳.2011-04-27. 天气异常是否为地震前兆 [N]. 中国气象报, 第 2 版.

耿庆国.2005. 破坏性地震短期临震预测的一个有效方法--关于短期临震气象要素五项指标异常 [J]. 国际地震动态, (5): 117-124.

龚正虎, 卓莹.2010. 网络态势感知研究 [J]. 软件学报, 21 (7): 1605-1619.

顾申宜, 张慧, 解晓静, 等.2010. 海南井水位中期和中短期异常信息的提取方法及其特征分析 [J]. 地震地质, 32 (4): 638-646.

郭广猛.2010. 1998 年张北地震前的大气增温异常 [J]. 科技导报, 28 (14): 98-100.

郭子祺, 郭自强.1999. 岩石破裂中多裂纹辐射模型 [J]. 地球物理学报, 42 (S1): 172-177.

郭自强, 尤峻汉, 李高, 等.1989. 破裂岩石的电子发射与压缩原子模型 [J]. 地球物理学报, 32 (2): 173-177.

韩世刚.2010. 重庆地震震前气象要素异常特征分析 [J]. 安徽农业科学, 38 (30): 17173-17174, 17235.

郝晓玲.2012. 网络舆情研判技术的研究进展 [J]. 情报科学, 12: 1901-1906.

和胜利.2008. 地震宏观异常在临震预报中的应用 [J], 中国西部科技, 7 (5): 4-5.

洪宇, 张宇, 刘挺, 等.2007. 话题检测与跟踪的评测及研究综述 [J]. 中文信息学报, 21 (6): 71-87.

胡春蕾.2015. 地震微博热门主题词提取与时空分布研究 [D]. 北京: 中国农业大学硕士学位论文.

胡乐群.2011. 风险预警中指标阈值确定方法 [J]. 金融电子化, (9): 43-45.

胡文灼, 欧阳龙斌, 吴叔坤, 等.2019. 广东地震台网台站数据传输质量对比分析 [J]. 华南地震, 39 (1): 12-19.

黄志斌.2003. 国家数字地震台网中心技术系统集成中关键问题的研究 [D]. 北京: 中国地震局地球物理研究所博士学位论文.

康春丽, 王亚丽, 刘德富.2007. 文安地震前华北区域长波辐射场的异常特征分析 [J]. 地震学报, 27 (3): 83-88.

兰月新, 董希琳, 郭其云, 等.2012. 基于 SWOT 分析的突发事件网络舆情政府策略研究 [J]. 现代情报, 32 (3): 37-41.

李弼程, 林琛, 周杰, 等.2010. 网络舆情态势分析模式研究 [J]. 情报科学, 7: 1083-1088.

李传席.2012. 基于本体的自适应 Web 信息抽取方法研究 [D]. 合肥: 中国科学技术大学博士学位论文.

李贵福, 解明恩.1996. 本世纪云南强震 (Ms≥6.0) 的气象特征研究 [J]. 地震研究, 19 (2): 154-161.

李海华, 韩元杰.1979. 地气的宏观特征及前兆机理 [J]. 西北地震学报, 1 (2): 74-76, 84.

李玲芝.1998. 卫星热红外异常与地震预报. 航天技术与民品, (7): 4-5.

李子殷, 胡心康.1980. 地声与地震相关性的初步探讨. 地球物理学报 [J], 23 (1): 94-102.

刘成龙, 车用太, 王广才.2004. 大规模宏观异常的双重性及其在地震预报中的意义 [J]. 地震地质, 26 (2): 340-346.

刘春祥 . 2013. 地震台站数据传输系统设计与实现 [D]. 成都：电子科技大学硕士学位论文 .

刘培洵，刘力强，陈顺云，等 . 2004. 从红外遥感图像提取地下热信息的透热指数法 [J]. 地震地质，26（3）：519-527.

刘其寿，杨佩琴，黄腾，等 . 2010. 气象三要素观测数据的共享 [J]. 华南地震，30（4）：35-40.

刘其寿，杨佩琴，王绍然，等 . 2010. 地震台站数据文件传输智能管理 [J]. 华南地震，30（1）：63-67.

刘瑞丰，高景春，陈运泰，等 . 2008. 中国数字地震台网的建设与发展 [J]. 地震学报，30（5）：533-539.

刘毅 . 2007. 略论网络舆情的概念，特点，表达与传播 [J]. 理论界，1：11-12. .

刘哲 . 2014. 网络舆情要应对也要利用 [J]. 中国减灾，7：47-49.

陆明勇，范雪芳，周伟，等 . 2010. 华北强震前地下流体长趋势变化特征及其产生机理的研究 [J]. 西北地震学报，32（2）：129-138.

骆卫华，刘群，程学旗 . 2003. 话题检测与跟踪技术的发展与研究 [C] // 全国计算语言学联合学术会议（JSCL-2003）论文集 . 北京：清华大学出版社：560-566.

马敬霞，王式功，杨德宝 . 2009. 中国大陆中强震发生前后震中降水变化特征 [J]. 兰州大学学报（自然科学版），45（5）：135-137.

明亮 . 2010. 对大地震前（后）短期低温气候的一种解释 [J]. 防灾科技学院学报，12（3）：133-137.

蒲筱哥 . 2007. 基于 Web 的信息抽取技术研究综述 [J]. 现代情报，27（10）：215-219.

齐中祥 . 2015. 舆情学 [M]. 南京：江苏人民出版社 .

钱洪，唐荣昌，张成贵，等 . 1984. 道孚地震地裂缝特征与震区的断层运动 [J]. 地震研究，7（1）：53-60.

强祖基，赁常恭 . 1992. 地球放气、热红外异常与地震活动 [J]. 科学通报，（24）：2259-2262.

强祖基，徐秀登，赁常恭，等 . 1998. 卫星热红外图像亮温异常——短临震兆 [J]. 中国科学，28（6）：446-455.

强祖基，徐秀登，赁常恭 . 1990. 卫星热红外异常——临震前兆 [J]. 科学通报，17：1324-1327.

尚明生等 . 2015. 舆情信息分析与处理技术 [M]. 北京：科学出版社 .

石俊，王维侠，温敬霞 . 2010. 汶川地震前后的气象异常 [J]. 天文研究与技术–国家天文台台刊，7（1）：78-84.

苏桂武，聂高众，高建国 . 2003. 地震应急信息的特征、分类与作用 [J]. 地震，23（3）：27-35.

汤懋苍，高晓清 . 1997. 引发 1966 年邢台地震的地热涡分析 [J]. 地震学报，19（3）：303-308.

天津市地震局地震处，北京市地震队 . 1976. 地下水与地震 [M]. 北京：地震出版社 .

王丙义 . 2003. 信息分类与编码 [M]. 北京：国防工业出版社 .

王光冲，吴鹏，李小军，等 . 2019. 基于背景噪声的烈度仪、强震计及地震计性能对比分析 [J]. 地震地磁观测与研究，40（5）：109-113.

王海华 . 1998. 浅谈震前电磁辐射监测中的几个问题 [J]. 云南师范大学学报（自然科学版），18（3）：77-81.

王宏伟 . 2008. 特大自然灾害的舆情监控研究 [J]. 中国公共安全（学术版），Z1：11-15.

王敬普，林亚平，周顺先，等 . 2006. 基于包装器模型的文本信息抽取 [J]. 计算机应用，26（3）：655-658.

王来华 . 2004. "舆情"问题研究论略 [J]. 天津社会科学，2：78-81.

王兰成 . 2014. 网络舆情分析技术 [M]. 北京：国防工业出版社 .

王尚彦，谷晓平 . 2009. 地震与气象异常 [J]. 贵州地质，26（2）：136-140.

王唯俊，韩昭，王磊，等.2010. 林州地光异常在地震前兆分析中的应用［J］. 西北地震学报，32（2）：
206-208.

魏成阶，刘亚岚，王世新，等.2008. 四川汶川大地震震害遥感调查与评估［J］. 遥感学报，（5）：3-12.

吴明恕.2008. 地震台阵数据管理［D］. 北京：中国地震局地质研究所硕士学位论文.

吴绍忠，李淑华.2008. 互联网络舆情预警机制研究［J］. 中国人民公安大学学报（自然科学版）3：
38-42.

吴维，肖诗斌.2013. 基于多特征与复合分类法的中文微博情感分析［J］. 北京信息科技大学学报（自然
科学版），4：39-45.

武玉霞.2012. 小谚语大道理——地震必读［M］. 北京：地震出版社.

席荣荣，云晓春，金舒原，等.2012. 网络安全态势感知研究综述［J］. 计算机应用，32（1）：1-4.

肖和平，于萍.2011. 地震与防震减灾知识200问答［M］. 北京：地震出版社.

谢林燕.2012. 话题检测与跟踪关键技术研究［D］. 保定：华北电力大学硕士学位论文.

谢耘耕.2012. 中国社会舆情与危机管理报告［M］. 北京：社会科学文献出版社.

徐好民，王煜，唐方头，等.2001. 卫星热红外预报地震研究新进展［J］. 地球信息科学，3（4）：
12-18.

徐敬海，褚俊秀，聂高众，等.2015. 基于位置微博的地震灾情提取［J］. 自然灾害学报，24（5）：
12-18.

徐世浙.1979. 关于压磁效应和膨胀磁效应［J］. 地震学报，1（1）：76-81.

许仕敏，李文武，秦志远，等.2014. 遥感技术在地震震害监测中的应用［J］. 地理空间信息，12（5）：
9-12.

许鑫，章成志.2008. 互联网舆情分析及应用研究［J］. 情报科学，8：1194-1200.

薛薇，陈欢歌.2012. 文本聚类中罚多项混合模型的特征选择及其在互联网舆情分析中的应用［J］. 统计
与信息论坛，27（1）：9-14.

杨思全.2018. 灾害遥感监测体系发展与展望［J］. 城市与减灾，（6）：12-19.

叶叔华，陈述彭.2002. 特大自然灾害预测的新途径和新方法［M］. 北京：科学出版社.

佚名.2012. 国家地震应急预案. 中华人民共和国国务院公报，28.

殷风景.2010. 面向网络舆情监控的热点话题发现技术研究［D］. 长沙：国防科学技术大学硕士学位论文.

张珏，刘云.2008. 话题识别与跟踪技术的发展与研究［J］. 北京电子科技学院学报，16（2）：77-79.

张克生.2004. 舆情机制是国家决策的根本机制［J］. 理论与现代化，4：71-73.

张小涛，张永仙，许敦煌.2009. 汶川8.0级地震前后宏观异常现象分析［J］. 地震，29（2）：104-117.

章栋兵.2010. 互联网舆情分析关键技术的研究与实现［D］. 武汉：武汉理工大学硕士学位论文.

赵得秀，强祖基.2012. 地震是可以预报的. 卫星热红外地震短临预测研究［M］. 西安：西北工业大学出
版社

赵红岩，汤懋苍，王拥军，等.2007. 旱-震-涝关系及其在短期气候预测中的可能应用［J］. 自然科学
进展，17（1）：132-136.

赵克勤.1994. 集对分析及其初步应用［J］. 大自然探索，13（1）：67-71.

赵艳华.1989. 信息分类编码标准化［M］. 北京：中国标准出版社.

赵永，王斌，孟玉梅.2001. 中国数字化地震观测系统［J］. 国际地震动态，5：1-8.

郑兰哲，强祖基，赁常恭.1996. 卫星热红外异常影像在地震短临预报中的应用［J］. 地球科学，21（6）：
665-668.

中共中央宣传部舆情信息局.2009. 网络舆情信息工作理论和实务［M］. 北京：学习出版社.

中国地震局. 2008. 地震群测群防工作指南 [M]. 北京：地震出版社.

中国地震局. 2015. 台站监测手段 [M]. 北京：中国地震局.

中华人民共和国国家质量监督检验检疫总局. 2002. 信息分类和编码的基本原则与方法 (GB/T7027-2000) [S]. 北京：中国标准出版社.

中华人民共和国国家质量监督检验检疫总局. 2008. 地震行业分类标准体系表 (GB/T 1-2008) [S]. 北京：中国标准出版社.

周子勇，陶澍. 2003. 地气的宏观效应与微观效应 [J]. 地学前缘，10 (1)：249-255.

Anselin L. 1995. Local Indicators of Spatial Association—LISA [J], Geographical Analysis, 27：93-115.

Baker B C. 1997. Synchronization of External Analog Multiplexers with the $\sum$-ΔA/D Converters [R]. Burr-Brown Application Bulletin. Burr-Brown Corporation. (6)：1-3

Beijing Visionox Technology Co. Ltd. 2004. Product Specification VGS12864E Oled Display Module [Z]. Beijing：Beijing Visionox Technology Co. Ltd. Rev 1. 1：4-8.

Brin S, Page L. 1998. The anatomy of a large-scale hypertexual Web search engine [C]. Brisbane：Proceeding of the 7th World Web Conference, 30 (1)：107-117.

Chakrabarti S, Joshi M, Punera K, et al. 2002. The structure of broad topics on the web [C] // Honolulu：Proceedings of the 11th international conference on World Wide Web. ACM：251-262.

Cho J, Garciam H, Page L. 1998. Efficient crawling through URL ordering [J]. Computer Networks and ISDN Systems, 30 (17)：161-172.

Dai W Y, Xue G R, Yang Q, et al. 2007. Transferring naive bayes classifiers for text classification [C] // Atlanta：Proceedings of the 22nd AAAI Conference on Artificial Intelligence：540-545.

Debra P, Houben G J, Kornatzky Y, et al. 1994. Information retrieval in distributed hypertexts [C]. New York：Proceeding of the 4th Riao Conference：481-491.

Getis A, Ord J K. 1992. The Analysis of Spatial Association by Use of Distance Statistics [J], Geographical Analysis, 24：189-206.

Gornyi V I, Salman A G, Tronin A A, et al. 1988. Outgoing infrared radiation of the earth as an indicator of seismic activity [J]. Proceedings of the Academy of Sciences of the USSR, 301 (1)：67-69.

Hersovic M, Jacovi M, Maareky S. 1998. The Shark-Search algorithm：an application tailored Web sitemapping [C]. Brisbane：Proceeding of the 7th International World Wide Web Conference. 2 (10)：65-74.

Huang Q Y, Xiao Y. 2015. Geographic Situational Awareness：Mining Tweets for Disaster Preparedness, Emergency Response, Impact, and Recovery [J]. International Journal of Geo- Information, 4 (3)：1549-1568.

Hunt A, Wang C, Todsen J, etc. 2003. Understanding the ADS1251/3/4 Input Circuitry [R]. Burr-Brown Application Report, (1)：1-2.

Kim J, Bae J H, Hastak M. 2018. Emergency information diffusion on online social media during storm Cindy in U. S. [J]. International Journal of Information Management, 40：153-165.

Kim S B, Han K S, Rim H C, et al. 2006. Some Effective Techniques for Naive Bayes Text Classification [J]. IEEE Transactions on Knowledge & Data Engineering, 18 (11)：1457-1466.

NLPIR 汉语分词系统. NLPIR 简介. 2013. http：//ictclas. nlpir. org/newsdownloads？DocId=384.

Qu, Y, Huang C, Zhang P Y, et al. 2011. Microblogging after a major disaster in China：a case study of the 2010 Yushu earthquake [C]. Hangzhou：Proceedings of the 2011 ACM Conference on Computer Supported Cooperative Work.

Silicon Laboratories. 2003. Software SPI Examples for the C8051F30x Family ［Z］. Austin：Silicon Laborato-
　　ries. Rev. 1. 1, 12 ：1-5.

Silverman B W. 1986. Density Estimation for Statistics and Data Analysis—Monographs on Statistics and Applied
　　Probability ［M］. London：Chapman and Hall.

Zhang D，Wang D. 2016. Relation classification：Cnn or rnn? //Natural Language Understanding and Intelligent
　　Applications. Springer，Cham：665-675.

第4章 多源信息综合与分析技术

4.1 多源异常信息综合分析评价方法

公众参与式的地震异常信息主要包括普通公众、防灾减灾助理员、测报员等提供的宏观异常信息，非地震行业专家提供的热红外异常信息和气象异常信息，每种信息都随着时间在源源不断地增加，所以信息的参考价值也随着时间的推进和信息的增加在逐步改变，呈动态变化。公众参与式的异常信息评价是指根据地震异常发生的伴生性和群体性，从异常幅度、异常数量和异常持续时间等方面对异常信息进行评价，从而获得异常信息为地震预测工作服务的参考价值。

4.1.1 宏观异常信息评价方法

信息评价是利用地震宏观异常与非震宏观异常发生的特点分析宏观异常信息参考价值。国内外有很多研究者对宏观异常与地震的关系进行研究，但可以肯定的一点是，宏观异常与地震没有因果关系，二者是伴随关系，是地震内部构造活动或者能量释放的不同表现形式，这种表现形式除宏观异常和地震外，还有其他方式。信息评价的想法即基于此理论，用一定时空范围内同种异常发生的数量、其他异常的发生来评价宏观异常的参考价值。

宏观异常信息的评价（图4-1）则是利用单种异常信息发生的群体性与多种异常信息发生的伴随性，来评价公众参与式的宏观异常信息对地震预测工作的参考价值。

采集的异常现象是否为地震宏观异常，其可信度的评价必须以认识事物的客观规律为基础。例如，井水位的变化有一定的规律性，其升降多与季节和天气变化有关。但该升时不升，该降时不降，雨季泉水流量变小甚至断流，旱季井水外送等都是违反正常规律的现象，有可能是与地震活动有关的异常现象。宏观异常种类很多，成因复杂，因此判定是否为地震宏观异常，必须调查每一种异常的特征（出现的地点、深度与时间，异常的变化与发展过程，异常幅度等）与出现的具体条件（地形、地质、气象、人类活动等），提出各种可能性，然后逐个分析、核实，若找不到异常的其他原因，往往可视为地震宏观异常，若曾有过类似的地震宏观异常，则可信度更高。

可信度的概念来自大众传播研究领域，是在传播过程中信息接收者对信息提供者和传播媒介的信赖度的主观评价，而非媒介本身所具有的客观属性。同时，可信度也是一种具体情境中的主观现象，它随评估对象、信息用户、具体的信息环境等条件的变化而改变

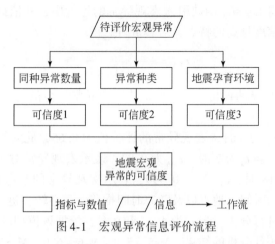

图 4-1　宏观异常信息评价流程

（彭志华和杨琼，2010）。本书中是指在通过筛选的基础上对地震宏观异常信息可信度进行计算，排除其他干扰因素造成的异常现象，基于宏观异常发生的群体性与伴生性对宏观异常信息进行评价，得出该信息为地震宏观异常信息的可信度。

采集的宏观异常信息是否为地震宏观异常，首先要分析异常规模、出现的地点与时间等特征。地震宏观异常多具有时间上的突发性与同步性，区域分布上的广布性与条带性，数量上的群体性，种类上的配套性等特征。数量上的群体性，指异常数量较多，形成一定的规模，而不是个别现象。种类上的配套性，指不是只出现某一种异常，而是动物异常、地下水异常、地光、地声、地动等多种类型的异常同时出现，不是孤立的一种类型的异常；即使同一类异常，也不是单一的，如动物类异常中，不只是猪或老鼠异常，而是鸡、鸭、牛、马、鱼等多种动物异常同时出现，但并不是说所有动物都有异常，更不是说所有不同类型的异常都一定同时出现。所以本书用时空范围内的同类信息和其他种类异常出现的频次、幅度等来对宏观异常的可信度进行评价。

信息的数量是随着时间推进在源源不断发送的，所以宏观异常信息的可信度是一个随时间变化的动态量。宏观异常信息的可信度概念实质是截至某个时间的可信度。当第一项宏观异常发生时，依此宏观异常发生的时间为起始时间 t_i，计算距离此宏观异常发生 30 天内，即 t_{i+30} 的宏观异常数量，数量随着时间的推进不断增加，宏观异常的可信度也逐渐增加。

Logistic 函数是一种概率预测方法，通过综合多种发生因素而预测未来事物发生的概率（王济川和郭志刚，2001）。Logistic 函数表示了事物发展的变化趋势，并且体现了多种导致因素的综合作用。该函数是一个由两个函数复合而成的函数，其中一个函数是非线性的函数，它代表事物或现象的发展规律；另一个是线性的函数，它表示事物或现象的发展是由多种导致因素综合作用的结果。宏观异常的种类丰富，而且它的发生具有数量上的群体性和种类上的伴生性，这与 Logistic 模型线性函数部分的作用是相似的；另外，随着宏观异常项数的增多，异常信息的价值逐步增高，当达到一定程度时，异常信息的价值趋于最大值，此时需要结合其他异常信息一起进行分析，与 Logistic 模型的非线性函数部分表达的意义是一致的。将 Logistic 函数引入宏观异常的评价中，并依据宏观异常发生的数量越多，宏观异常的可信度越高的特点，对其进行修正。

$$c_{MA} = \frac{1}{1 + e^{-\left(\frac{c_k}{2} - 2\right)}} \tag{4-1}$$

式中，c_{MA} 为宏观异常信息的评价值；c_k 为 k 种宏观异常发生的总数量，c_{MA} 与 c_k 的函数关系如图 4-2 所示。

在该函数中，当 c_k 为 4 时，宏观异常的评价值为 0.65，此时说明宏观异常对于地震的参考价值开始体现；当 c_k 为 7 时，c_{MA} 为 0.82，表示宏观异常对于地震预测工作有很大的参考价值；当 c_k 为 18 时，c_{MA} 等于 0.999，表示宏观异常的参考价值非常显著，此时，需要对宏观异常发生的时间、地点以及随着时间推移的重心转移进行着重关注，并将此与其他异常信息相结合进行分析。当 c_k 为 4、7 和 9 时，依据该模型的计算结果分别与 60 次震例中前兆异常数量统计分析的结果：Ms5 ~ 5.9、Ms6 ~ 6.9、Ms>7.0 呈现一致性，因此 c_{MA} 与 c_k 的函数关系具有实际操作性，而且物理意义明确，符合实际情况，可以应用于宏观异常信息参考价值的评价。

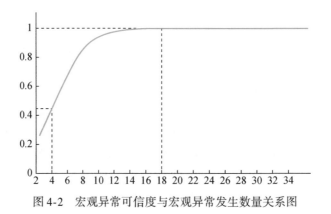

图 4-2　宏观异常可信度与宏观异常发生数量关系图

4.1.2　热红外异常信息的评价方法

热红外异常信息的评价，是指计算其针对地震预测工作的参考价值。热红外异常信息有很好的映震效果。在前人关于热红外异常出现时间、空间分布与地震发生时间、震中关系研究的基础上，参照徐好民等（2001）提出的预报全球 6 级以上地震的 6 项判别标志方法，研究了热红外异常的评价方法。热红外遥感影像是长时间序列的数据，而且在源源不断地增加，所以热红外异常信息对于地震预测工作的参考价值也是动态变化的。

热红外异常信息评价流程如图 4-3 所示，首先确定监测期和监测区，选定研究时间最长间隔为 56 天，以 56 天为界，如果在此时间内，区域增温和异常比值没有同时出现突跳现象，则选定的监测窗内热红外异常信息对地震预测工作不具有参考价值。异常比值的变化幅度越大，热红外异常信息的参考价值越大。透热指数（D）的取值范围为 [0, 1]，它的大小与温度本身的值无关，表明的是研究像素（单元）与周围相邻区域变化的不相关性，如果 D 值高，则表明来源于地下热信息的分量较高。根据国内外研究学者得出的结论，透热指数高值异常在地震前一个月内会有发生，而且持续几天到十几天的时间，发生的地点也在地震震中区或者周围，所以在评价方法中，依据高透热指数所持续的天数和高值发生的像素的数量来进行。涡度和透热指数相似，都是计算中心像素与周围像素的关系的指标，但涡度统计的是像素的亮度温度值，是一个定量考虑异常参考价值的指标，涡度突跳幅度越大，其参考价值会越大，相反，其突跳幅度越小，参考价值越小，而且涡度与透热指数分别从定性和定量两个方面一起参与异常信息参考价值的评定有一定的优势。

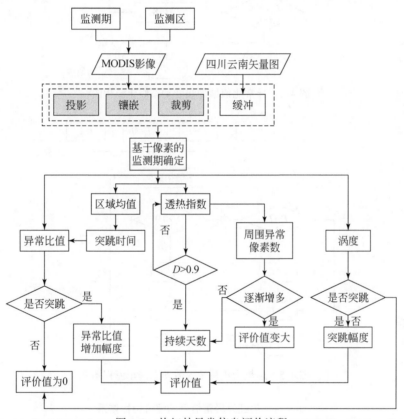

图 4-3　热红外异常信息评价流程

　　地震热红外异常点提取过程中首先计算该像素点是否发生了区域均温和异常比值的突跳，若突跳同时发生，则提取该异常点，该点具有一定的参考价值。然后再将增温异常和透热指数异常综合考虑，建立热红外异常信息的评价方法。首先需要确定增温异常与透热指数，因为异常的出现是随着时间而变化的，所以增加的幅度和持续天数也是随着时间在变化，那么热红外异常信息对于地震预测工作的参考价值也是随着时间在逐渐变化的，评价值需要依据时间的推进不断修正。异常比值（R）增加幅度和透热指数（D_t）持续天数（T）的动态变化以及修正根据图 4-4、图 4-5 计算。

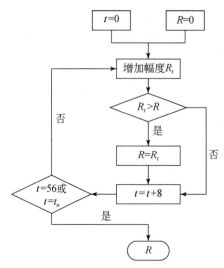

图 4-4 异常比值增加幅度动态修正流程图

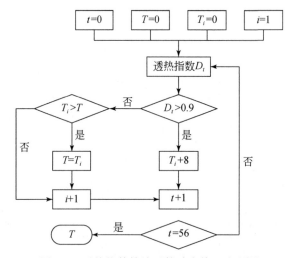

图 4-5 透热指数持续天数动态修正流程图

表 4-1 热红外异常信息的评价指标体系

热红外异常指数	指标值	分值
异常比值 增加幅度	<0.2	1
	0.2~0.5	2
	0.5~0.7	3
	>0.7	5
透热指数异常 持续天数/天	1	1
	2~5	2
	5~10	4
	>10	5

异常信息的评价值高低即在该位置点提取的异常信息对该点是否发生地震的参考价值的高低。评价值的获得是通过对各种提取方法提取的异常信息分别进行打分，再综合考虑各异常信息的重要程度，确定其权重，然后对各异常值进行加权得到的（表4-1）。增温异常方法从一定程度上避免了地形地势对温度异常的影响，而透热指数则是从一定程度上避免了气象因素对温度异常的影响，不管哪一方面的影响，对热红外异常的提取都是至关重要的，所以两者的重要程度均等。然后根据异常比值的增加幅度和透热指数的持续天数划分等级，分别赋予一定的分值。在评价值的计算过程中，只要该像素点区域均温和异常比值同时发生了突跳，即赋予该像素点5分，增温异常比值的幅度高低对异常的参考价值有一个定量的影响，因此将其单独提出，对异常点的价值影响进行再考虑。因为透热指数方法和涡度处理方法考虑的因子比较多，因此将各因子进行等级处理分别赋值。透热指数异常持续天数和涡度增温异常两者权重均赋予0.2，透热指数异常像素增加幅度权重赋予0.1；然后再对每项因子按照异常幅度的大小划分一定的等级，对每个等级赋予一定的分值，如表4-2所示；以5分最高，依次按照每项异常由低到高的顺序赋予由小到大的分值。

表4-2　热红外异常信息的评价指标体系

热红外异常指数		指标值	分值
区域均温和异常比值是否同时突跳		0	0
		1	5
增温异常比值增加幅度		0~0.2	1
		0.2~0.5	2
		0.5~0.9	4
		0.9~1.0	5
透热指数异常	持续天数/天	0~8	1
		8~32	2
		32~48	4
		48~56	5
	像素增加幅度	0.2~0.5	1
		0.5~0.7	2
		0.7~0.9	4
		0.9~1.0	5
涡度增温异常幅度		0~1.0	1
		1.0~2.0	2
		2.0~3.5	4
		>3.5	5

最后，热红外异常信息的评价值的计算方法如下：

$$c_{IA} = c_Y + 0.5c_R + 0.2c_S + 0.2c_D + 0.1c_{DR} \tag{4-2}$$

式中，c_{IA}（credibility based on infrared anomaly）为热红外异常信息对于地震预测工作的参考价值，取值为 0~10 分；c_Y 为区域均温和异常比值是否同时突跳的评价分值；c_R 为增温异常比值增加幅度的评价分值；c_D 为透热指数异常的评价分值；c_S 为涡度增温异常幅度的评价分值；c_{DR} 为透热指数异常像素数增加幅度的评价分值。

4.1.3　气象要素异常信息的评价方法

　　每次地震前，气象要素 5 项指标异常不一定全部出现；当 5 项指标异常全部出现时，每项指标出现异常的天数和幅度也不尽相同。根据研究结果和前人的研究，指标异常项数越多，地震发生可能性越大，而且，5 项指标异常均发生且发生时间跨度不超过 30 天时，对 5.0 级以上地震的预测成功率为 50%（耿庆国，2005）。所以，在评价气象异常信息的参考价值时，首先要判断 5 项指标异常发生的项数，当 5 项指标异常发生的天数中至少有一项指标异常发生的天数为 0，则基于气象要素 5 项指标异常的评价可信度为 0；其次当 5 项指标异常发生的天数均大于 0，则分析该 5 项指标异常发生的时间跨度，如果超过 30 天，则基于气象要素 5 项指标异常的评价值也为 0；只有当 5 项指标异常均发生且发生时间跨度为 30 天之内，才进行评价。

　　气象要素单项指标异常的评价值最高为 10 分，依据排序打分法构建每项指标的评价指标体系。气象指标异常的总天数 T 划分为 1 天、2~5 天、5 天以上三个等级；持续天数 T_L 总是小于等于 T 的；异常幅度划分为等于历史极值和超过历史极值两个等级，通过对总天数、持续天数以及异常幅度三个指标的组合进行对比，按照重要程度赋予不同的分值。异常的总天数相同时，持续天数越长，可参考价值越高；异常天数和持续天数相同时，幅度越高，可参考价值越高；持续天数相同和异常幅度相同时，异常天数越多，可参考价值越高。依据此评价原则，分别构建 5 项指标的评价体系，本书中以日降水量 r 的评价指标体系（表 4-3）为例进行介绍，其他指标的评价体系与此相同。

表 4-3　日降水量 r 异常信息的评价指标体系

异常总天数 r_T	异常持续天数 r_{T_L}	异常幅度 r_r	分值
1	1	0	1
		>0	2
2~5	1	0	3
		>0	4
	2~3	0	5
		>0	6
	4~5	0	7
		>0	8

异常总天数 r_T	异常持续天数 r_{T_L}	异常幅度 r_r	分值
>5	1	0	4
		>0	5
	2~3	0	6
		>0	7
	4~5	0	8
		>0	9
	>5	0	10
		>0	10

气象要素 5 项指标异常的参考价值根据单项指标异常信息的评价值来确定。本书采用层次分析法对每项指标进行权重赋值，并将各项指标进行综合，进而确定气象要素异常的评价值。5 项指标中，根据越不容易出现异常的指标，其重要性越高的原则，日均气压、日最高气温比日均气温、日降水量和日最低气温重要性高；日均气压比日最高气温重要性高，最终确定的指标体系如表 4-4 所示。

表 4-4　基于气象 5 项指标异常的评价指标体系

因素	指标	权重
日均气压	日均气压评价值	0.405
日降水量	日降水量评价值	0.122
日均气温	日均气温评价值	0.122
日最高气温	日最高气温评价值	0.229
日最低气温	日最低气温评价值	0.122

气象要素 5 项指标异常的可参考价值，由式（4-3）和式（4-4）计算而得。

$$c_{EA}=\begin{cases}0, f(r)=0 \text{ 或 } f(p)=0 \text{ 或 } f(x)=0 \text{ 或 } f(y)=0 \text{ 或 } f(z)=0\\ c_r+c_p+c_x+c_y+c_z, \text{其他}\end{cases} \quad (4-3)$$

$$\begin{cases}c_r=w_r\times f(r)\\ c_p=w_p\times f(p)\\ c_x=w_x\times f(x)\\ c_y=w_y\times f(y)\end{cases} \quad (4-4)$$

式中，c_{EA} 为气象异常的评价值；$f(r)$、$f(p)$、$f(x)$、$f(y)$、$f(z)$ 分别为日降水量、日均气压、日均气温、日最高气温、日最低气温异常的评价值；c、w 表示 5 项指标评价值和各自的权重；r、p、x、y、z 分别为日降水量、日均气压、日均气温、日最高气温、日最低气温。

4.1.4 多源异常信息的综合评价方法

根据研究结果与相关研究学者的研究经验，每次震前出现的异常种类是不一样的，异常的幅度也是不同的。考虑到每次震前异常信息的不同，以及各种信息异常幅度的不同，依据层次分析法、D-S 证据合成理论、雷达图可视化、Logistic 模型和信息熵等方法，将各种异常信息进行复合分析，进而得到多种异常信息的参考价值。

（1）基于层次分析法的多异常复合评价方法

层次分析法是多层次多指标评价中常用的一种分析方法。综合考虑宏观异常、热红外异常和天气要素异常信息评价的指标，总评价指标体系构建如表 4-5 所示。热红外异常信息是由非地震行业专家通过长时间序列遥感影像提取的信息，每次震前均会有不同程度的发生，所以在复合分析时，热红外异常信息的权重最高；宏观异常信息是由普通公众和宏观异常测报员提供的异常现象，分布较为分散，但每次地震前后均有不同数量、不同种类的宏观异常发生，所以复合分析时宏观异常的权重次高；气象要素异常也是通过长时间序列数据提取的信息，但是并不是每次震前都发生异常，与地震的映震效果较低，所以气象要素异常的权重最低。

表 4-5　多因素综合评价指标体系

因素层 A	指标层	权重
宏观异常	c_{MA}	0.297
热红外异常	c_{IA}	0.540
气象要素异常	c_{EA}	0.163

多种异常信息复合分析的参考价值则可依据式（4-5）计算。

$$c = w_{IA} \cdot c_{IA} + w_{MA} \cdot c_{MA} + w_{EA} \cdot c_{EA} \tag{4-5}$$

式中，c 为多异常复合分析的评价值；c_{IA}、c_{MA} 和 c_{EA} 分别为热红外异常、宏观异常和气象要素异常的评价值，计算公式分别为式（4-2）、式（4-1）、式（4-3）；w_{IA}、w_{MA} 和 w_{EA} 分别为热红外异常、宏观异常和气象要素异常的权重。

在基于层次分析法的多种异常复合评价中，将基于单种异常信息评价的结果进行加权平均处理，单项结果与复合结果的对比呈现三种模式：①基于单种异常信息的评价值均较高，总评价结果较高；②只有 1 种异常信息的评价值为高，信息复合评价的结果不一定为高；③单种异常信息评价的结果都较低，复合评价的结果较低，这种情况和地震异常信息的伴生性有冲突，所以层次分析法不能单独用来进行地震异常信息的复合评价，需要与其他方法相结合才能有更好的效果。

（2）基于 D-S 证据合成理论的复合评价方法

D-S 证据合成理论是一种处理不确定性问题的完整理论（Shafer，1976），适用于信息融合、专家系统、情报分析、法律案件分析和多属性决策分析。其不确定信息决策流程图如图 4-6 所示。

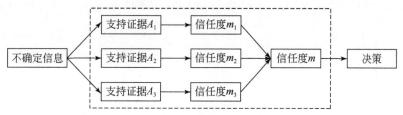

图 4-6 基于 D-S 证据合成理论的不确定信息决策流程图

本书引入 D-S 证据合成理论作为多种异常信息复合分析的方法（表 4-6），热红外异常、气象要素异常和宏观异常分别记为 m_1、m_2 和 m_3，复合信息和复合信息的补集记为 A、B，则基于三个指标合成的评价值为 m_{123}（A）、m_{123}（B）。

表 4-6 基于 D-S 证据合成理论的评价值合成表

复合信息	m_1（）	m_2（）	m_3（）	m_{123}（）
A	m_1（A）	m_2（A）	m_3（A）	m_{123}（A）
B	m_1（B）	m_2（B）	m_3（B）	m_{123}（B）

$$\begin{cases} m(\Phi) = 0 \\ m(A) = \sum_{A_i \cap B_j \cap \cdots = A} m_1(A_i) \cdot m_2(B_j) \cdot \cdots + k \cdot q(A), \quad \forall A \neq \Phi \\ k = \sum_{A_i \cap B_j \cap \cdots = \Phi} m_1(A_i) \cdot m_2(B_j) \cdot \cdots \\ q(A) = m_1(A_i) \cdot w_{m_1} + m_2(B_j) \cdot w_{m_2} \cdots, \quad A_i \cap B_j \cap \cdots = A \end{cases} \quad (4\text{-}6)$$

在将各个证据的支持程度平均分配的合成规则之上，考虑各证据的重要性，进而依据每个证据的重要性计算综合的评价值。式 4-6 中，k 为修正系数，k 的引入实际上是把空集所丢弃的信度分配按比例补到非空集上，使 m（C）仍然满足各项之和为 1；w_{m_1}、w_{m_2} 等分别为证据 m_1、m_2 等的重要性。

（3）基于雷达图可视化方法的复合评价方法

雷达图是 Excel 等电子表格中常用的一种可视化方式，因其可以同时展现同一纬度下的多项元素（Dow et al., 2005；刘哲, 2012），本书引用雷达图作为一种信息复合分析方法。雷达图（戴布拉图、蜘蛛网图）中，每个数据都有一个独立的单一数值轴，坐标轴呈辐射状分布在中心点周围，把同一数据序列的值在不同坐标轴上的点用折线连接起来形成多边形，用来比较若干个数据序列指标的总体情况。以评价值的最大值为半径画圆，以评价指标数量等分圆周，从圆心出发画指标数量的坐标轴，每条坐标轴表示一个评价指标，然后把评价数值标注在相应的坐标轴上，连接各点，即可形成一个封闭的多边形。

在雷达图中，将每一项指标评价值做归一化处理，这样才能实现均等对比的分析功能。从雷达图中，可以清楚地看出各个指标可信度的区别，离圆周越近，评价值就越高。以各评价指标为坐标轴，设定评价值的可信度最大为 1，每条坐标轴即各种异常信息的评价值，在一张图上可以达到多个指标综合分析的效果，评价值组成的封闭多边形的面积即为异常信息的综合评价值。图4-7为利用雷达图进行多种异常信息综合评价的示意图。

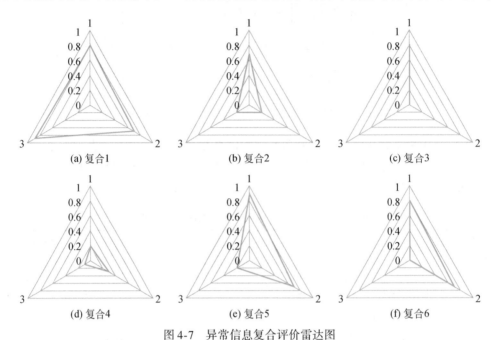

图 4-7　异常信息复合评价雷达图

　　三种异常信息分别记为 1、2、3，单项异常信息的评价结果分为低、中、高三个等级，如表 4-7 所示，复合分析评价的结果有 8 种情况：①三种异常信息的结果一致，即评价值均为高（复合 1）、中时，信息复合评价的结果为高；三种异常信息的评价值均为低（复合 4），但均有发生，那么信息复合评价的结果为中；三种异常信息均未发生时，那么对异常信息的评价没有意义，不需要做评价工作；②1 种异常信息的评价结果为高，另外两种均为中、低（复合 2）或者无（复合 3）时，信息复合评价的结果分别为高、中或者中；另外两种为 1 中、1 低，1 中、1 无，1 低、1 无时，信息复合评价的结果分别为高，高，中；③1 种异常信息的评价结果为中，另外另种均为高、低或者无时，信息复合评价的结果分别为高、中或者低；另外两种为 1 低、1 无时，那么信息复合评价的结果为中；④1 种异常信息的评价结果为低：另外两种均为高（复合 5）、中或者无时，信息复合评价的结果分别为高、高或者低；⑤1 种异常未出现，另外两种均为高、中或者低时，信息复合评价的结果分别为高、高或者中。

表 4-7　基于雷达图可视化方法的信息复合评价结果

复合情况	高	中	低	无	复合评价结果
①	3	0	0	0	高
	0	3	0	0	高
	0	0	3	0	中
	0	0	0	3	无

复合情况	高	中	低	无	复合评价结果
②	1	1	1	0	高
	1	0	1	1	中
	1	1	0	1	高
	1	2	0	0	高
	1	0	2	0	中
	1	0	0	2	中
③	0	1	1	1	中
	0	1	2	0	中
	0	1	0	2	低
	2	1	0	0	高
④	0	2	1	0	高
	0	0	1	2	低
	2	0	1	0	高
⑤	0	2	0	1	高
	0	0	2	1	中
	2	0	0	1	低

（4）基于 Logistic 模型的复合评价方法

Logistic 模型是一个符合多自变量综合分析的函数关系（Hosmer and Lemeshow, 2004），目前多应用在地质灾害的影响因子分析和预测中（Song et al., 2008；Su et al., 2010；Xu et al., 2007）。Logistic 模型由两个函数构成，表达因变量和自变量的函数是非线性函数，用它来代表事物或现象的发展规律；自变量的组合是一个线性函数，表示事物或者现象是由多种因素综合作用的结果，而且不同因素作用的影响力通过各因素的权重来体现。

引入 Logistic 模型进行多种异常信息的复合评价，信息复合的评价值作为因变量，各种异常信息的评价值作为自变量，而各种异常信息的影响力通过异常信息的权重来体现，最终构建的多种异常信息复合评价模型为

$$\begin{cases} Y=0, & X=0 \\ Y=1 \big/ \left[1+\mathrm{e}^{-\left(\frac{X}{2}-1\right)}\right], & X\neq0 \\ X=w_1x_1+w_2x_2+w_3x_3 \end{cases} \tag{4-7}$$

式中，Y 为多种异常信息复合的评价值；X 为各种异常信息评价值的综合变量；x_1、x_2 和 x_3 为三种异常信息各自的评价值；w_1、w_2 和 w_3 为三种异常信息各自的重要性。基于本书提出的宏观异常信息、热红外异常信息和气象要素异常信息的评价方法，各种异常信息的评

价值取值范围分别为：c_{MA} 在 0~1，c_{IA} 和 c_{EA} 均在 0~10，为了将三种异常信息进行综合分析，首先需要将三种异常信息的评价值均统一为 0~10，则三种异常信息加权之后的评价值区间为 [0，10]。采用该模型复合评价后，信息复合评价的结果为 0~0.98，从低到高依次表示复合信息参考价值的由低到高。

（5）基于信息熵的复合评价方法

现代信息论创始人 Shannon 将物理学中的"熵"引入并提出信息熵的概念（Shannon and Weaver，1948），用以表达一个数据集隐含的信息量的大小，表达如式（4-8）所示。

$$H = -c \sum_{i=1}^{n} p_i(x_i) \log_b p_i(x_i) \tag{4-8}$$

式中，p_i 为变量 x_i 的概率质量函数；b 为对数的底，通常取作 2；c 为波尔兹曼常数，在宏观系统中一般取常数 1（周翠英和耿杰，2010）。计算公式前的负号"–"是为了保证信息熵 H 为正值而加的符号，H 的单位为比特（bit）。将信息熵的概念引入多种异常信息复合评价中，评价模型如下：

$$H = \sum_{i=1}^{n} w_i \log_2 c_i \tag{4-9}$$

式中，w_i 为第 i 种异常信息的重要性；c_i 为第 i 种异常信息的评价值，取值均为 0~10，则 H 的取值为 0~3.32。采用该模型评估地震异常信息的价值与地震前各种异常信息的特点是符合的。

1）单种异常信息的评价结果较低时，如 c_1、c_2 等为 1，那么信息熵为 0，参考价值不可取；

2）异常信息整体的价值是动态的，而且是单向增加的，当每种异常信息的价值越大，那么异常信息综合评价的结果越大；当异常信息的种类越多，发现或上报的异常现象越密集，那么信息熵越大，整体信息的价值就越高；

3）熵值的突然变化，是由于异常信息的种类增多或者单种异常信息的评价值增大而引起的，需要着重关注；

4）随着信息复合评价值的增高，地震发生的不确定性在减少。

4.2 多源应急信息综合分析方法

有效的灾害应急救援工作可以对减少人员伤亡和财产损失发挥积极作用，全面高效地获取灾害应急信息，对提高应急救援的快速反应能力具有极其重要的现实意义（苏晓慧等，2019）。社交媒体数据和遥感影像在地震应急救援中各有独特意义，然而社交媒体数据存在无序性、冗余、不规范等特点，光学遥感易受云雾的影响且在一定程度上具有延迟性（陈豪等，2018）。

聚合社交媒体点数据与遥感影像面数据，二者优势互补，不仅能更加全面快速获取灾情信息，还能弥补传统地面调查方式局限性大、时效性差的不足。因此，有效融合社交媒体地震应急数据和高分 2 号影像，通过聚合分析震后社交媒体数据与遥感影像，实现自发地理信息对遥感影像的辅助判别分析的目的是让相关部门利用协助救灾信息更加及时做出地震应急响应和救援决策，最大限度地减少人员伤亡和经济损失，更好地支撑地震救援工作。本书以九寨沟地震为例，进行多源异构空间信息聚合分析（刘鑫莉等，2020）。

多源应急信息综合分析方法主要分为三部分。

一是社交媒体数据地震应急信息的提取与分析：对于从社交媒体数据中获取的灾害应急信息，提取灾害应急信息中的地物，并结合预先建立的地名查找表，获取该地物对应的灾害应急需求数据；所述灾害应急需求数据包括地物的名称、形状类别、地理坐标信息、所属的每级行政区、所在的灾害应急信息以及所在的灾害应急信息的类型。

二是遥感应急信息的提取与分析：用于根据灾害应急需求的每一类型，对灾区的遥感影像进行解译，获得该类型灾害应急需求的专题地图的底图；所述遥感影像使用的大地坐标系与预先建立所述地名查找表使用的大地坐标系相同。

三是社交媒体数据与遥感影像的融合与验证：将反映灾害应急需求的每一类型的灾害应急信息中的全部地物对应的灾害应急需求数据，根据地物的地理坐标信息，叠加在灾害应急需求的专题地图的底图上，生成灾害应急需求的专题地图。

4.2.1　社交媒体数据地震应急信息的提取与分析

本书先在后台模拟用户登录，再实现高级搜索关键字限定功能，向服务器发送请求获得页面源码，最后利用 Python 的第三方工具 lxml 库模块中的 XPath 抽取出博主昵称、主页链接、博文内容等信息。由于地震应急信息具有复杂性、时效性、等级性和层次性，以信息分类必须服从和服务于地震应急指挥和应急救援为核心，按照白仙富等（2010）提出的地震应急信息分类体系进行分类，如表 4-8 所示。

表 4-8　VGI 信息分类结果

一级分类	二级分类	VGI 信息事例
地震震情信息	地震参数	中国地震台网正式测定：8 月 8 日 21 时 19 分在四川阿坝州九寨沟县（北纬 33.20 度，东经 103.82 度）发生 7.0 级地震，震源深度 20 千米
	测震监测信息	截至 2017 年 8 月 9 日 19 时 00 分，四川省地震台网共记录到余震总数 1334 个，最大余震为 8 月 9 日 10 时 17 分发生的 4.8 级地震
	人员伤亡	1.【#四川九寨沟 7.0 级地震#导致 5 名旅客遇难】据阿坝州人民政府应急管理办公室消息，据初步统计，四川九寨沟 7.0 级地震目前已造成 63 人受伤、5 人死亡（死者均为游客） 2. 截至 9 日 3 点，#四川九寨沟 7.0 级地震#已造成 135 人受伤、9 人遇难 3. #四川九寨沟 7.0 级地震#截至 8 月 9 日 8 时 10 分，死亡人数增至 12 人（新增 3 人身份暂不明确），受伤 175 人（重伤 28 人）

续表

一级分类	二级分类	VGI 信息事例
地震灾情信息	生命线震害信息	国道 544 线（原 S301 线）弓杠岭至九寨天堂段因落石较多且有水库、核电站，大坝未见异常
	重大工程	巨石阻断交通
	次生灾害信息	在九寨沟如意坝区域有明显的滑坡体，堵塞了 301 省道
	人员信息	1. 武警四川省总队阿坝州支队第十三中队出动 30 名官兵，在已经坍塌的九寨沟千古情演艺中心废墟下成功抢救出一名被埋人员 2. 九寨沟县消防大队 8 人力量已经增援到达漳扎镇
应急处置信息/灾情响应信息	物资信息	1. 王老吉与@中国狮子联会及当地志愿者齐心协力将爱心凉茶存放到四川九寨沟民政局仓库内 2. 从今天开始到 8 月 18 日，绵阳市所有菜鸟驿站联合阿里健康，向九寨沟地震的受灾群众和工作人员免费提供水、药品和食物。打开高德地图上搜索"救灾物资"，就能找到这些菜鸟驿站救灾补给点
处置效益信息	灾民救助信息	1. 现在九寨沟景区内树正寨，树正寨三面环山，面向树正群海，急需救援！！！目前三面的山都在不停垮塌，还有大石落下，山上土质疏松，遇雨极易发生严重山体垮塌和泥石流 2. 九寨沟景区内近 2000 原住民在本寨滞留。现在当地余震不断且山石滚滚、伴有浓烟似的灰尘。还有大概 15 名居民因工作原因在熊猫海附近失联已经 14 小时 3. #四川九寨沟 7.0 级地震#【3 小时内 7 架次直升机运送 16 名群众】14 点 32 分彭丰直升机场迎来第 7 架直升机，带走两名群众。据悉，目前荷叶寨村还有 4 名失联人员
	医疗救护信息	1. 九寨沟县第二人民医院，忙碌一宿的医护人员，短暂休息，很快又将投入新一轮的救援……志愿者帮病人取药、送水，帮助搭帐篷 2. 昨晚九寨沟地震发生时，内江医生欧焘和妻子曾连正在九寨沟旅游，住在九寨民俗村，帮助伤者包扎固定，当看到村卫生所只有 2 名医生时，他们又主动留下来帮忙救治伤员
	应急场所信息	1. 记者在九寨天堂酒店看到，裹着浴袍、被褥的游客，被安置在酒店空旷的地带避险，有的头上打着绷带 2. 上午 10 点，在九寨沟县漳扎镇第二个游客安置点月亮湾，游客正排队有序疏散

　　获取地震灾害应急信息后，需提取每一地震灾害应急信息中的地物。地物在地球表面上相对固定，其地理位置是确定的，其所述的行政区也是确定的。因此，可以在预先建立的地名查找表中保存地物的名称、形状类别、地理坐标信息、所属的每级行政区。

　　地名查找表为多级地名查找表。例如，以省级行政区为第一级、地级行政区为第二级、县级行政区为第三级，直至最小的行政区。一般地，城市中的最小的行政区为街道，农村中的最小的行政区为村。地名查找表中，可以在最小的行政区下，保存该行政区内的全部地物的相关信息。

由于平面地图中地物表现为一定的平面形状，一般将地物的形状抽象为三种形状类别：点状地物、线状地物和面状地物。随着遥感影像空间分辨率的变化，相同地物表现出平面形状是可变的。建立地名查找表时，可以将一特定的空间分辨率下的形状类别作为地物的形状类别，也可以预先对地物的形状类别进行规定，但不限于此。

通过上述过程，对于灾害应急信息中的每一地物，都可以获取该地物的名称、形状类别、地理坐标信息、所属的每级行政区、所在的灾害应急信息以及所在的灾害应急信息的类型，作为该地物的对应的灾害应急需求数据。而在社交媒体数据分类结果中选取对救援工作意义最为重大的灾民救助信息、医疗救护信息、应急场所信息和生命线震害信息，根据地名查找表对这四类信息进行位置信息获取，得到其信息定位结果（表4-9）。

表 4-9　社交媒体信息定位结果

社交媒体信息类别	信息定位结果
灾民救助信息	九寨沟景区内树正寨
	九寨沟景区内荷叶寨
	九寨千古情景区
	九寨沟如意坝附近等
医疗救护信息	九寨沟县第二人民医院（漳扎镇医院）
	九寨沟民俗村卫生所等
应急场所信息	梦幻九寨酒店门口
	月亮湾藏乡情等
生命线震害信息	国道 544 线（原 S301 线）弓杠岭至九寨
	天堂段等

4.2.2　遥感应急信息的提取与分析

山区地震时一般伴随着不同程度的崩塌、滑坡、泥石流等灾害，如何在震后快速、准确地掌握这些灾害信息，对于抢险救灾、灾后重建至关重要。七八月份，正值山上植被茂密时节，地震发生前后山区归一化植被指数（normalized difference vegetation index，NDVI）$NDVI=\frac{\rho_{0.830}-\rho_{0.660}}{\rho_{0.830}+\rho_{0.660}}$，存在一定差异。地震发生后，泥石流滑坡区域 NDVI 值小于震前此区域值，对应图 4-8（a）和图 4-8（b）中影像色阶存在明显差异，泥石流滑坡区域灰度值增大。利用 NDVI 值的差异，通过设置阈值并排除云、水域、道路等其他因素的影响，提取地震后泥石流滑坡区域［图 4-9（a）］。对比影像人工目视解译结果［图 4-9（b）］进行验证，泥石流滑坡区域提取较为准确。

此外，结合震后影像与 OpenStreetMap 地图，对影像进行目视解译（图 4-10），将滑坡严重区道路阻断处标记为生命线震害信息，将影像中地势开阔区域（广场、停车场）等作为应急场所信息，分别获取影像上的灾民救助、医疗救护、应急场所和生命线震害等信息。

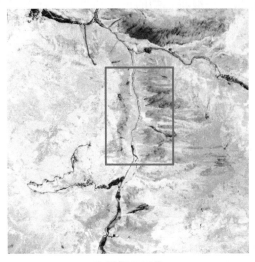
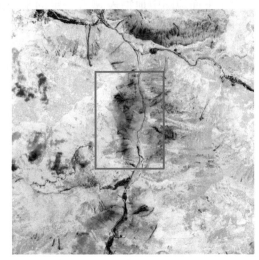

(a) 震前NDVI值   (b) 震后NDVI值

图4-8   地震前后泥石流滑坡区域 NDVI 值

(a) 利用NDVI差值泥石流滑坡提取结果   (b) 人工目视解译泥石流滑坡提取结果

图4-9   泥石流滑坡提取结果对比

4.2.3 社交媒体数据与遥感影像的融合与验证

4.2.3.1 社交媒体与遥感影像信息的融合

在震后 48h 内在社交媒体共实时爬取数据 17 432 条，经去重去噪、语义分析处理后，筛选出 1581 条与地震应急相关的信息。在图 4-11 中以空间可视化的形式，展示了震中九寨沟景区附近的信息类型和空间分布特征，并将图 4-11（a）中的绿色区域，即九寨沟县省道

(a) 省道301西段

(b) 漳扎镇

(c) 景区路段

图 4-10   遥感影像目视解译结果

301 部分区域作为研究对象，从震后精准救援等角度对数据的可用性进行研究分析。

研究区中包含的元素有震后该区域的高分 1 号影像数据，影像数据为 2017 年 8 月 13 日获取的覆盖震中区域的高分 1 号影像数据［图 4-11（b）］。在影像数据中，通过震前震后影像对比提取的红色块状区域为滑坡体数据，另外还包含了该区域的村落分布、道路数据，以及 194 条位于该区域的地震应急信息。图片的下方是以一则生命线破坏类信息为例，并配有爬取到的文字、图片格式的信息。

(a) 九寨沟景区附近信
息类型和空间分布特征

(b) 2017年8月13日震中高分1号影像数据

8月9日早7点半，记者从四川省政府新闻办了解到，九寨沟7.0级地震导致省道301线九黄机场至漳扎镇6处塌方，交通中断。截至目前，四川省交通运输部门正全力组织道路抢通工作，现场共有9台装载机、2台挖掘机…

(c) 社交媒体信息与现场实景

图 4-11   地震精准救援案例图

在精准救援中，以图 4-11（b）中 A 处的信息为例，虽然基于自然语言处理方法提取的位置 A 与真实位置 B 约存在 5km 偏差，但依据文字，图片信息可以进一步精确定位。A 处信息的爬取时间为 8 月 9 日 9:40，判断的类别为生命线破坏类，信息中的详情内容及相关图片如图 4-11 所示，在此基础上结合影像数据中提取的滑坡体信息，可以对此次生命线破坏类事件进行灾情等级速判并提供精准救援服务。同时，可以结合区域内实时爬取的灾民求助、抢险救灾等类别信息，来把握灾情的时空动态变化，并在微观区域进行快速的资源调度和救灾队伍部署，为抢险救灾争取更多的宝贵时间。

以 A 处的生命线破坏事件为例，融合后的多源应急信息，既有利于在微观尺度结合地震应急信息中的文字、图片等信息，来判断滑坡体对生命线、建筑物等的破坏程度和造成人员伤亡情况，并基于信息进行精准救援，如在 A 处 5km 范围内共有 17 条隐含抢险救灾队伍的信息，可以指挥调度进行快速精准救援；又可以从宏观尺度结合影像中的滑坡体、生命线和建筑物破坏等提取数据，判断自媒体灾情信息的真实位置，并基于爬取到的信息对区域内的资源进行指挥调度，如该区域次生灾害类、生命线类等灾情信息共 44 条，而救灾保障类信息共 20 条，救灾需求远大于救灾供给，因此需要进一步加大救灾队伍和救灾物资的部署。

4.2.3.2　社交媒体与遥感影像信息验证

通过在相同大地坐标系下聚合分析灾区的社交媒体数据和遥感影像数据，并进行空间分析，能实现快速生成各类灾害应急需求的专题地图（图 4-12），从而直观反映灾区的应急救援需求，利于专家学者判读并给出行之有效的救援方案，合理分配应急救援力量，有效缩短应急救援时间，挽救更多生命。

(1) 最近设施点分析

最近设施点分析基于最短路径算法求解事件点到最近设施点的具体路径，灾情发生后，第一时间为灾民受困点寻找到最近可达的医疗点和应急场所点，对应急救援至关重要。根据 VGI 数据，将全部灾民受困点作为事件点，医疗点和应急场所作为设施点，分别基于阻抗对距离和时间进行求解，最近设施点及相应路径如图 4-12，相关应急救援分析如下。

1）路况分析。

结合影像和地图分析可知漳扎镇道路网络较简单，只有一条道路主线省道 301 穿过该研究区域，该省道是抢险救灾应急救援的必经之路，及时抢通道路是进行抢险救援的基本保障。省道 301 东南方向存在一处阻断点，导致其东南向的设施点资源无法得到合理利用，及时抢通这一阻断点，确保震区与外界的交通畅通，便于外界救援物资的及时送达和镇区灾民的安全转移。

2）最优路径选择。

由于每个灾民受困点的基础设施和地理环境存在差异，其灾民人数、受伤程度不同，救援队需根据实际情况选择时间最短或距离最近的设施点路径，第一时间将受困点灾民送往合适的医疗点或应急场所，提高救援效率以最大程度减少伤亡人数。

3）设施点增设。

结合现有设施点分布情况，综合考虑灾民聚集程度、道路状况等因素，在必要位置增设应急避难场所和临时医疗救护点。如图4-12（a）所示，省道西北向两个受困点附近缺少医疗救护点，可在红色标识框中的受困点附近增设医疗点。

4）人员物资调配。

根据已知的医疗救助点和应急场所分布，及时调配医护工作人员和救援物资。

(a) 基于时间最短医疗点路径

(b) 基于距离最近医疗点路径

(c) 基于时间最短应急场所路径

(d) 基于距离最近应急场所路径

图4-12　最近设施点及路径

（2）服务区分析

灾情发生后，获取每个医疗点、应急场所的服务区范围，以便相关救援部门在震后及时准确掌握设施点的可达性，对于后续的应急救援决策具有重大意义。将全部医疗点、应急场所作为设施点，分别基于阻抗为时间和距离设置相应中断值求解其服务区范围，结果如图4-13所示，相关应急救援分析如下。

1）设施点增设与调整。

根据设施点服务区范围，对设施点的属性数据进行研究，估计服务区的人口数量，评价每个设施点的服务规模和服务能力，对设施资源不足的服务区和服务盲区增设设施点，调整服务范围重叠较大的设施点位置。

2）设施点等级划分。

根据设施点的服务能力和规模，将设施点分成不同等级，制定合理的救援方案。考虑设施点的等级，合理调配医疗和应急救援物资，最优程度上增设不同等级的设施点；根据受伤人员的伤情程度考虑医疗救护点的等级，为受伤人员分配医疗点，以便伤员第一时间得到最佳救治。

3）服务区选择。

结合设施点分布、数量及地理环境，选择基于时间或距离的设施点服务区范围，是进行科学合理救援规划的基础。

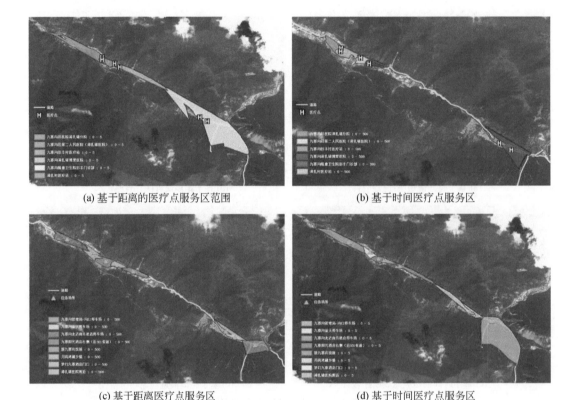

(a) 基于距离的医疗点服务区范围   (b) 基于时间医疗点服务区

(c) 基于距离医疗点服务区   (d) 基于时间医疗点服务区

图 4-13 设施点服务区范围

（3）灾区各类重大需求分布图生成

1）重大人员伤亡救援需求分布图的生成。

重大人员伤亡救援需求分布图面向的对象是处在救援一线进行抢险救灾的救援人员、进行灾情研判和指挥调度的指挥员等。

为了生成重大人员伤亡救援需求的专题地图，根据重大人员伤亡救援需求，通过解译获得灾区遥感影像中的建筑物损坏或次生灾害的数据，生成建筑物损坏专题图或次生灾害专题图（图 4-14 ~ 图 4-15），将建筑物损坏专题图或次生灾害专题图作为底图。建筑物损坏专题图，是反映震区房屋破坏现状的影像数据。次生灾害专题图，是反映震区次生灾害分布的影像数据。

相应地，震情灾情类灾害应急信息和寻求救援类灾害应急信息反映了重大人员伤亡救援需求，故将震情灾情类灾害应急信息的点图层和寻求救援类灾害应急信息的点图层叠加在底图上，生成重大人员伤亡救援需求的专题地图。震情灾情类灾害应急信息依据构建的应急指标体系又可划分为灾情现状类、灾情统计类、异常现象类等震情灾情类灾害应急信息。寻求救援类灾害应急信息可细分为生命求助类、灾民受困类、医疗求助类等源于震区的紧急求助类的信息。

输入的数据类型包括以下两种：一是解译处理后的遥感影像数据，包括建筑物破坏专题图或地震次生灾害主题图等；二是社交媒体信息，这类信息包括筛选分类处理后的震情灾情类信息和寻求救援类信息（一级分类标准）。输出的数据类型则是将不同类别的社交媒体类数据叠加在相关影像数据上而生成的分布图。生成的分布图所包含的具体数据类别和具备的功能如下。

救援需求分布图包括了两部分内容，一部分是作为底图的震区房屋破坏现状或震区次生灾害分布的影像数据；另一部分是叠加在影像数据上的从社交媒体平台实时获取的灾情类和求助类信息，灾情类信息依据构建的应急指标体系又可划分为灾情现状类、灾情统计类、异常现象类等震情灾情类信息；求助类信息是从普通公众或新闻媒体获取到的某一时间段范围内的寻求救援类信息，这类信息可细分为生命求助类、灾民受困类、医疗求助类等源于震区的紧急求助类的信息。

对以上两种类型的应急信息依据需求在 ArcMap 中通过空间建模进行最近设施分析和服务区分析，由于情况紧急，最近设施分析和服务区分析均以时间为消耗成本，并显示灾民求助和医疗求助的位置名称，得到重大人员伤亡救援需求分布图，可以在地震发生初期依据次生灾害剧烈程度和自媒体应急信息分布的范围、数量和类型对震情态势进行初步的研判（0~2h 内）；同时可在应急救援阶段（≥2h）通过爬取到的更详尽的应急数据服务于重大人员伤亡的救援行动，即通过融合在影像数据上的多类型、多数量的应急信息进一步为应急救援和指挥调度提供来源于普通公众最迫切需求的信息（图 4-16~图 4-17）。

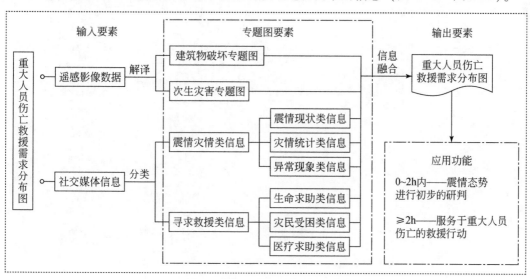

图 4-14　重大人员伤亡救援需求分布图制作流程图

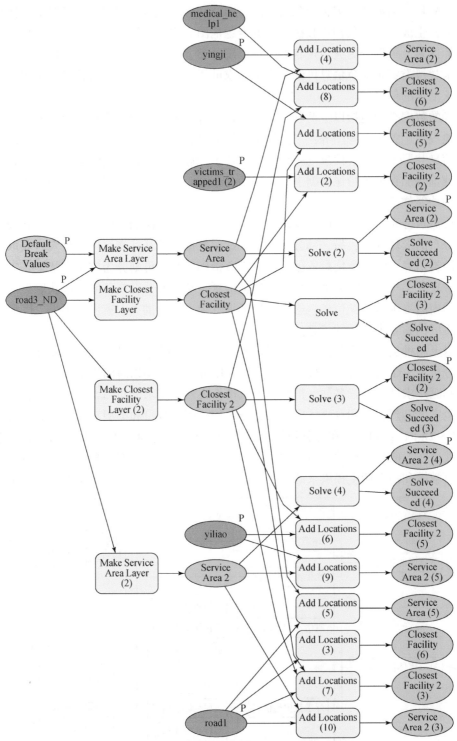

图 4-15　重大人员伤亡救援需求分布图空间建模图

注：P 代表该变量为现有统计模型源中的参数值，下同

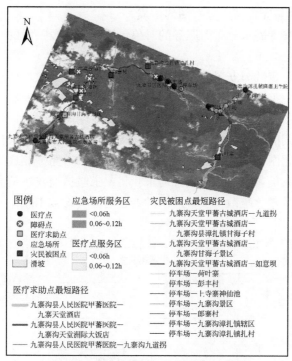

图 4-16　重大人员伤亡救援需求分布图

图 4-17　省道 301 西部重大人员伤亡救援需求分布图

2）人员紧急疏散与安置需求分布图的生成。

人员紧急疏散与安置需求分布图服务的对象包括处在救援一线的救援人员、应急指挥员和灾区的灾民等。

为了生成人员紧急疏散与安置需求的专题地图，根据重大人员伤亡救援需求，通过解译获得灾区遥感影像中灾区周围地势开阔的安全区或道路状况的专题信息，生成安全区专题图或道路状况专题图，将安全区专题图或道路状况专题图作为底图。安全区专题图，反映了灾区周围地势开阔的地区。灾区周围地势开阔的地区可以作为人员紧急疏散与安置的安全区。道路状况专题图，反映了灾区的安全道路和损毁道路。相应地，由于寻求救援类灾害应急信息反映了人员紧急疏散与安置需求，将寻求救援类灾害应急信息的点图层，叠加在底图上，生成人员紧急疏散与安置需求的专题地图（图 4-18）。

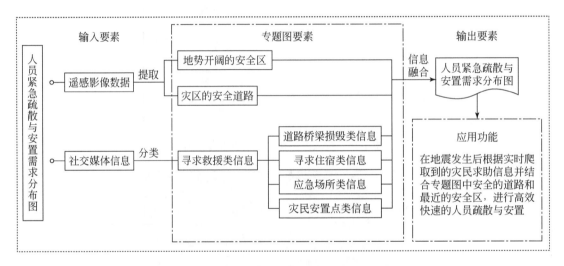

图 4-18　人员紧急疏散与安置需求分布图技术流程图

输入的数据类型包括以下两种：一是解译处理后的影像数据，包括灾区周围地势开阔安全的提取区或灾区的安全道路与损毁道路提取区的专题图等；二是社交媒体类信息，这类信息包括筛选分类处理后的震情灾情类信息和寻求救援类信息（一级分类标准）。在 ArcMap 中对两种类型的数据通过空间建模进行最近设施分析和服务区分析（图 4-19），由于地震情况紧急，时间就是生命，所以在进行最近设施分析和服务区分析时以时间为消耗成本，显示灾民受困和应急场所的位置信息，生成人员紧急疏散与安置需求分布图，生成的分布图所包含的具体数据类别和具备的功能有以下几点。

人员紧急疏散与安置需求分布图所包含的两部分内容，一是用于人员安置和人员疏散所需要的最近安全区域或安全道路等专题图信息；二是灾民或相关组织集中发布的寻求住宿类、应急场所类、灾民安置点类和道路桥梁损毁类等寻求救援类灾害应急信息。由两类信息融合生成的分布图可以依据社交媒体中所体现的具体需求信息，并结合专题图中安全的道路和最近的安全区，进行高效快速的人员疏散与安置（图 4-20 和图 4-21）。

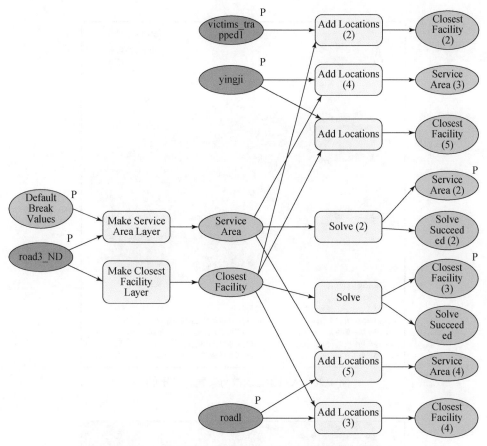

图 4-19　人员紧急疏散与安置需求分布图空间建模图

3）重大医疗救援需求分布图的生成。

重大医疗救援需求分布图服务的对象包括处在救援一线的救援人员、应急指挥员和医疗机构等。

为了生成重大医疗救援专题地图，步骤 1 中，根据重大医疗救援需求，通过解译获得灾区遥感影像中灾区建筑物损坏或医疗设施的专题信息，生成建筑物损坏专题图或医疗设施专题图（图 4-22 ~ 图 4-25），将建筑物损坏专题图或医疗设施作为底图。医疗设施专题图，反映了灾区周边医院分布。相应地，步骤 2 中，由于震情灾情类灾害应急信息和寻求救援类灾害应急信息反映了重大医疗救援需求，将震情灾情类灾害应急信息的点图层和寻求救援类灾害应急信息的点图层叠加在底图上，生成重大医疗救援需求的专题地图。

输入的数据类型包括以下两种：一是包含医院分布的专题图；二是社交媒体类信息，这类信息包括筛选分类处理后的震情灾情类信息和寻求救援类信息（一级分类标准）。在 ArcMap 中对两种类型的数据通过空间建模进行最近设施分析和服务区分析，并以时间作为消耗成本，显示医疗求助和医院的位置信息，生成的分布图所包含的具体数据类别和功能包括以几点。

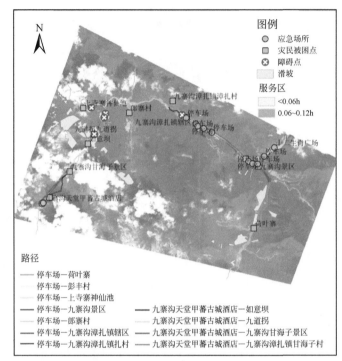

图 4-20　人员紧急疏散与安置需求分布图

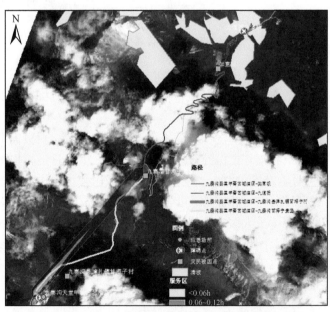

图 4-21　省道 301 西段人员紧急疏散与安置需求分布图

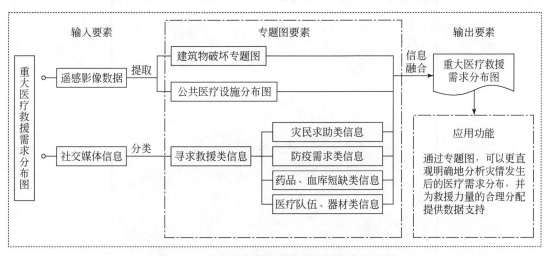

图 4-22 重大医疗救援需求分布图技术流程图

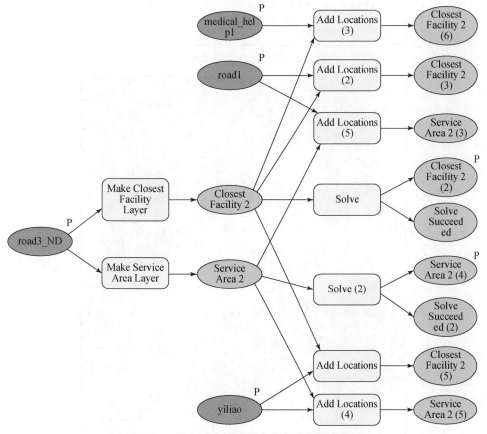

图 4-23 重大医疗救援需求分布图空间建模图

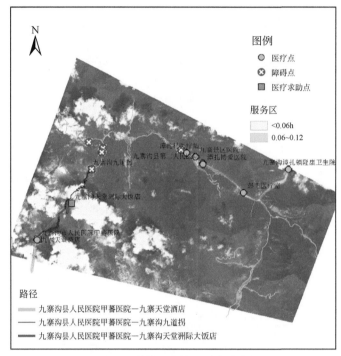

图 4-24　重大医疗救援需求分布图

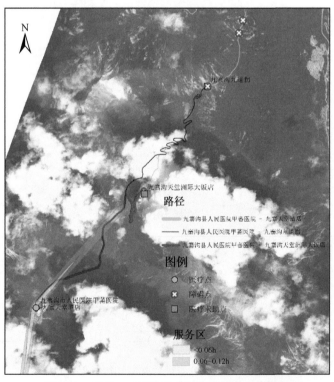

图 4-25　省道 301 西段重大医疗救援需求分布图

重大医疗救援需求分布图包含两部分内容，一是用于查看灾区医疗设施的服务能力和分布现状的专题图。二是来源于社交媒体平台的灾民求助、防疫需求类信息和各方提供的医疗队伍、医疗器材、药品、血库等服务于重大医疗救援的医疗类信息。通过已有的医疗设施分布的专题图信息，叠加融合来源于社会公众的求助类信息，生成重大医疗救援需求分布图，更直观明确地分析灾情发生后的医疗需求情况，以及为救援力量的合理分配提供数据支持。

4.3 基于多源信息的灾害损失评估方法

综合利用天空地多源信息是实现地震灾害损失评估的重要手段。针对特别重大地震灾害，基于卫星遥感、航空遥感、地面调查等多种手段的地震灾害损失评估方法已经在汶川地震、玉树地震等多场灾害中得到了运用，损失评估结果成为震后恢复重建的重要依据。地震灾害损失评估通常是以县级行政区作为基本评估单元，包括灾害范围评估、实物量损失评估和直接经济损失评估。其中，灾害范围评估是通过构建综合灾情指数等方式确定受灾的县级行政单元及其受灾程度。实物量损失评估主要是针对地震造成的房屋、道路等基础设施损毁数量、面积、长度、损坏程度等进行评估。直接经济损失评估是在实物量损失评估的基础上对地震造成的直接损失进行估算。

根据《特别重大自然灾害损失统计制度》，地震灾害损失统计范围包括农村居民住宅用房经济损失、城镇居民住宅用房经济损失、非住宅用房经济损失、居民家庭财产经济损失、农业经济损失、工业经济损失、服务业经济损失、基础设施经济损失、公共服务系统经济损失等。利用遥感数据、现场调查等信息，采用空间分析等方法，以下简要叙述开展房屋倒损、道路损毁、地震次生灾害等评估的技术方法。

1）房屋倒损评估。房屋包括城乡各类居民住房和非居民住房，非居民住房有工厂和学校、医院、党政机关等公共服务设施。房屋的损毁情况是地震灾害损失评估的重要内容，也是震后损失的主要方面。将倒损房屋划分为完全倒塌、严重损坏和一般损坏三种类型。结合《自然灾害情况统计制度》，遥感影像上的完全倒塌是指房屋整体结构坍塌，必须进行重建；严重损坏是指房屋结构受到严重破坏或部分倒塌，必须进行大修或拆除；一般损坏是指房屋结构受到轻微影响，出现部分明显裂缝，通过加固处理等措施可再使用[①]。参照《高分卫星居民住房地震损毁高分辨率遥感影像解译标准》，房屋类型分为钢混、砖混、砖木、其他等不同结构类型房屋，对以上各类型房屋和损毁程度进行编码，根据判读解译标准，结合各类房屋在高分辨率遥感影像中呈现的特定几何特征和辐射特征，建立各类房屋样本。通过灾前灾后影像变化检测、比对分析、遥感解译等方式，提取房屋及其倒损信息，结合卫星和航空遥感成像角度判识楼层，分类统计倒损房屋数量、建筑面积。房屋建筑面积计算方式如下：

---

① 《高分卫星居民住房地震损毁高分辨率遥感影像解译标准》《高分卫星道路地震损毁高分辨率遥感影像解译标准》。

$$平房建筑面积=遥感影像上屋顶投影面积 \quad (4-10)$$
$$楼房建筑面积=楼层数×遥感影像上屋顶投影面积 \quad (4-11)$$

将获取的高分辨率航空、无人机遥感影像数据覆盖区，作为抽样区，对不同结构房屋的不同损毁程度、倒损比例等进行精细化评估。为增强遥感解译的准确性，对地震抽样区进行格网分区和编码。格网分区主要是依据城乡房屋不同功能区用途、河流分布、聚集程度和空间格局特点等进行划分，如城镇住宅、农村住宅、工业、仓储、商业、教育、医疗卫生、办公、其他等，并进行类型编码。各分区相互间不重叠，有一定数量的房屋且类型一致或混合比例较为均衡。通过分区现场调查的方式，实现现场调查信息与遥感判读信息的无缝衔接，从而可校核每个区块的遥感判读结果，提高倒损房屋解译的准确性。

计算不同烈度抽样区内房屋倒塌、严重损坏和一般损坏的比例，结合当地每户平均房屋间数和住房面积，间接推算倒损房屋总间数和户数。根据地震灾区现场调查和统计资料，确定完全倒塌、严重损坏和一般损坏房屋每平方米的损失单价，进而估算倒损房屋的经济损失。

2）道路损毁评估。按照行政等级道路一般划分为国道、省道、县道、乡道。参照《高分卫星道路地震损毁高分辨率遥感影像解译标准》，将道路损毁程度分为严重损坏和一般损坏两大类，其中严重损坏道路是指因地震及滑坡泥石流等次生灾害，路面断裂、坍塌或完全掩埋等，使得车辆无法安全通行而需要重修的道路；一般损坏道路是指因地震及滑坡泥石流等次生灾害，路面不均匀的坍塌、道路路面或路基部分受损、路面有岩土堆积，但车辆总体还能单行安全通行的道路。依据以上道路遥感解译标准，结合获取的高分辨率遥感影像上道路损毁的几何、颜色、纹理和空间关联性等特征，以及灾区交通线分布和现场工作调查结果，建立损毁道路样本。分别解译不同等级道路的损毁长度和空间位置等信息，结合县级行政区划范围，统计出不同地区不同等级道路损毁长度和路段数量。

3）地震次生灾害评估。地震次生灾害包括地震引发的崩塌、滑坡、泥石流、堰塞湖等。对于崩塌、滑坡、泥石流等次生灾害，主要是利用遥感影像提取灾害点的空间范围和面积等信息，分析其类型、数量、空间分布特点以及对农田、林地等的影响，主要流程是先基于崩塌滑坡体的地貌特征，结合其在高分辨率遥感影像上的几何和辐射特征，建立崩塌滑坡遥感解译标准。在地貌特征上，崩塌滑坡体较明显，多处于沟谷或河流两侧的陡坡或岩体的破碎地带上，崩塌滑坡体下方会有大量堆积物。由于岩土裸露，崩滑区域在遥感影像上一般表现为岩土颜色、亮度偏亮且色调呈浅色，与周围绿色植被能形成鲜明对比。然后利用灾前、灾后高分辨率遥感影像，辅以 DEM 数据、地质图，以及道路、水系、居民点分布等基础地理数据，开展滑坡崩塌体的研判，确定遥感覆盖区域内崩塌滑坡体的空间分布、面积和数量等。对于地震引起的堰塞湖，通过遥感解译，可以计算堰塞湖的长度、平均宽度以及面积等信息。通过现场调查和统计资料，确定每亩农田、林地经济损失单价，进而估算出农田、林地的经济损失。

4.4 本章小结

首先，分别针对宏观异常信息、热红外异常信息、气象要素异常信息，介绍分析评价方法。针对多源异常信息，阐述了层次分析法、D-S 证据合成理论、Logistic 模型、雷达图可视化、信息熵等多种复合评价方法。然后，介绍基于社交媒体数据、基于遥感的地震应急信息提取与分析方法，探讨了社交媒体数据与遥感影像融合进行最近设施点分析、服务区分析以及灾区各类需求分布图生成方法。最后，充分利用天空地多源信息，介绍了针对房屋倒损、道路损毁和崩塌滑坡次生灾害及其影响的地震灾害损失评估方法。

参 考 文 献

白仙富，李永强，陈建华，等 . 2010. 地震应急现场信息分类初步研究 [J]. 地震研究，33（1）：111-118，120.

陈豪，张万昌，邓财，等 . 2018. 面向灾害管理的自发地理信息研究及应用 [J]. 测绘科学，43（1）：59-65.

耿庆国 . 2005. 破坏性地震短期临震预测的一个有效方法——关于短期临震气象要素五项指标异常 [J]. 国际地震动态，5：117-124.

蒋晓山，何申红 . 2015. 地震台站监测维护技术档案的建立与管理 [J]. 山西地震，2：30-31，41.

刘鑫莉，孟祥磊，苏伟，等 . 2020. 聚合 VGI 与 GF-2 影像的地震救援协助救灾信息获取研究 [J]. 遥感技术与应用，34（6）：1286-1295.

刘哲 . 2012. 作物品种表型多环境测试技术研究与应用 [D]. 北京：中国农业大学博士学位论文 .

彭志华，杨琼 . 2010. 基于可信度的网络危机信息对公众信息行为的影响分析 [J]. 当代社科视野，1：8-11.

任枭 . 2013. 中国地震台网观测系统特性分析与资料应用研究 . 北京：中国地震局地球物理研究所博士学位论文 .

苏晓慧，邹再超，苏伟，等 . 2019. 面向地震应急的自媒体信息挖掘模型 [J]. 地震地质，41（3）：759-773.

王济川，郭志刚 . 2001. Logistic 回归模型——方法与应用 [M]. 北京：高等教育出版社 .

徐好民，王煜，唐方头，等 . 2001. 卫星热红外预报地震研究新进展 [J]. 地球信息科学，3（4）：12-18.

周翠英，耿杰 . 2010. 山东地区地震分析预报手册——预测方法、指标、震例 [M]. 济南：山东科学技术出版社 .

Dow C R, Lin P J, Chen S C, et al. 2005. A study of recent research trends and experimental guidelines in mobile ad-hoc networks [C]. Aina：Proceedings of the Advanced Information Networking and Applications：72-77.

Hosmer D W, Lemeshow S. 2000. Applied logistic regression [M]. Hoboken：Wiley-Interscience.

Shannon C E, Weaver W. 1948. A mathematical theory of communication [J]. The Bell System technical journal, 5（3）：3-55.

Song R H, Daimaru H, Abe K, et al. 2008. Modeling the potential distribution of shallow-seated landslides using the weights of evidence method and a logistic regression model：a case study of the Sabae Area, Japan [J]. International Journal of Sediment Research, 23（2）：106-118.

Su F S, Cui P, Zhang J Q, et al. 2010. Susceptibility assessment of landslides caused by the wenchuan earthquake using a logistic regression model [J]. Journal of Mountain Science, 7（3）：234-245.

Xu J, Yang C, Zhang G. 2007. Regional integrated meteorological forecasting and warning model for geological hazards based on logistic regression [J]. Wuhan University Journal of Natural Sciences, 12（4）：638-644.

第 5 章 | 公众参与式地震宏观异常信息采集与服务平台

公众参与式的地震信息包括地震异常信息和地震应急信息，从平台应用完整性的角度出发，本章以公众参与式地震宏观异常信息采集与服务平台为例，从任务需求分析、总体设计、使用流程、开发实现、应用示范模式研究方面对前面章节所述的技术实现集成进行综合描述与展现。公众参与式地震应急信息服务平台的实现过程同本章所述的过程在此处不再赘述。

5.1 任务需求分析

公众参与式地震宏观异常信息采集与服务平台是面向具体主题的平台，是集地震宏观异常信息采集、评价、综合分析功能以及面向公众的地震宏观异常信息认知服务于一体的平台。该平台是一个专群结合的新尝试，既包含公众参与地震宏观异常的信息，也包含专家研究地震宏观异常的信息，故其需求具有针对性。

下面分别从四个方面描述任务需求分析。

5.1.1 用户需求

根据本书对"公众"的界定（详见1.4节），地震宏观异常信息采集系统面向参与地震宏观异常现象上报的公众、测报员、管理员和地级市审核员以及省级人员。依据用户职责与对系统的使用权限，将公众分为：普通用户、防震减灾助理员；管理员用户分为地级市管理员和省级管理员。对于不同的用户，系统提供基本功能和针对性的特定功能。

（1）普通用户

普通用户是指没有经过任何地震知识培训的公众，全国各地的公众只要访问系统，进行注册即可成为普通用户。普通用户是数量最多的用户，也是最广泛的数据来源。但由于普通用户没有经过专业的地震宏观异常培训，不能准确地区分地震宏观异常信息与其他原因导致的宏观异常现象。即使该类用户发现了异常现象，也很难将该现象进行详细的分类。因此，系统中针对普通用户的各个操作界面需要做到尽量简单明了，方便用户的使用操作。尽可能地以快速、简单、直接的方式将数据进行上报。对于普通用户，系统提供的主要功能包括：地震宏观异常信息上报、地震宏观异常信息查看、地震震例查看、地震异常信息分析评价结果查看、地震异常信息移动端采集系统和地震认知培训系统下载。

（2）防震减灾助理员

防震减灾助理员一般由乡镇副职领导或者中层领导干部兼任，也可以由村中养殖专业户或县级地震主管部门专门聘任，协助当地县（市、区）地震部门开展辖区内的防震减灾工作。防震减灾助理员是落实基层防震减灾工作、建立防震减灾社会动员机制的中坚力量。防震减灾助理员要学习一定的防震减灾知识，了解本地区地震活动形势和防震减灾相关的工作要求，协助地震工作部门推进地震宏观测报网、灾情速报网和地震知识宣传网的建设，并配合有关部门做好农村居民地震安全工作。防震减灾助理员的观测内容比较灵活，采集异常类别参照助理员的培训内容做出相应调整，将采集内容与其培训内容紧密对应。对于防震减灾助理员用户，系统提供的主要功能与普通用户一样。

（3）地震异常测报员

地震宏观异常测报员直属地级市地震部门，有及时上报地震宏观异常现象的义务，其上报内容更加标准化，数据可信度更高，对后期的数据处理有更好的参考作用。地震宏观异常测报员的任务包括观测动物、水井水位、水温、地形、气象及其他自然现象的变化，认真做好日常记录；对异常信息（如时间、地点、规模、现象等情况）进行定期的详细上报，针对不同地域的测报员，上报的情况可能会不尽相同，因此系统提供的主要功能与普通用户的基本一样，但是地震宏观异常信息上报功能有所区别，他们采集的信息是固定的，如测报员李某，他的采集上报信息只针对他管辖范围的动物异常，而测报员张某则只针对他管辖范围的井水异常。

（4）地级市审核员

地级市审核员的职责是对其管辖范围上报的宏观异常信息进行审核，处于上报用户和地级市管理员用户之间。普通用户、防震减灾助理员和地震宏观异常测报员上报的数据必须经过审核员的审核方能被管理员看到。因此，对于地级市审核员，系统提供的主要功能包括普通用户的所有功能，同时还具有信息审核功能。

（5）省级管理员

省级管理员可以在其管辖范围内添加或者删除地级市管理员。因此，对于省级管理员，系统提供的主要功能包括：地级市管理员的用户管理、地震异常信息分析评价结果查看，地震异常信息移动端采集系统和地震认知培训系统下载。

（6）地级市管理员

地级市管理员是指市级及以下的管理员用户，他们的主要职责是对其所管辖范围内的用户进行管理。该级别的管理员管理的内容可以分为两类：管理用户身份信息和管理用户上报的信息。管理的用户类型包括其管辖范围内的普通用户、地级市审核员和测报员。对于普通用户，可以进行删除管理，但不能进行添加管理，因为普通用户是自愿注册的。对于地市级审核员和测报员用户，可以进行用户信息的添加、删除以及编辑管理。管理信息是指发布或者删除其管辖范围内的经过市级审核员审核的信息。另外，地级市管理员还可以得到其管辖范围的地震观测点数据上报的统计信息。因此，对于地级市管理员，系统提供的主要功能包括：用户管理、监测统计信息查看、地震异常信息分析评价结果查看、地震异常信息移动端采集系统和地震认知培训系统下载。

5.1.2 功能需求

公众参与式地震宏观异常信息采集与服务平台面向的用户具有多样性，根据不同用户的不同特点及其对系统功能需求的不同，以及用户使用系统功能时的特殊性，系统分别针对公众、助理员、测报员、地级市审核员、地级市管理员、省级管理员将地震宏观异常信息采集与服务系统分为五个子模块。五个模块功能分别有所侧重，面向公众和助理员的系统模块为用户上报异常信息提供了自由的选择空间，用户可以选择各种类型的异常现象，现象的发生地点、起止时间等信息，并且可以与地震震例相关联；面向测报员的系统模块则减小了灵活度，但上传更加便捷，同时由于测报员相对固定，用户的地址信息、观测信息都已经在系统中详细记录，不需要再次输入，减少每次输入的繁琐度；面向地级市审核员的模块，主要是审核公众和测报员上报的宏观异常信息；面向地级市管理员的模块，主要是对市级以下的公众和测报员的账号基本信息以及上报的信息进行管理；面向省级管理员的模块，主要是对省级用户和地级市管理员的账户基本信息进行管理。

5.1.2.1 面向公众和测报员的宏观异常信息采集与服务系统功能需求

面向公众和测报员模块的功能结构如图 5-1 所示。

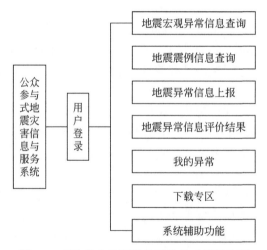

图 5-1　面向公众和测报员模块的功能结构图

（1）地震宏观异常信息查询

系统需要提供地震宏观异常信息查询功能。用户上传后的数据存储在服务器上，系统前端则提供查询功能，使用户可以浏览系统中存储的宏观异常信息数据。查询获得的宏观异常信息应包括异常发生地点、起止时间、异常现象描述和现象分类等。

（2）地震震例信息查询

系统需要提供地震震例信息查询功能。地震震例信息存储在服务器上，系统前端则提供查询功能，使用户可以浏览地震震例，从而将地震宏观异常现象与之进行关联。地震震例与异常现象的关联是指，用户认为某次宏观异常现象是某次地震引起的，两者存在着一定关系。震例信息包括该震例的一些基本参数（如震级、发生地点、发生时间等）以及关联该震例的用户人数，关联用户与该震例震源的距离等。

（3）地震宏观异常信息上报

系统提供地震宏观异常信息上报功能，不同用户上报异常信息的内容侧重点不同，但都应该包括异常发生位置、起止时间、上报时间、异常描述等信息。系统可提供多种上报方式供用户选择，包括网页上报、手机移动端上报和手机短信上报（经过专业培训的测报员才可以）。

（4）地震异常信息评价结果

异常评价模块可以对普通公众上报数据、网络搜集数据、专业上报数据、气象站点数据、热红外遥感影像数据五种不同数据来源的异常信息的评价结果进行展示。用户可采用单种数据源查询或者多种数据源及时间地点组合查询两种模式进行查询，查询结果可分别用地图、数据表格、统计图三种形式展示出来。

（5）下载专区

下载专区可以进行地震认知培训游戏下载和手机端采集系统下载。地震认知培训游戏包括地震灾害信息的认知、灾后逃生避难常识的培训等，此游戏可提供在线或者客户端下载使用。此外，下载专区还提供手机端采集系统的下载功能。

（6）我的异常

用户可在此查询个人上传的所有异常信息，提供来源、类型、日期和位置四种组合条件查询。

（7）系统辅助功能

除上述主要功能外，系统还提供帮助、用户信息等辅助功能。例如，用户可以使用【帮助】查看系统的使用方法，或者进行个人账户信息修改等。

5.1.2.2　面向地级市和省级管理员的宏观异常信息采集与服务系统功能需求

此部分的功能包括：异常评价、下载专区、用户管理和系统辅助功能。其中，异常评价、下载专区和系统辅助功能与5.1.2.1节所述相同，下面主要介绍用户管理模块（图5-2）。

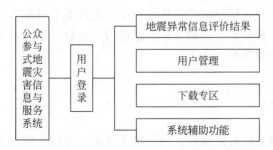

图 5-2　面向地市级和省级管理员模块的功能结构图

（1）地级市管理员的用户管理模块

地市级管理员要对其管辖范围内的用户账号信息和用户上报信息进行管理。用户账号信息管理的主要内容包括用户的添加、删除和编辑，但是对不同用户可以管理的内容有所区别。对普通用户的账户管理，主要是对这类用户进行删除（在确认某用户存在经常造谣等违法乱纪行为时可以删除该用户）；对市级审核员和测报员的账户管理，可以添加和删除这两类用户，同时还可以对测报员的测报内容进行修改；对用户上报信息的管理，管理员拥有对上报信息的发布权限，用户上报的信息，经过审核员审核后，提交给管理员，管理员对审核员提交的结果进行发布与否的判定。

（2）省级管理员的用户管理模块

省级管理员的主要职责是对其管辖范围内的地级市管理员的基本信息进行添加、删除和更新等。因此，省级管理员模块拥有对地级市管理员用户进行添加、删除和编辑的功能。

5.1.2.3 面向地级市审核员的宏观异常信息采集与服务系统功能需求

此部分功能包括：地震宏观异常信息上报查看、地震宏观异常信息评价结果、信息审核、下载专区和系统辅助功能。其中，地震异常信息评价结果、下载专区和系统辅助功能模块与5.1.2.1节所述相同。这里主要针对地震宏观异常信息审核功能进行说明（图5-3）。

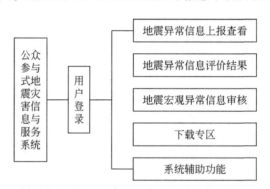

图5-3　面向地级市审核员模块的功能结构图

系统提供对上报的异常信息进行审核的功能。通过本系统平台上报的信息，在面向公众发布之前，地级市审核员对上报的异常信息进行调查分析后会对异常现象进行审核，审核完毕后提交给对应的管理员。

5.1.3　数据需求

在大数据理念逐渐攻破行业壁垒，越来越多地融入各行业的发展并发挥越来越大的作用的背景下，本平台的设计紧随世界技术研究的前沿，吸收了大数据的理念，对不同来源的数据提出了要求。需要收集与处理的数据有：①公众和专业人员上报的地震异常数据；②运用网络爬虫技术从互联网获取的地震异常数据；③从相关气象数据发布单位获取的气象数据；④MODIS 卫星热红外产品数据；⑤用户本身的账户数据；⑥地震震例数据。

5.1.3.1 公众和专业人员上报的地震异常数据

公众和专业人员上报的地震异常数据是系统最重要的数据。但同时由于地震异常信息数据及其上报人员的复杂性，存储该信息时需要考虑的方面也相对较多。每条宏观异常信息记录需要存储的内容有：异常发生时间、异常结束时间、异常上传时间、异常发生地点经纬度、异常发生地点参考位置、异常信息描述。此外，每条异常信息需要记录该异常的上报人，若与某次地震关联，还要记录异常信息的关联地震，如果用户上传异常信息时，还同时上传了多媒体文件，如图片、声音、视频文件，数据库还需要将多媒体文件或文件路径记录下来。

5.1.3.2 网络爬虫技术获取的地震异常数据

网络爬虫获取的数据主要包括微博数据、百度贴吧数据以及地震门户网站数据。此类数据数据量大、时效性好，但数据格式多样、内容缺失不等、可靠性不均等。因此，此类数据在入库前需要做充分的数据清洗及分析工作。

5.1.3.3 相关气象数据发布单位获取的气象数据

气象数据来源稳定，信息完成性有保障，但是有 1 ~ 2 天的延迟。

5.1.3.4 MODIS 卫星热红外产品数据

本平台的遥感数据来源于美国 NASA 的 LAADS WEB 网站提供的 MODIS 热红外数据产品 MOD11A2。该数据产品是全球 1km 地表温度/发射率 8 天合成的 L3 产品。

5.1.3.5 用户本身的账户数据

平台需要记录的用户数据很多，不同的用户有着不同的数据格式。例如，普通用户需要记录的信息较少，包括用户编号、用户名、密码、邮箱、用户类别等。但测报员需要记录的信息就要丰富得多，以济南市观测点为例，除去普通用户所需的信息，还需要用户真实姓名、观测点观测内容（鸡、鹿、深井）、观测内容规模、观测点经纬度、观测点所在参考位置等。因此，数据库需要合理建表，既能存储多种用户间的共性部分，又能针对不同用户存储不同的信息。

5.1.3.6 地震震例数据

地震震例也是平台所需的另一重要数据，以供宏观异常关联使用。我国最早明确记录地震的时间是 1966 年。系统需要记录 1966 年以来的地震震例，包括发生地震时的基础数据、震级、深度、震源位置、地震时间等信息。同时，地震震例数据库需要及时更新，收录每天发生的地震信息（田京航，2013）。

5.1.4 地震认知方法创新需求

目前，公众对地震知识的认知大多是单向的，认知过程少有互动，公众缺乏学习兴趣导致认知效果不佳。而游戏化学习，则利用游戏向学习者传递特定的知识（田爱奎等，2006），游戏使知识传递的过程更加生动有趣，具有很强的互动性，从而脱离单向说教的模式，让学习者在轻松、愉快、积极的环境下学习，真正做到"寓教于乐"。在游戏化学习方法中，建立在建构主义学习理论基础上的以目标为驱动的体验式认知方法（陈刚等，2010），以互动式的解决问题、完成任务为教学理念，使学习者在合适的情况下围绕目标任务展开学习。学习者能根据自己对当前问题的理解，运用已有的知识和经验提出方案、解决问题，从而达到对知识的主动认知。因而以目标为驱动的体验式认知方法更适合公众对地震宏观异常知识的认知。

基于以目标为驱动的体验式认知方法，在系统的开发中，提出对于地震宏观异常信息的认知应该包含：创设情境、确定目标、自主学习和效果评价四个基本环节。创设情境是指使学习者在与现实情况相类似的情境中学习。学习者带着"目标"进入体验场景，真实的体验场景使学习更加直观和形象化，唤起学习者已有的知识去"同化"或"适应"所学的新知识。确定目标是在创设的情境下，选择与学习内容密切相关的目标作为学习的中心内容，让参与游戏的用户面临一个需要立即去解决的现实问题。目标使学习者更主动地灵活应用已有的知识，来理解、分析并解决当前问题，问题的解决为新旧知识的衔接、拓展提供了理想的平台。自主学习是指在游戏过程中向学习者提供达到目标的有关线索，学习者利用线索自主地达到目标。最后，在游戏体验任务结束时，对学习者的目标完成情况和学习效果进行评价（刘妍等，2013）。

5.2 平台的总体设计

5.2.1 信息采集系统设计

5.2.1.1 系统总体架构

由用户需求分析可知，异常上报的两大用户主体为普通用户和测报员，这两类用户上报的内容有区别，普通用户上报的内容自由度大，而测报员上报的内容有针对性。因此，系统在实现的架构上分为面向公众的地震宏观异常信息采集系统与面向测报员的地震宏观异常信息采集系统。面向公众的地震宏观异常信息采集系统包括网站和智能手机客户端；面向测报员的地震宏观异常信息采集系统包括网站、智能手机客户端与手机短信上传平台。两个系统模块共同使用地震宏观异常信息采集系统数据库，数据库中存储用户信息、地震震例信息、地震宏观异常信息等。两个系统模块与数据库共同构成地震宏观异常信息采集系统（图5-4）。

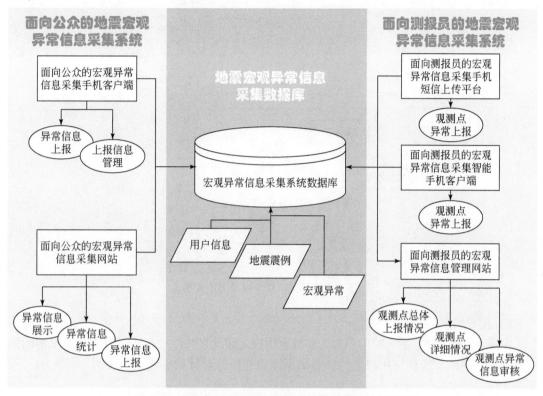

图 5-4 公众参与式地震灾害信息采集系统总体架构图

5.2.1.2 数据库设计与建设

地震宏观异常信息采集系统数据库是整个系统的中枢。无论用户通过何种上传方式上报的信息数据最终都将存入数据库中，同时网站的显示与统计数据也都来自该数据库。

（1）概念结构设计

数据库概念设计，指的是对系统的实际需求，通过对其中实体的分类、聚集和概括，建立抽象的概念数据模型。这个概念模型应反映现实世界各部门的信息结构、信息流动情况、信息间的互相制约关系以及各部门对信息储存、查询和加工的要求等。所建立的模型应避开数据库在计算机上的具体实现细节，用一种抽象的形式表示出来。系统采用 E-R 模型对数据库进行概念设计。

概念设计中抽象出三个实体，分别为用户、地震宏观异常信息、地震震例。三者相互关系为：用户上传地震宏观异常信息，部分地震宏观异常信息与地震震例进行关联，如图 5-5 所示，三个实体都有着自己的基本属性，如用户的用户名、用户种类、密码等。数据库整体即是在这三个实体的基础上建立起来的。

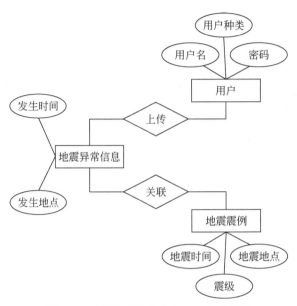

图 5-5　系统数据库概念设计实体关系图

1）用户信息。

由需求分析可知，系统的用户分为多种，用户之间既有共性又有不同的地方（图 5-6）。如何采用适当的方法存储用户信息，是数据库用户信息设计的关键。

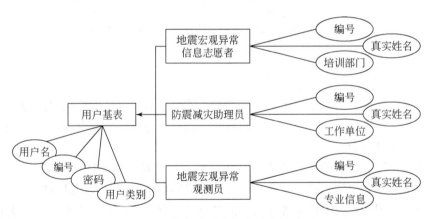

图 5-6　数据库用户泛化层次关系

数据库的泛化层次，指的是按照层次结构组织实体形的结合，以此说明其属性的相似性。每个子类或子实体代表了它的超类或父实体的子集。利用泛化层次的建立表格方法，可以将普通用户的基本信息作为父表，其他表继承与该表并通过编号进行一对一的连接。这样，所有用户都可以在父表中存储，如果需要进一步信息，便可用一对一关系查询子表。

2）地震宏观异常信息。

由需求分析得知，地震宏观异常信息由多重信息共同组成，因此仅有一张表格记录异常信息是不够的。除了记录每条异常信息的主表之外，还需要多张表作为外键表。

第一，地震宏观异常基本信息。

一条完整的宏观异常信息记录由编号、发生时间、结束时间、上传时间、发生地点等内容组成。首先，每条宏观异常使用一个自动增长的整型数据作为编号，作为信息的主键。此种方式可以加快数据库的索引速度，加快数据库运行速率。然后，记录异常的发生时间、结束时间、上传时间。对于特定异常信息，异常的发生时间也可理解为发现时间，如地面发生裂缝；异常的结束时间有时不能确定，如用户在发现某种异常现象后，并没有一直观察，直到异常现象停止。这时，结束时间又可理解成离开异常现象时间。但无论哪种情况，在开始时间与结束时间中的时间段，都可以确定为异常存在时间。数据库用两种方式记录下异常现象发生的地点，分别是经纬度和位置描述。经纬度可以十分精确地定位发生地点，但是如果以数字形式展现在人们面前时，大多数人并不能从中识别出其所指的位置。相反，位置描述，即省、市、县的行政区划表达方法虽不能完全标识宏观异常发生位置，但人们可以直观地从中定位到大体的位置信息。因此，经纬度与位置描述对宏观异常信息来说都是不可或缺的。

第二，宏观异常信息关联地震震例。

记录完时间、地点后需要确定异常内容。对异常信息的内容有以下几点描述：是否关联地震、关联的地震为哪次地震、异常现象属于哪个类别、对异常现象的描述是什么，关于异常现象的多媒体文件包括图片、声音、视频。宏观异常信息采集系统对用户来说有两种上传情况。一种是用户发现了异常现象，并及时上报。这时用户并不知道这个异常现象与哪次地震有关。所以这样的异常信息不会与地震相关联。另一种是用户之前发现了异常现象，但并没有上报，后来发生了地震，用户凭借回忆，或存有当时的多媒体文件，如照片、视频，可以再将发现的异常现象上传。这时用户可以关联这次地震。因此，每一条异常信息都提供与地震相关联的字段，当没有地震关联时，该字段为空。

第三，宏观异常信息分类。

宏观异常信息有多种类别。因不同用户对用户异常信息的认知区别，根据不同用户，异常信息被分为不同的类别。对于普通用户，宏观异常信息分为生物异常、自然现象异常、其他异常。对于地震宏观异常志愿者，宏观异常信息对普通用户的三大种类进行了细分，其中生物异常包括动物异常与植物异常，自然现象异常包括地下水异常、气象异常、地声异常、地光异常、地气异常、地面异常、电磁异常。对于防震减灾助理员，异常种类将进一步进行详细划分，如动物异常中按照不同的动物进行记录。而对于测报员来说，每个测报员所观测的内容都是指定的，其观测内容将存储于其用户信息当中。

第四，文字描述与多媒体文件描述。

异常描述指用户对异常现象的文字描述信息，这里只要设置好字段的数据类型，接下来就是用户输入了。对于济南市观测点测报员来说，异常描述还包括正常情况，这时异常描述字段将会插入正常。多媒体信息将使异常信息内容更为丰富。但存储多媒体数据要比存储上述数据相对复杂。目前，对多媒体文件的存储方式主要有两种，第一种方法是用二进制的方式将数据存入数据库中。该方法能保证多媒体文件同时存入数据库，所有数据都在数据库中。但是这会更多地占用数据库空间，降低数据库效率。第二种方法是多媒体文件以文件形式存在服务器上，数据库中记录文件路径。这种方法有遗失信息的风险，一旦多媒体文件位置改变，数据库中存储的数据可能不再适用。但这种方法不会占用数据库过多空间，文件调用起来也相对快捷。本系统最终采用第二种方法，数据库中记录文件相对路径，在网站代码进行相应调整，最终解决该问题。

第五，地震宏观异常信息审核。

在面向测报员的地震宏观异常信息采集系统中，需要对数据进行审核。因此，该子系统中的异常信息数据需要带有审核与否的属性。对于该问题有两种解决方法，第一种是在异常表中加入审核字段。这样，一旦异常数据上传入库，自然会添加这一属性。但是，这样会为其他用户的异常信息添加冗余属性。因为其他用户不需要这个字段，这个字段将会是空值。因此，这里采用第二种方法：建立新表。该表与异常信息表建立一对一的关系。当宏观异常测报员上报信息后，同时在这张表中插入新的记录，在该表中记录审核信息（图5-7）。该方法虽然增加了表之间的操作，但是没有冗余出现。经测试，操作时间误差可以忽略。

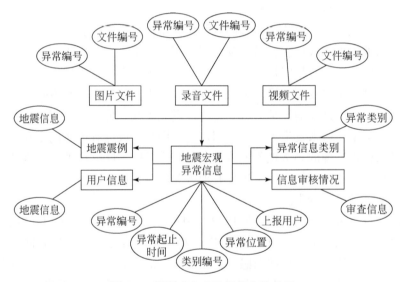

图 5-7　数据库宏观异常信息关系图

3）地震震例信息。

数据库的地震信息主要由两部分组成，包括我国境内已经发生的地震信息收录集，以及数据库需要及时更新，添加每日发生的地震信息。由地震出版社出版发行的《中国震例》系列书是地震和探索地震预报的重要科学资料。1988 年、1990 年、1999 年、2000 年、2002 年、2003 年陆续出版了《中国震例》1～8 册，合计收录 1966～1999 年发生的 216 次地震共 189 个震例总结研究报告。其中，每个报告大体包括摘要、前言、测震台网以及地震基本参数、地震地质背景、烈度分布及震害、地震序列、震源机制解和地震主破裂面、观测台网及前兆异常、前兆异常特征分析、应急响应和抗震设防工作、总结与讨论

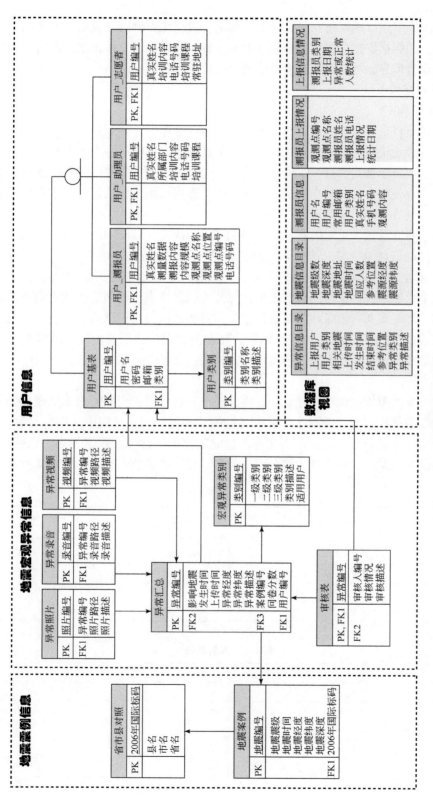

图 5-8 数据库逻辑设计结构图

等基本内容。本书是以地震前兆异常为主的系统、规范化震例研究成果。该系列丛书为系统提供了极大的数据支持。剩余部分数据由山东省地震局提供，系统地从山东省地震局调用地震烈度速报信息，将地震烈度速报信息及时地存入数据库之中。

（2）逻辑结构设计

1）逻辑结构图。

逻辑设计是将现实世界的概念数据模型设计成数据库的一种逻辑模式，即适应于某种特定数据库管理系统所支持的逻辑数据模式。与此同时，可能还需为各种数据处理应用领域产生相应的逻辑子模式。这一步设计的结果就是"逻辑数据库"。数据库逻辑结构设计决定了数据概念模型中的对象在系统中的实际表达方式和用户使用过程，它直接影响数据概念模型的表现效果和效率高低。

由前面的概念设计，可对数据库进一步进行逻辑设计（图 5-8）。用户信息，不同种用户以用户基础信息为父表，其他类别为子表建立。子表与父表建立一对一的对应关系。地震宏观异常信息，以异常汇总表为中心，与其相连接的表格有异常种类表、专业数据表、以及三个存储多媒体文件路径的表格：照片表、录音表、视频表。地震震例信息由两个表格构成，地震案例表记录地震基本信息，与其相连接的是记录省、市、县名的省市县对照表，该表以 2006 年国际标码作为标识。异常汇总表中，记录了用户编码与地震案例编码，这样数据库概念模型中的三个实体便连接在一起了。

2）建立表格。

数据库按照数据库逻辑设计建立了表格。在逻辑设计中，表格与表格的属性都是用中文命名，但在数据库运行乃至网站、手机终端的程序运行时，使用中文很容易发生错误。因此，需要对表格进行重命名，以英文字母建立数据库。此外，数据表应注意数据类型，以合适的数据类型赋予相应数据。综合以上信息，建立表格如表 5-1 ~ 表 5-17 所示。

表 5-1　用户表

字段名称	字段代码	字段类型	说明
用户编码	ID	int	主键自增
用户名	UserName	Nvarchar（50）	唯一键
用户密码	UserPassword	Nvarchar（50）	
用户邮箱	UserEmail	text	
用户类别	UserClass	Nvarchar（50）	外键连接用户类别表

表 5-2　志愿者表

字段名称	字段代码	字段类型	说明
志愿者编码	ID	int	主键自增
用户编码	User_UserID	int	外键连接用户基表
志愿者姓名	UserVName	Nvarchar（50）	
志愿者课程	UserVCourse	Nvarchar（50）	
志愿者部门	UserV_DepartmentID	int	

表 5-3　测报员表

字段名称	字段代码	字段类型	说明
观测点编码	ID	int	主键自增
用户编码	UserO_UserID	int	外键连接用户基表
监测员姓名	UserOName	Nvarchar（50）	
监测点街道	UserOCounty	Nvarchar（50）	
监测点名称	UserOLocation	Nvarchar（50）	
监测点内容	UserOType	Nvarchar（50）	
监测点规模	UserOScale	Nvarchar（50）	
监测点电话	UserOTelephone	Nvarchar（50）	
监测点经度	UserOLongitude	float	
监测点纬度	UerOLatitude	float	

表 5-4　地震震例表

字段名称	字段代码	字段类型	说明
地震震例编码	ID	int	主键自增
地震日期时间	EqcDate	datetime	
地震经度	EqcLongitude	float	
地震纬度	EqcLatitude	float	
地震震源震级	EqcMagnitude	float	
地震震源深度	EqcDepth	float	
地震位置代码	Eqc_EqlCode	int	外键连接省市县对照表

表 5-5　省市县对照表

字段名称	字段代码	字段类型	说明
省市县编码	EalCode	int	主键自增
省市县县	EqlCounty	Nvarchar（50）	
省市县市	EqlCity	Nvarchar（50）	
省市县省	EqlProvince	Nvarchar（50）	
省市县省级编码	EqlProvinceCode	Nvarchar（50）	

表 5-6　异常汇总表

字段名称	字段代码	字段类型	说明
异常编码	ID	int	主键自增
用户编码	Sma_UserID	int	外键连接用户基表
地震编码	Sma_EqcID	int	外键连接地震震例表

续表

字段名称	字段代码	字段类型	说明
异常发生日期时间	SmaDateOccur	datetime	
异常结束日期时间	SmaDateEnd	datetime	
异常上传日期时间	SmaDateUpload	datetime	
异常经度	SmaLongitude	float	
异常纬度	SmaLatitude	float	
异常描述	SmaNote	Nvarchar（MAX）	
异常种类	Sma_ScID	int	外键连接异常分类表
异常省市县代码	Sma_EqlCode	int	外键连接省市县对照表
异常参考位置	SmaLocation	text	

表 5-7　异常审核表

字段名称	字段代码	字段类型	说明
异常审核编码	ID	int	主键自增
异常编码	Audit_OEID	int	外键连接异常汇总表
审核状态	AuditSituation	Nvarchar（50）	外键连接用户基表
审核备注	AuditNote	Nvarchar（MAX）	
审核人姓名	Audit_UserName	Nvarchar（50）	外键连接用户基表

表 5-8　异常分类表

字段名称	字段代码	字段类型	说明
异常分类编码	ID	int	主键自增
异常类别代码	ScCode	int	唯一键
一级类别	ScClassLevel1	Nvarchar（50）	
二级类别	ScClassLevel2	Nvarchar（50）	
三级类别	ScClassLevel3	Nvarchar（50）	
异常分类描述	ScNote	text	
使用用户类别	Sc_UserClassName	Nvarchar（50）	外键连接用户类别表

表 5-9　用户类别表

字段名称	字段代码	字段类型	说明
用户类别名	UserClassName	Nvarchar（50）	主键
用户类别描述	UserClassNote	text	

表 5-10 照片表

字段名称	字段代码	字段类型	说明
照片编码	ID	int	主键自增
照片文件路径	PicturePath	text	
异常编码	Picture_SmaID	int	外键连接异常信息汇总表
照片说明	PictureNote	text	

表 5-11 录音表

字段名称	字段代码	字段类型	说明
录音编码	ID	int	主键自增
录音文件路径	AudioPath	text	
异常编码	Audio_SmaID	int	外键连接异常信息汇总表
录音说明	AudioNote	text	

表 5-12 视频表

字段名称	字段代码	字段类型	说明
视频编码	ID	int	主键自增
视频文件路径	VideoPath	text	
异常编码	Video_SmaID	int	外键连接异常信息汇总表
视频说明	VideoNote	text	

表 5-13 微博数据表

字段名称	字段代码	字段类型	说明
微博编号	ID	int	主键自增
mid	Mid	nchar	
uid	Uid	nchar	
博文内容	Content	nvarchar（max）	
发布时间	RepDate	datetime	
用户填写区域	RepLoca	varchar	
博文链接	Url	varchar	

表 5-14 网络新闻数据表

字段名称	字段代码	字段类型	说明
网络新闻编号	ID	int	主键自增
标题	Title	nvarchar	
内容	AllContent	nvarchar（max）	

续表

字段名称	字段代码	字段类型	说明
链接	Url	nvarchar（max）	
原始网页	OriginalPage	nvarchar（max）	
更新时间	UpdateTime	datetime	

表 5-15　贴吧数据表

字段名称	字段代码	字段类型	说明
贴吧编号	ID	int	主键自增
标题	Title	nvarchar	
内容	AllContent	nvarchar（max）	
发布时间	RepDate	datetime	
链接	Url	nvarchar（max）	
原始网页	OriginalPage	nvarchar（max）	
更新时间	UpdateTime	datetime	

表 5-16　气象数据表

字段名称	字段代码	字段类型	说明
站点编号	StationID	Int	主键自增
记录时间	RecordDate	Datetime	
是否正常	IsNormal	Bit	
记录异常发生程度	cEA	Float	
平均温度异常总天数	TverTemperatureT	Tinyint	
平均温度异常持续最长时间天数	AverTemperatureTL	Tinyint	
平均温度异常幅度是否大于 0（1 表示大于 0）	AverTemperatureR	Bit	
最高温度异常总天数	HighestTemperatureT	Tinyint	
最高温度异常持续最长时间天数	HighestTemperatureTL	Tinyint	
最高温度异常幅度是否大于 0（1 表示大于 0）	HighestTemperatureR	Tinyint	
最低温度异常总天数	LowestTemperatureT	Tinyint	
最低温度异常持续最长时间天数	LowestTemperatureTL	Tinyint	
最低温度异常幅度是否大于 0（1 表示大于 0）	LowestTemperature	Bit	
降水量异常总天数	RainfallT	Tinyint	
降水量异常持续最长时间天数	RainfallTL	Tinyint	
降水量异常幅度是否大于 0（1 表示大于 0）	RainfallR	Bit	
平均气压异常总天数	AverPressureT	Tinyint	
平均气压异常持续最长时间天数	AverPressureTL	Tinyint	
平均气压异常幅度是否大于 0（1 表示大于 0）	AverPressureR	Bit	

表 5-17 热红外遥感数据表

字段名称	字段代码	字段类型	说明
记录序号	TI_ID	Int	主键自增
信息来源	TI_InforSource	Nvarchar（15）	
经度	TI_Longitude	Float	
纬度	TI_Latitude	Float	
发生时间	TI_OccurrenceTime	Datetime	
结束时间	TI_FinishTime	Datetime	
持续时间	TI_DurationTime	Float	
参考位置	TI_ReferencePosition	Nvarchar（30）	
异常描述	TI_DescribeAnomaly	Nvarchar（200）	
评价值	TI_EstimateValue	Float	
详情	TI_Details	Nvarchar（25）	

3）建立视图。

在对数据库的应用过程中常需要对多个表格进行调用，其中包括表的嵌套查询、合并等复杂的 SQL 语句查询。在调用数据库进行数据展示与数据统计时，需要频繁地进行多种上述查询。此时，使用视图可以提供很多便利，只需将复杂的 SQL 语句作为视图建立的条件，网站中的表格与图便可与数据库中视图数据绑定。

以济南市观测点管理网站为例，在该子系统中，需要展示的只有济南市观测点监测员上报的数据，管理观测点用户，并且根据不同表格、图的功能，有的需要显示异常数据的审核信息，有的需要显示 140 个用户上报与否，有的需要显示上报的信息为正常或异常。根据以上需求，建立了以下视图数据表（表 5-18 ~ 表 5-21）。

表 5-18 观测点用户视图

字段名称	字段代码	字段类型	说明
用户编码	ID	int	
用户名称	UerName	Nvarchar（50）	
监测员姓名	UserOName	Nvarchar（50）	
观测点市、县	UserOCity	Nvarchar（50）	
观测点街道	UserOCounty	Nvarchar（50）	
观测点名称	UserOLocation	Nvarchar（50）	
观测点内容	UserOType	Nvarchar（50）	
观测点规模	UserOScale	Nvarchar（50）	
观测点电话	UserOTelephone	Nvarchar（50）	
观测点经度	UserOLongitude	float	
观测点纬度	UserOLatitude	float	
用户类别	UserClass	Nvarchar（50）	

表 5-19 观测点异常信息明细视图

字段名称	字段代码	字段类型	说明
异常编码	ID	int	
监测员姓名	UserOName	Nvarchar（50）	
观测点内容	UserOType	Nvarchar（50）	
观测点名称	UserOLocation	Nvarchar（50）	
异常上传日期时间	SmaDateUpload	datetime	
异常描述	SmaNote	Nvarchar（50）	
用户名	UserName	Nvarchar（50）	
用户编码	Sma_UserID	int	

表 5-20 观测点上报统计视图

字段名称	字段代码	字段类型	说明
监测员姓名	UserOName	Nvarchar（50）	
观测点代码	UserName	Nvarchar（50）	
观测点名称	UserOLocation	Nvarchar（50）	
上报情况	Status	text	

表 5-21 观测点上报情况波形图视图

字段名称	字段代码	字段类型	说明
观测点名称	UserName	Nvarchar（50）	
日期记录	Datenote	datetime	
上报情况	Situation	Nvarchar（50）	

5.2.1.3 系统界面设计

由 5.1 节的需求分析可知，系统面向不同的用户既有针对性的功能需求，也有相同的基本功能。所以，系统界面设计按照基础功能界面和针对性功能界面分别进行。移动终端采集系统与网站采集系统界面差别较大，另作一部分进行单独阐述。

（1）基础功能界面

1）注册界面。

在系统中，将普通公众纳入了地震信息的采集当中，为了能够合理地管理与分析公众上报的地震信息，需要公众在系统平台以普通用户的身份注册一个账户。因为在地震信息中，位置信息是一个很重要的指标，所以注册内容中，除了通常注册所需的用户名、密码等之外，还特别需要填写地址信息（图 5-9）。

2）异常信息查看界面。

上报详情界面将用户上报到本系统的地震信息回馈于用户。该界面由主界面和子界面组成（图 5-10）。主界面从上到下主要分为 3 部分，分别为查询区、地图区和表格区。为

图 5-9 系统网站注册界面

了满足用户对地震信息的针对性查看需求，查询区设置了来源、信息类型、信息的发生时间以及信息发生地点四种筛选条件，用户可以自由组合，从而对信息实现精准查询；为了能给用户对查询到的地震信息有直观的认识，将一条信息以一个红点的形式标注在地图上；有些上报信息包含的内容很丰富，为了能让用户进一步查看地震信息，表格区将每一

图 5-10 系统网站上报详情界面

条上报的信息以行记录的形式呈现，同时每一条信息赋予一个链接，能够链接到子界面，查看更详细的信息。子界面从上到下分为地图区和照片音频区，地图区显示的位置更加详细；照片音频区则呈现或播放附带有此类信息的数据。

3）关联地震界面。

关联地震界面（图5-11），是为了呈现对一个已发生的地震，有多少用户上报的信息与之相关，体现的更多是一种统计信息。该界面从上到下主要分为两部分：被关联的震例信息区和统计区。震例信息区主要用地图和关键信息罗列的方式展示。统计区主要对不同时间段的上报人数、距离震源不同距离的上报人数以及不同类型的上报人数用三个统计图分别展示。

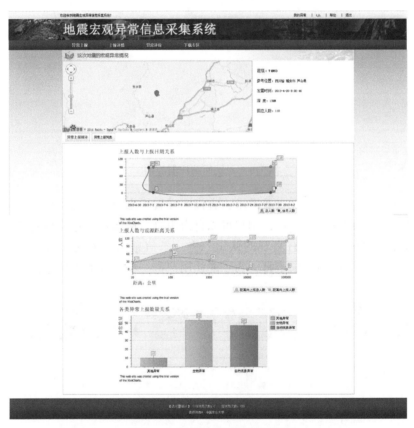

图5-11　系统网站关联地震界面

4）异常上报界面。

对于上报一条异常信息，它的位置、所属类型、发生时间、图文音频信息是比较重要的。所以，该界面设计从上到下依次分为位置确定区、半自定义信息确定区、自定义图文音频区（图5-12）。位置确定区中，为了方便用户快速定位到需要的位置，设置了一个粗略范围（精确到区县级）的筛选查询，而精确的定位可以在地图上寻找也可以在自定义位置区输入详细的地址；半自定义信息是系统预设范围的信息，如异常类型和时间；自定义图文音频区则是在用户上报更详细的信息时需要的。

图 5-12　系统网站普通用户异常上报界面

5）异常评价结果查看界面。

系统收集的信息包括上报的地震信息，网络搜索的地震信息，气象数据信息和热红外遥感数据信息。对于这些信息，它们反映的异常程度是一个值得参考的指标，系统都对它们分别做了异常程度的分析计算，并将结果定性分级。异常评价界面就是要将系统分析的结果呈现给用户。为了使呈现方式更加直观、醒目，本界面设计上分为四部分：地图区、表格区、统计区、查询区。图 5-13 显示了该界面的表格区和统计区，查询区设计了来源、时间、地点的查询条件，而查询结果展示则由地图区、表格区、统计区联合完成，使得数据展示多样且内容丰富。

图 5-13　系统网站异常评价界面

6）移动端采集系统和认知培训游戏系统下载界面。

由前文可知，系统的信息上报途径除了网站还可以通过移动端实现，而移动端采集系统是一款 APP 手机应用。认知培训系统是以游戏的形式实现，它既有电脑版，也有移动应用版。为了方便用户能够快速获得移动端采集系统和认知培训系统，本界面提供了这两个系统的下载链接。界面设计时，从上到下分为两部分：移动端采集系统下载链接和认知培训系统下载链接。两种系统都采用图文结合的方式进行介绍，左半部分是系统的截图，右半部分是系统的简介和下载链接（图5-14）。

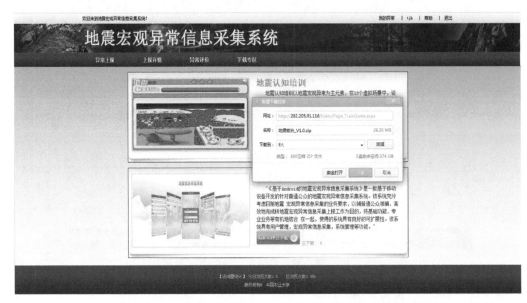

图 5-14　系统网站移动端采集系统和认知培训系统下载界面

7）系统辅助功能界面。

系统的辅助功能主要是对地震宏观异常现象的一些知识作介绍（图5-15）。因此，界面设计从左到右主要分为两部分：宏观异常现象目录区和异常现象详细介绍区。

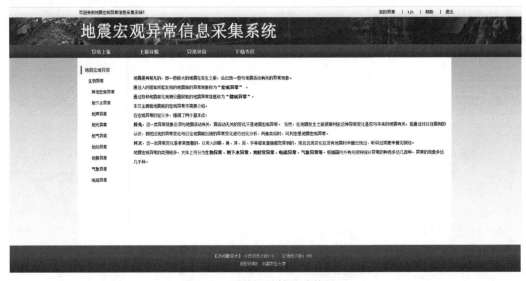

图 5-15　系统网站辅助功能界面

（2）针对性功能界面

1）针对测报员的异常上报界面。

在基础功能界面中介绍了面向普通公众的异常上报界面，而面向测报员的上报功能和普通公众的基本功能是相同的。测报员上报信息的位置和内容是确定的，所以测报员异常上报界面设计中，把位置确定区中的位置筛选删去，留下地图显示位置；半自定义信息确定区固定异常类型，留下时间，自定义图文音频区不变。

2）地市级审核员的信息审核界面。

地市级审核员归属于地市级管理员管理，审核的是所在市各区县的上报信息。所以审核员信息审核界面设计从上到下分为三部分：区县查询区、审核操作区、待审核信息区（图5-16）。一般一个地级市都含有多个区县，为了方便审核员审核不同区县的信息，区县查询区功能设计在最上部分；审核操作占据的范围相对较少，审核操作区设计在整个界面的中间部分；最下部分则显示选择范围内的待审核信息。

图5-16　系统网站审核员信息审核界面

3）管理员信息管理界面。

由功能需求可知，地市级管理员和省级管理员都是对其管辖范围内的用户进行添加、删除和编辑等管理操作。管理员信息管理界面设计主要分为左右两部分，左半部分主要是管理的对象，右半部分是对象的具体管理内容（图5-17）。

（3）移动终端采集系统界面

移动终端采集系统的目的是提高用户上报异常信息的实时性、便捷性，界面风格也是依据此原则进行设计的。

1）主界面。

为了体现简洁的风格，移动终端采集系统主界面设计了两个入口，占据界面中部，分别对应采集入口和移动端个人数据管理入口（图5-18）。

图 5-17　系统网站管理员信息管理界面

图 5-18　移动终端采集系统界面

2）异常信息采集界面。

移动端采集的信息类型与网络端采集的信息种类是一样的。界面设计从上到下，依次是位置区、时间区、异常信息类型区、自定义图文音频区（图 5-19）。

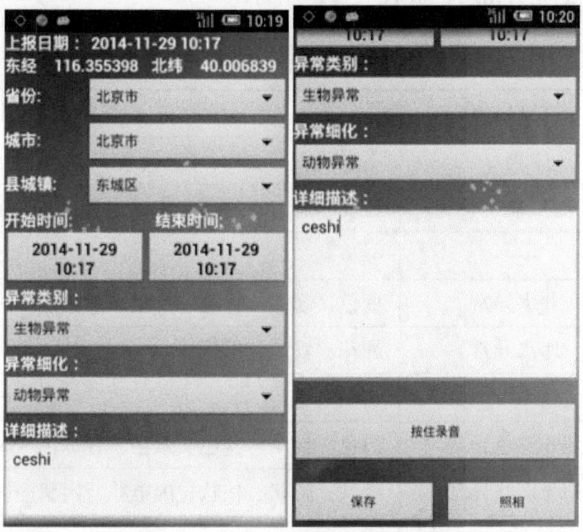

图 5-19　异常信息采集界面

5.2.2　地震认知服务平台系统

5.2.2.1　系统总体架构设计

基于地震宏观异常知识库，结合以目标为驱动的体验式认知方法，地震宏观异常信息认知培训游戏系统，通过游戏互动的方式，对地震宏观异常知识进行普及。游戏系统以一个小故事为线索描述了主角在地震前的异常先兆，提示学习者观察这些现象并找出异常。根据故事主线设计多个与宏观异常相关的虚拟体验场景，并配合体验任务帮助公众完成对地震宏观异常知识的认知。

5.2.2.2　知识库设计

在国内外有关资料中，地震宏观异常的种类多达几百种，异常的现象多达几千种，包含的知识复杂多样。由于本体是一种对共享概念的形式化和明确规范的说明，对知识的复用、重构及语义表达等方面都有很好的帮助，系统采用本体化的知识库，以本体结构存储地震宏观异常知识，形成知识库。本体中的概念层与知识库中的事实集和概念集对应，利用本体为知识库提供描述地震宏观异常信息的概念和概念之间的关系，从而获得宏观异常信息的本质概念结构。另外，本体中的推理层对应知识库中的规则集，以产生规则为主，存储宏观异常信息的推理规则；本体中的任务层对应知识库中的服务层，包括了对问题的描述以及问题的解决方案等知识。

鉴于地震宏观异常信息的复杂性，系统针对地声异常、地光异常、喷油异常、喷气异常、气味异常、气雾异常、地下水异常、喷沙异常、动物异常、植物异常等各类异常情况分析研究，结合地震监测预报、震灾预防等有关知识，对异常现象进行统计整理，得到 10 大类，216 小类的地震宏观异常，如表 5-22 所示。

表 5-22　地震宏观异常信息

一级分类	二级分类	异常表现
动物异常	鸡	不进窝、不吃食、惊叫、高飞、上树、上墙……
	猫	极度恐慌、不吃食、大叫、全身毛竖起
	……	……
地下水异常	井水异常	变色、起沫、冒泡、自喷、水位下降……
	库水异常	翻花、冒泡、发浑
	……	……
地光异常	地光颜色异常	白色、红色、蓝色、紫色、青绿色……
	地光形状异常	球状、带状、柱状、闪电状、网状……
	……	……
……		

将这些异常信息概念化、形式化表示，将概念之间的推理关系转化为规则产生式，利用本体构建工具 Protégé 完成地震宏观异常知识库的构建，为知识在游戏系统中的有效利用打下基础，构建的本体知识库如图 5-20 所示。

图 5-20　地震宏观异常本体知识库

5.2.2.3　详细设计

在完成地震宏观异常本体知识库的构建之后，根据以目标为驱动的体验式认知方法，详细设计了游戏系统的体验故事、游戏化体验式认知培训场景、体验任务以及体验流程。

（1）体验故事设计

体验故事设定在刚发生过地震的唐镇。主角的家乡唐镇已被地震完全毁坏，大家失去了很多同乡和亲人，主角在小精灵的帮助下回到1个月前的唐镇，重新观察这1个月生活中发生的异常现象，将异常记录在日记中，最终发现这些现象都是地震前的异常信息，并带领唐镇的居民成功地减少了地震损失。

（2）游戏化体验式认知培训场景及体验任务的设计

设计游戏化体验式认知培训场景及体验任务时，从地震宏观异常知识库中抽取主要知识点，将其整合到相应的13个虚拟体验场景中，并与5种体验任务相匹配，如表5-23所示。针对不同时期、不同场所、不同条件下的地震宏观异常信息，创设了尽量真实的体验场景，让公众在体验过程中有良好的沉浸感，从而激发学习动机。依照培训目标设计难度不等，设计了针对性强和兼具一定娱乐性及挑战性的体验任务。具体的体验任务包括：静态找异常，根据生活认知，在图中寻找与日常生活相异的现象，即地震前异常现象，通过系统的反馈提示学习正确的地震宏观异常现象；静态找茬，参考找茬类游戏，对比两幅图中内容，找出相异的图形部分（相异的部分为地震异常现象），在观察、对比思考过程中完成地震异常的认知；动态找茬，两幅场景图以水平方式滚动展开，在动态的场景移动过程中，比较上下两幅场景的相异之处，迅速做出判断，在体验中完成对于异常知识的认知；动态找异常，将静止场景改为水平方向的动态卷轴展开形式，在图上寻找异常现象，加大了体验任务的难度，同时也增强了对知识的学习理解；记忆游戏，先给出标识地震异常的场景图，需要认真观察并且记住图中全部异常情况，在一定时间后该图消失，换为去掉某些异常情况的场景图，体验者通过对异常元素的记忆回放以及比较，将异常现象标出。

表5-23 虚拟体验场景及体验任务

项目	情节	场景	游戏	知识点内容
1	在家醒来，天气异常	自家-窗外	静态找茬	暴雨、大风骤起、地雾气
2	地声隆隆巨响	门口道路	静态找异常	地裂缝、猫全身毛竖起
3	天气闷热，低压引发和之前对比	自家-窗外	记忆游戏	地光颜色、地雾气
4	院中照看家禽	院子	动态找异常	鸡在窝内乱闯、猪拱圈
5	和小伙伴去水库边玩	水库	静态找茬	库水翻花、库水发浑、库水冒泡
6	给姑姑家送鸡蛋	镇子马路边	动态找茬	果树早开花、果树早结果、蚂蚁乱爬
...	......	......	......	......
21	把将要地震的消息告诉镇上的百姓让他们回忆	门口道路	记忆游戏	地裂、青蛙成群上街

（3）体验流程设计

基于上述的体验场景和体验任务，设计用户体验流程如图5-21所示。在体验过程中，用户从主界面进入不同的体验场景，通过完成与之匹配的体验任务达到对异常现象的认知。体验过程可以线性地进行，即用户按照系统已设定的剧情任务逐步地完成游戏。或者，用户也可以自行选择体验场景，非线性地对感兴趣的知识进行再次学习。

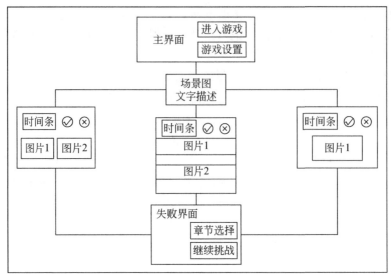

图 5-21　体验流程图

5.3　平台的主要功能与使用流程

5.3.1　公众参与式地震信息采集与服务平台功能结构图

图 5-22 涵盖了平台从用户登录到异常信息上报、审核、发布以及认知培训等主要功能。

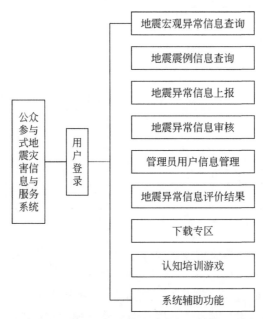

图 5-22　公众参与式地震宏观异常信息采集与认知培训平台功能结构图

5.3.2 公众参与式地震宏观异常信息采集与服务平台使用流程

不同的用户使用平台时有不同的着重点，下面分别从普通用户上报异常信息、地市级审核员审核上报信息、管理员查看审核结果并发布以及公众使用认知培训的游戏四个主要的功能讲述平台的使用流程。

5.3.2.1 普通用户上报异常信息

进入系统前，首先进行用户身份验证，输入用户名和密码后，系统会进行用户类型匹配，然后赋予相应的功能。登录界面如图 5-23 所示，以用户名：tjh，密码：cau 为例，红框代表输入。

图 5-23 用户登录

作为普通用户，成功登录首页显示的是系统审核后发布的异常信息。在菜单栏中选择【异常上报】功能，将进入普通用户上报异常信息界面，如图 5-24 所示。

图 5-24 填写上报信息

上报异常信息时，将异常发生的位置、异常发生、结束时间、异常描述进行对应填写，如果有图片、音频等多媒体信息还可以以附件的形式提交。红框代表输入，蓝框代表输出。图 5-24 包含的输入输出信息，概括如下：①通过红框中位置信息的选择，在地图中弹出如蓝框中相应的位置信息；②红框中异常类别的选择；③红框中异常开始和结束时间的选择；④红框中异常现象的描述信息；⑤单单红框中的【添加附件】按钮，选择要添加的多媒体信息，如图片、视频等，输出信息如蓝框中显示；⑥信息填写完毕后，单击【上传异常情况】按钮。

上传后，弹出"异常信息上传成功"提示框，代表本次上报异常信息已经成功。

5.3.2.2 地级市审核员审核上报信息

进入系统前，首先进行用户身份验证，输入用户名和密码后，系统会进行用户类型匹配，然后赋予相应的功能。成功登录后，进入相应的界面，登录界面如图 5-25 所示。以用户名：hc，密码：1 为例，红框代表输入，图 5-26 为成功登录后的首页。

图 5-25　审核员登录

图 5-26 为上报详情界面，页面中各功能与 5.3.2.1 节中的相同。单击界面中右上角的红框中【信息审核】按钮，进入信息审核界面（图 5-27）。

在图 5-27 中，此审核员隶属于山东省济南市，信息审核范围被限定在发生在山东省济南市的异常信息。输入输出信息概括如下：①单击【全选】按钮，结果如图 5-28 所示；单击【取消】按钮，前面的对勾全部取消。②选择要删除的记录，单击【批量删除】按钮，弹出"确定要删除"的提示框，点击【确定】按钮则删除，否则不删除；选择要审核的记录，单击【审核】按钮，审核情况变为"已审核"，如图 5-29 红框中所示。③单击列表中的【删除】按钮，弹出"确定要删除"的提示框，单击【确定】按钮则删除，否则不删除。

单击图 5-30 中红框中的【详细信息】按钮，弹出信息框如蓝框中所示，信息框中红色框中的信息，可以进行修改，修改完毕后单击【修改】按钮进行提交。

图 5-26　审核员登录后首页

图 5-27　进入信息审核界面

图 5-28　全选待审核信息

图 5-29　执行审核操作

图 5-30　编辑审核信息

图 5-31 为审核 2014 年 3 月 1～31 日，山东省济南市平阴县上报的异常信息，查询结果以列表进行展示，如蓝框中所示。

图 5-31　选择特定区县审核信息

5.3.2.3 地级市管理员查看审核结果并发布

进入系统前，首先进行用户身份验证，输入用户名和密码后，系统会进行用户类型匹配，然后赋予相应的功能。成功登录后，进入相应的界面，登录界面如图 5-32 所示。以用户名：xr，密码：1 为例，红框代表输入，图 5-33 为管理员成功登录后的首页。

图 5-32 管理员登录

图 5-33 为监测信息界面，展示市内各区县的宏观异常观测点上报信息，此用户隶属于山东省济南市，所以查询结果为山东省济南市的观测点信息。

图 5-33 管理员登录后首页

1）红框中为时间和位置信息条件：2014-11-10、山东省济南市。

2）观测点会根据上报的情况，变换自身的颜色，如果观测点未上报，颜色为绿色；若上报且观测点信息为"正常"，颜色为粉色；若上报点为异常信息，观测点是不断闪烁的红色的观测点。

3）蓝框中给出用柱状图和列表进行统计的上报信息。

图 5-34 中，单击红框中的【异常信息管理】，出现蓝框中的信息。【发布】功能，先要选择发布的记录，单击【发布】，在发布情况一栏中会加入"发布"，这样经过发布的记录就可以在"上报详情"模块中看到。

图 5-34 异常信息管理

5.3.2.4 地震宏观异常认知培训系统

地震宏观异常认知培训系统是一个游戏平台。进入游戏后采用叙事形式展开，让用户回到地震前一个月，搜索各种地震异常现象的线索，并告知当地居民，帮助居民在地震前做好防御准备。游戏包括静态找异常、动态找异常、静态找茬、动态找茬和记忆游戏五种形式的小游戏。游戏主界面与背景界面如图 5-35 所示。

进入游戏后，提示此关背景设置，在规定的时间内通关后，会给出此关中涉及的宏观异常信息，并以日记的形式记录下来。

（1）静态找茬

背景设置。

时间：2012 年 8 月 1 日星期三，上午 8：36；

天气：暴雨；

地点：家中。

通过此关对气象异常会有一定的认识（图 5-36）。

(a) 游戏主界面

(b) 游戏背景界面

图 5-35　主界面及背景界面

(a) 游戏背景

(b) 游戏规则

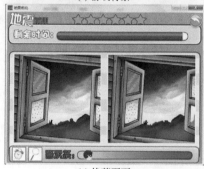

(c) 找茬页面

(d) 宏观异常现象标注

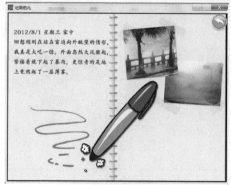

(e) 宏观异常现象日记

图 5-36　静态找茬流程

（2）静态找异常

背景设置。

时间：2012 年 8 月 2 日星期四，中午 12：21；

天气：阴；

地点：门口道路。

通过此关对动物异常会有一定的认识（图 5-37）。

(a) 游戏背景

(b) 玩法说明

(c) 找茬界面

(d) 宏观异常现象标注

(e) 宏观异常现象日记

图 5-37　静态找异常流程

（3）记忆游戏

背景设置。

时间：2012 年 8 月 3 日星期五，下午 15：47；

天气：闷热；

地点：家中。

通过此关对气象异常会有进一步的了解（图 5-38）。

(a) 找茬界面

(b) 游戏背景

(c) 找茬界面

(d) 宏观异常现象标注

(e) 宏观异常现象日记

图 5-38　记忆游戏流程

（4）动态找茬

背景设置。

时间：2012年8月6日星期一，上午8：05；

天气：晴；

地点：院子。

通过此关对动物异常会有进一步的了解（图5-39）。

(a) 游戏背景　　　　　　　　(b) 玩法说明

(c) 找茬界面　　　　　　　　(d) 宏观异常现象标注

(e) 宏观异常现象日记

图5-39　动态找茬流程

5.4 平台开发与实现

5.4.1 开发环境选择

5.4.1.1 ASP. NET 技术

ASP. NET 是由 Microsoft 公司研发的一种建立 Web 解决方案的技术，是 Microsoft. NET Framework 的一部分，它主要关注的是开发人员的效率。它使用一种自付基础的分级的配置系统，使服务器环境和应用程序的设置更加简单。同时它又是一种服务器端脚本技术，可以使（嵌入网页中的）脚本由 Internet 服务器执行。使用微软推行的 . NET 技术和 C#语言可以快速地建立 Web 应用程序，其安全性和可升级性都大大超过了普通的 ASP 应用程序。

与 ASP 相比，ASP. NET 增加了一些新的特征，如拖放开发、代码分离和验证控件等。它通过在现有 ASP 应用程序中逐渐添加 ASP. NET 功能增强 ASP 应用程序功能。另外 ASP. NET 使用的是面向对象的编程语言而不是脚本语言，因此它具有面向对象编程语言的一切特性，如封装性、继承性、多态性等。这样就使代码逻辑更清晰、易于管理，并且应用到 ASP. NET 上就可以使业务逻辑和 HTML 页面分离。

目前，大多数 Web 站点在整个应用程序或应用程序的大多数页面中都有一些公共元素。例如，在 Reuters News 网站（www. retuers. com）的主页上，可以看到整个 Web 站点都使用的一些公共元素。实际上，这个应用程序中的几乎每个界面都使用了这些元素。可视化继承是 ASP. NET3. 5 版本向 Web 页面提供的新改进功能，它是在 ASP. NET2. 0 版本中引入的。该功能允许创建一个模板页面，用作应用程序中的 ASP. NET 内容页面的基础。这个模板页面称为 Master 页面（即母版页），可以使应用程序更容易建立、更易于管理，从而提高效率。Master 页面为应用程序中的所有页面或者一组页面定义所需的外观和标准行为。使用 Master 页面的另一个优点是，在创建内容页面时，可以在 IDE 中看到模板。若在处理页面时可以看到整个页面，就很容易开发出使用模板的内容页面。在处理内容页面时，所有模板项都以灰阶显示，不能编辑。可以修改的项目会清晰地显示在 Master 页面中。这些可处理的区域成为内容区域，最初是在 Master 页面中定义的。在 Master 页面中，指定了内容页面可以使用的区域。在 Master 页面中，还可以有多个内容区域。

5.4.1.2 地图服务 API

由需求与设计可知，系统采用了网络众包的理念来收集有关地震的地理信息数据，所以网站需要用到地图平台用以显示宏观异常信息以及公众分享编辑信息。由于网站通过 ASP. NET 进行编写，地图服务需要使用基于 JasvaScript 的应用程序编程接口（application programming interface，API）。API 是一些预先定义的函数，目的是提供应用程序与开发人员基于某软件或硬件的以访问一组例程的能力，而又无须访问源码，或理解内部工作机制的细节。目前，使用范围比较广的有百度地图 API、Google Maps API、ESRI API for JavaScript。相比三者来说，百度地图在国内链接速度最快，用户群最广，且相关资料学习容易，可直接在百度官方网站查找（http://developer. baidu. com/map/jshome. htm）。Google Maps API 与 ESRI API for JavaScript 相比百度地图 API，起步较早，功能更为强大，尤其是 ESRI API，其设计之初的功能就是为复杂的空间分析提供服务。但面向公众的宏观异常信息采集网站需要的并不是复杂的空间分析功能，而是让用户有更好的用户体验，可以快捷地对异常信息、地震信息进行展示，用户可以迅速学会地图用法。综上所述，百度地图作为系统网站的地图平台更为合适。

百度地图为开发人员提供了多种风格的地图控件。地图控件是指显示在地图当中的，可以对地图进行操作的按钮，包括地图比例尺放大缩小、平移缩放等。网站在不同页面不同大小放置的地图，其地图控件会有所不同。一般情况下，尺寸较大的地图控件也相对较大。

百度地图将所有叠加或覆盖到地图的内容统称为地图覆盖物。例如，标注、矢量图形元素（包括折线、多边形、圆）、信息窗口等。覆盖物拥有自己的地理坐标，网站可从数据库中挑选地理位置信息赋予覆盖物。这样覆盖物会显示在相应位置。网站应用了两种覆盖物，即标注和信息窗口。标注表示地图上的点。API 提供了默认图标样式，但同时提供了 Icon 类来指定自定义图标。在面向测报员的网站，网站使用自定义图标对观测点位置进行显示。使用的就是 Icon 类的相关方法。在异常信息展示与地震信息展示界面中，网站为标注添加了点击事件，当用户单击标注时，标注之上便会弹出相应信息的信息窗口。信息窗口是网站中使用百度地图 API 的另一个覆盖物。信息窗口内可以按照 HTML 格式书写内容，在网站中，由于每个标注的信息不同，需要利用后台数据提供的 HTML 代码，在标注事件中创建相应信息窗口。

5.4.1.3　网站图表插件选择

Developer Express 是美国 DevExpress 公司的系列产品，其产品多为套包或子控件。适用于 Windows Form、ASP. NET、Silver Light、iOS、Android、Windows Phone 等多种平台的工具产品，且可以直接在 Visual Studio 中调用，非常适合该系统。DevExpress 公司开发的控件有很强的实力，不仅功能丰富，应用简便，而且界面华丽，更可方便定制。用户界面产品界面包、表格工具栏、界面框架、皮肤导航栏、打印、日程管理、联机分析处理、决策支持、仪表、代码分析对象关系映射等。本系统只采用了其中的图工具 XtraChart。该工具提供了多种图表达方式，且可运行在 ASP. NET 上，与 Visual Studio 2008 完美结合。

5.4.1.4　智能手机开发环境

地震宏观异常信息采集智能手机客户端基于 Android 2.3 平台开发，Android 2.3 以上版本皆可使用。软件运用 Java 语言，采用 JDK1.6 编译器编写。JDK（Java Development Kit）是 Sun Microsystems 针对 Java 程序员的产品。自从 Java 推出以来，JDK 已经成为使用最广泛的 Java SDK。JDK 是整个 Java 的核心，包括了 Java 运行环境、Java 工具和 Java 基础类库。服务器端接收并转换 XML 文件的应用程序运用 C#语言，采用 Visual Studio 编写。

地震宏观异常信息采集系统是为了让更多的用户参与到地震群测群防工作当中，因此选用了最为广泛的开源智能手机开发平台 Android。利用开源的开发平台，更加利于软件的升级更新。

5.4.1.5 手机短信上传环境

手机短信上传，使用 GSM MODEM 工具、手机卡以及宏观异常短信息上传应用程序对短信收发进行操作。GSM MODEM 是工业级线路板设计与 WAVECOM 工业级模块生产的 GSM MODEM 短信猫，性能稳定、耐用。GSM MODEM 用以接收或发送短信，它会将短信息内容与电脑可识别的数据进行转换。宏观异常短信息上传应用程序开启后，GSM MODEM 设备每接收到一个短信后，将会激发程序的一个事件，在该事件中，程序调用数据库，通过手机号码对上报人信息进行审核，如果是观测点测报员，则对短信内容进行检查。济南市地震台网中心规定，内容以"0"开头即为正常，否则为异常，异常内容即为短信内容，可存入数据库当中。

5.4.2 数据库管理系统的选择

数据库管理系统（DBMS）即为操纵和管理数据库的大型软件，用于建立、使用和维护数据库。选择合适的数据库既可以完成数据存储任务，又能够提高系统运行效率。目前，主流的 DBMS 有 Oracle、DB2、SQL Server 等。

关系型数据库管理系统 SQL Server 2008 具有高效组织和管理海量数据的能力，支持分布式数据结构，系统的执行效率较其他类型数据库系统优越，其与 Access、Oracle、DB2 等数据库管理系统相比，具有更为强大的数据库创建、设计、开发、管理与网络功能。

地震宏观异常 Web 采集系统采用 ASP. NET 进行编写，这使得 SQL Server 数据库和编译器之间有着更好的耦合性。另外，SQL Server 完全可以适应地震宏观异常信息系统中的数据量，为地震宏观异常信息系统的运行提供良好的环境。Microsoft SQL Server 2008 是一个全面的数据库平台，为使用集成的商业智能（BI）工具提供了企业级的数据管理。Microsoft SQL Server 2008 数据库引擎为关系型数据和结构化数据提供了更安全可靠的存储功能，便于构建和管理用于业务的高可用和高性能的数据应用程序。

5.4.3 关键技术实现

5.4.3.1 面向公众的地震主题的爬虫和地震宏观异常信息筛选

网站针对公众地震宏观异常信息教育培训不足、各种地震群测异常信息利用不充分等突出问题而研发。将公众参与纳入我国现有的地震监测预警体系，提高公众对地震宏观信息的认知水平，制定地震宏观信息采集的技术规程和操作规范，研究地震群测异常变化特征，提高专群结合的防震减灾社会服务能力。该网站包含地震认知游戏、信息采集与信息分析模块，获取与筛选网络地震宏观异常信息，并将结果存储到数据库中，如图 5-40 所示。

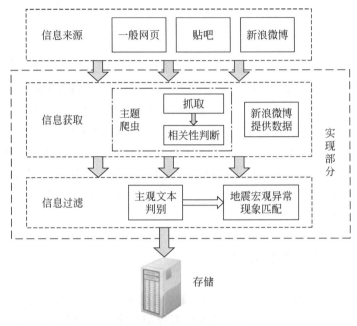

图 5-40　爬虫总体框架

在网站中的应用为信息获取和信息筛选（图 5-41），信息获取部分处理的数据为国内 219 个地震网站或新闻门户网站、百度贴吧、新浪微博。信息过滤部分处理的数据来源为主题爬虫抓取的数据、新浪微博提供的 18 万条数据。

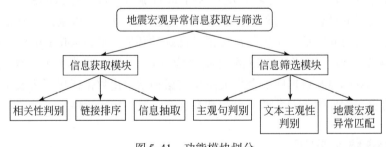

图 5-41　功能模块划分

网站应用分为两大模块：信息获取模块和信息筛选模块。信息获取模块包括相关性判别、链接排序、信息抽取三个子模块；信息筛选模块包括主观句判别、文本主观性判别、地震宏观异常匹配三个子模块。

1）在信息获取模块中，对于贴吧的帖子列表页面和微博的关键词搜索页面，不需计算该页面的主题相关性。余弦值的阈值设定为一般网页 0.1、贴吧 0.3、微博 0.1。图 5-42 为页面内容主题相关性判别算法流程。

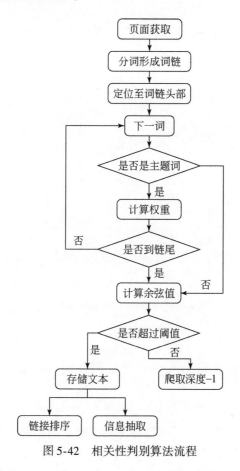

图 5-42　相关性判别算法流程

对于一般网页，计算余弦值时需要加入页面的余弦值作为上下文相关性，贴吧和微博页面不需要考虑这点。图 5-43 是页面内 URL 链接排序算法流程，体现了主题爬虫主题优先性抓取策略。

2）在信息抽取中根据贝叶斯公式计算似然指数，似然指数大于 1 时，认为此句属于主观句。图 5-44 是主观句判别算法流程。

文本主观性判别中，主观性判别的阈值设置为 0.5，算法流程如图 5-45 所示。

3）地震宏观异常匹配，在面向公众的地震主题的爬虫和地震宏观异常信息筛选存储入库后，对数据库中的结果进行关联性分析，然后提取时间和地点并存储在一张数据表中。

第一关联性分析。

关联性分析针对地震灾害信息按照关键词与语法规则相结合的方式进行筛选，具体运行时将上述方法转化为数据库可执行的 SQL 语句，在系统方法中调用 SQL 语句，对数据进行筛选。以地下水相关地震宏观异常关联性分析为例，将主语与谓语关键词进行匹配形

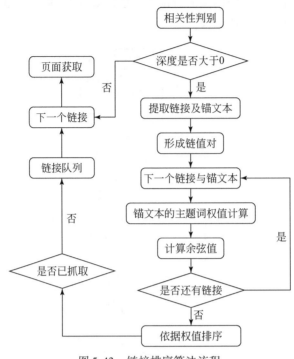

图 5-43　链接排序算法流程

成规则，主语和谓语关键词需满足 AND 关系，同一级别的主语或谓语关键词需满足 OR 关系。

第二时间和地点提取。

通过分析系统得到依据北京大学词性标注规范的分词结果以及词性，其中 "/t" 代表时间词性，"/ns" 代表地址词性。

具体时间和地点提取时采用正则表达式法，正则表达式使用单个字符串来描述、匹配一系列符合某个句法规则的字符串。根据时间和地点的规范表达，设计提取时间和地点的正则表达式如下。

时间提取正则表达式："\ b\ S ∗/t\ b"。

地点提取正则表达式："\ b\ S ∗/ns\ b"。

5.4.3.2　地震热红外异常提取和评价

运用 IDL 语言分别对区域均温方法、异常值比较法、透热指数方法和涡度处理方法四种异常提取方法以及所提取的异常点对地震是否发生的参考价值的评价方法进行实现。

（1）区域均温方法

区域均温方法是一种全局计算方法，因此算法实现过程中，要注意全局与部分的计算关系，全局性即研究区域内每个像素点都要进行其区域均温的计算，且保证每个像素点具有相同的计算精度；局部性即每个像素进行均温计算的过程中滑动窗口的确定。因此，算

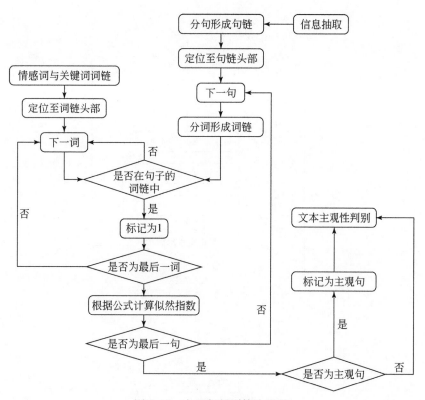

图 5-44 主观句判别算法流程

法实现时，在四川和云南整个研究区域的基础上，以云南、四川省级边界为界线，向外缓冲 120km 的范围作为最后的计算区域，这样可以不用考虑研究区域的边界像素点问题，确保研究区内每个像素点的计算精度不变。在滑动窗口的确定过程中，因为地震热红外异常一般在距离地震震中 120km 范围内，因此建立 241×241 像素个数的滑动窗口，逐一进行各像素的计算。计算过程中排除缓冲区域且像素点的亮温值本身为 0 值的像素，求出滑动窗口范围内每个像素点的区域均温值，这样既保证了算法的时间效率又排除了数据本身质量问题的影像。区域均温方法实现的算法流程图如图 5-47 所示。

地震热红外异常点意指发生突跳的像素点，因此要计算像素点在此时间是否已经发生突跳，主要是运用该时间点研究区域的像素平均温度值与前一时间点相同研究区域的对应像素点的平均温度值进行差值运算，即可得出该时间是否发生了突跳（即大面积增温），增温异常比值方法算法流程图如图 5-48 所示。因为区域均温时间序列的计算有季节变化带来的温度的差异，根据相关研究学者的研究，如郭卫英等（2008）发现 1997 年 11 月 8 日发生的西藏尼玛 7.5 级地震，在震前四天出现了 3～5℃的增温现象，苏晓慧等（2013）在研究云南地震、汶川地震等时发现区域均温有 5～10℃的增温现象，为了保证不漏掉可疑像素点，确定区域均温跨度为 1℃，即如果平均温度差值大于 1℃，认为发生了区域均温异常，该时间即为可疑时间，该像素被记为可疑位置点。

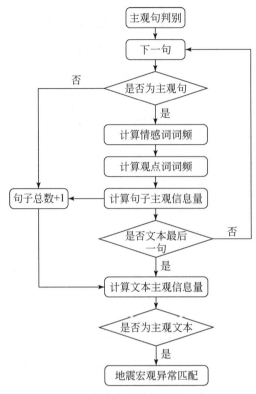

图 5-45　文本主观性判别算法流程

（2）异常值比较法

增温异常值比较法为局部计算方法，主要为滑动时间窗内影像像素点的计算，算法流程图如图 5-48 所示，实现过程中应注意以下几点。

1）相关研究学者之前的研究中发现，在震前几天到 60 天，亮温增温异常都有发生，因此在平均值算法的实现过程中，滑动时间窗 m 设置为 7，所用数据为 MODIS 产品中的 8 天合成影像，因此将滑动时间窗设置为 7，则时间跨度为 56 天。

2）在正负异常点判定的实现过程中，滑动方差倍数确定为 2.0 倍，在针对四川、云南等几次震例数据进行计算时，发现将倍数确定为 2～2.5 倍即可将震中所在像素点进行提取，倍数过小则提取的可疑像素点过多，倍数过大则有些像素点提取不到，均不利于后续的计算和分析，因此在实现过程中确定滑动方差倍数为 2.0 倍。

3）在异常比值的计算过程中，同样需要保证研究区内每个像素点具有相同的精度，因此在滑动窗口的确定过程中，同区域均温方法，建立 241×241 的滑动窗口，逐一进行各像素的异常比值的计算。

4）缓冲区内影像像素和像素点亮度温度值本身为 0 值的像素不参与计算与统计。保证算法的时间效率和排除影像本身质量问题所带来的误差。

5）地震热红外异常点提取算法主要依据为异常比值与区域均温是否同时发生突跳，因此需要通过计算此时像素点异常比值与前一时间像素异常比值的差值来确定异常比值是

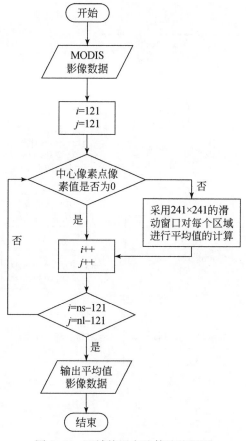

图 5-47　区域均温方法算法流程图

否突跳，根据相关学者对震例的研究，苏晓慧在研究 5 次地震的震例数据时，发现异常比值有 0.2 ~ 0.8 的降低现象，为了不漏掉可疑像素点，确定异常比值突跳 0.1 的幅度即发生了异常。在异常点评价值的计算过程中，异常比值的突跳幅度为主要的指标，因此异常比值的突跳影像要进行单独生成。

（3）透热指数方法

透热指数方法是比较像素单元与周围像素单元的关系，从一定程度上可以消除气象因子对地表温度的影响，算法实现流程如图 5-49 所示。假设每个像素单元所受的气象因子影响是一样的，所以空间单元选择越小，该方法的计算结果越接近实际情况，因此算法实现过程中选择空间滑动窗为 1 个像素单元，像素单元周围的像素则选择位居 8 个方向的 8 个像元单位（图 5-50），这样结果更接近理想的预测。

滑动时间窗 t 是由反相关指数的反应灵敏度决定的，若选择跨度较大的滑动时间窗，虽然可以更好地消除地面地貌带来的影响，但是却降低了对气象因素的提取并进行消除的作用效果，指数对气象因子的反应灵敏度也随之降低；若滑动时间窗选择较小的时间跨度，时间分辨率得到相应提高，但是气象因子的影响则相应加大。所以在算法的实现过程

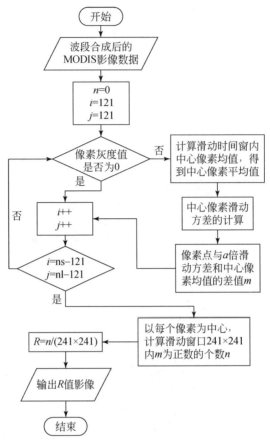

图 5-48 增温异常比值方法算法流程图

中，滑动时间窗确定为 60 天（同异常延续的时间相同），这样既可以保证指数灵敏度在一定的水平，同时又在一定程度上消除了异常发生的时间跨度内气象因子的影响。

算法实现过程中，同样选择排除缓冲区之外的研究区域的计算，中心像素本身为 0 值的不参与计算，周围像素中像素值为 0 值时，周围像素点平均值计算排除该点，确保研究区内每个像素点的精度一致。

（4）涡度处理方法

涡度处理方法是定量考虑气象因子对地表温度的影响程度的一种方法，通过计算中心像素与其周围像素之间的关系来确定。方法实现过程中，时间窗同样选择时间序列的 7 幅 MODIS 8 天合成遥感影像，时间跨度为 56 天，这样可以与其他提取方法在相同的条件下进行对比分析。

地震热红外异常点评价值计算过程中主要考虑到像素点涡度值突跳幅度指标，因此要计算像素点在此时间的突跳幅度，主要是运用该时间点研究区域的像素涡度值与前一时间点相同研究区域的对应像素点的涡度值进行差值运算，即涡度值突跳幅度，将涡度突跳幅度影像值进行单独保存与输出。涡度处理方法算法流程图如图 5-51 所示。

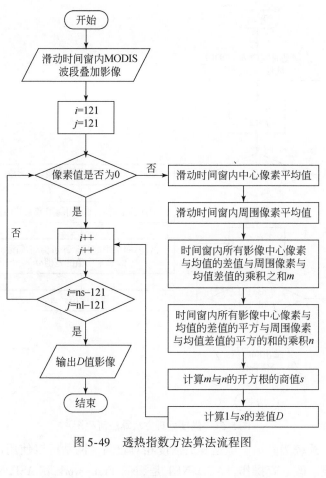

图 5-49 透热指数方法算法流程图

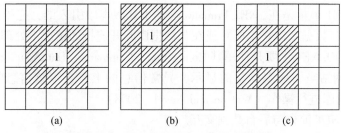

图 5-50 中心像素单元周围像素分布

5.4.3.3 平台数据组织与管理

(1) 数据格式转换

1）网站前后台数据调用。

第一，AOD. NET。

利用 ADO. NET 管理数据，通过 C#代码与 SQL 语句对数据库数据进行操作，与数据源

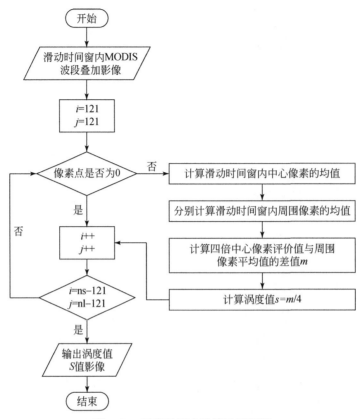

图 5-51　涡度处理方法算法流程图

控件相比，这种方式较为麻烦。但是其灵活度相对较高，网站可以使用代码更加灵活的执行数据库的增、删、改、查操作。ADO. NET 是 . Net Framework 和 ASP. NET 开发的一个重要部分。ADO. NET 最早是在 . NET Framework 的 1. 0 版本中引入的，它提供了一组特性来试试处理数据（与数据库建立连接）或在与数据库断开连接的情况下处理数据。在本系统网站中，应用 ADO. NET 主要是使用其 Connection、Command、DataAdapter、DataSet 和 DataReader 对象。网站当中地图标签的显示，异常信息的上传，审核信息的更改都是通过 ADO. NET 对数据库进行操作（Watson and Nagel，2008）。

　　第二，ASP. NET 前台与后台数据交互。

　　前台页面与后台数据的交互是 ASP. NET 技术的难点（Kauffman and Thangarathinam，2006）。而该系统需要频繁的数据交互操作，往往在后台将数据从数据库中查询出来后，又要在前台显示。例如，地震震源中心位置的显示和地震宏观异常现象发生地点位置的显示，需要在前台调用百度地图 API，用 JavaScript 部署地图。然而从前台直接调用数据库十分繁琐且不安全。如果在前台调用数据，每个用户都可以在浏览器上获取服务器端的数据库信息。因此，需要一种能在后台为前台动态插入 JavaScript 代码的方法（Wilton，2009），如图 5-52 所示。

　　用户上传地震宏观异常现象发生地点是通过单击百度地图上的点，页面记录下用户所在点位置经纬度后传给后台, 后台通过 ADO. NET 存入数据库之中 (李新峰等, 2009)。在上述步骤过程当中, 重要的一步是前台用户单击的点信息, 如何传给后台。ASP. NET 自身带有两类控件, 一类是服务器控件, 另一类是 HTML 控件。服务器控件的属性可以在后台直接进行设置与获取, HTML 控件的属性通过 Page 类的 request 方法进行获取。用户单击地图后, 会自动引发地图事件, 该事件以脚本语言 JavaScript 运行, 其目的是记录下该位置经纬度。由于在前台, 脚本代码 JavaScript 无法使用后台变量或服务器控件, 因此经纬度信息被存入前台的 HTML 控件属性中。当用户单击上传后, 后台通过 request 方法获取带有经纬度信息的控件属性。至此, 前台与后台的数据交互完成。值得注意的是, 存储经纬度的 HTML 控件用来存储前台数据, 因此在前台界面中会被隐藏, 不会被用户所看到。

系统网站的网页间有着密不可分的关系。例如, 从异常信息展示界面到异常信息详细界面, 需要得知异常信息的编号, 在新界面中才可以显示相应的异常信息。从地震信息展示界面到地震与异常关系界面, 需要得知地震编号, 在新界面中才可以显示相应的地震信息。除此之外, 用户登录网站后, 每个页面均需要获得当前用户编号, 因此每个页面打开后都需要传递参数。当新的页面初始化时, 需要在后台调用这些参数, 以决定当前页面的内容。后台调用前台参数可通过 "Request. QueryString" 属性进行获取。

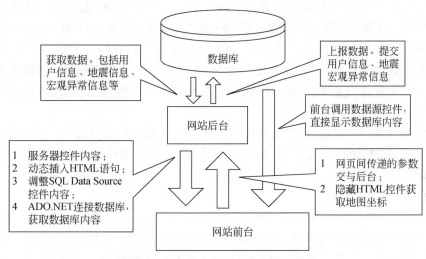

图 5-52　网站前台与后台数据调用关系

第三, 多媒体文件上传。

网站在用户上报宏观异常信息时, 提供多媒体上传功能。其实质是从前端向服务器上传文件, 同时将文件在服务器中路径存入数据库中。这也涉及前台与后台的数据互操作。获取文件的操作在前台实现, 而数据的上报都在后台实现。

第四, AJAX 控件。

使用 ASP. NET 编写的网页, 如果不做处理, 其刷新频率将会是让用户十分头痛的一个问题。每当用户单击一次服务器控件, 由于信息要返回服务器端, 页面将重新加载。由此造成的后果便是, 每当用户单击页面上的一个按钮, 页面都要闪烁一次。如果页面中有较大图片、插件等，需要过上几秒钟才能再次出现。这种现象必将为用户带来很差的用户体验。利用 AJAX 控件即可解决该问题。ScriptManager、UpdatePanel 是两个 AJAX 控件。在网站编写过程中，可将需要共同刷新的控件放入 UpdatePanel 之中。这样，在页面运行工程中，当用户单击其中按钮或其他控件是，将不会刷新所有页面，只会刷新当前 Panel 之中的内容。

2）智能手机与服务器数据交换。

手机上传的难点在于数据格式的转换。无论是智能手机还是手机短信，其数据结构与数据库中的数据都是有一定差异的。如何解决数据转换问题，是手机上传的关键。

智能手机采集软件运行在 Android 操作系统的手机上。需要处理的问题是数据系统采集界面、数据结构表、XML 三部分之间的数据格式转换。软件的采集界面通过结构表生成，并且每一个控件与结构表中的数据内容相对应，而结构表中的每一条数据都包含相应数据表名称，软件以这种方法实现将采集数据存储到数据表的操作。XML 文件在动态数据采集技术中主要负责计算机端数据库信息的导出，以及移动端的数据采集系统数据库信息的导入。它主要包含固定的结构表结构信息与项目的数据表信息。其中，结构表主要是包含移动端数据库的结构信息以及生成采集界面的数据信息，数据表中包含所需要采集的表结构和一些具体的预设值及其他数据信息。XML 文件的解析主要有三种方式，SAX、DOM 和 PULL。常规在计算机上开发使用 Dom 相对轻松些，，并且 DOM 方式可以完整获取 XML 文件的结构，但这种方式会把整个 XML 文件加载到内存中去，需要内存空间较多，不方便在移动端的 Android 平台上使用，而 PULL 主要使用在 J2ME 上，因此采用 SAX 方式比较好。SAX 的读取是单向的，不占内存空间、解析属性方便，这就有利于不同 XML 文件的解析。

手机终端最终以 XML 格式将数据传到服务器端。服务器端有另外一个应用程序，在接收到智能手机发来的数据后，将 XML 格式转换为数据库可读的数据格式。以此完成 XML 数据的解读工作。

3）手机短信上传数据。

利用 GSM/GPRS MODEM 可将手机短信数据转换为电脑可识别的数据。在服务器端将运行着一个用于接收短信的程序，当设备接收到短信后，短信内容与发送短信的手机号码将转换为字符串作为参数输入程序当中。程序首先核对手机号码，当确认号码为测报员号码后，将定位到该测报员信息，程序连接数据库，录入地震宏观异常信息。手机短信内容中规定，用户输入"0"或"正常"代表没有发生宏观异常信息。如果发生了宏观异常现象，直接将发生的内容记录下来即可。数据库将以该测报员为上报用户，将数据存入数据库。

（2）数据组织和整理

1）数据表命名规范。

在数据库设计过程中，所有数据库表命名、实体命名、视图命名都采用方便理解的中文进行命名。但在数据库的实际应用当中，使用中文名会增加数据库操作的复杂性，并且在代码运行过程中也极易出错。因此，需要在原有数据库设计时使用的概念名称基础上，建立物理名称。这样，既能减少数据库运行时的运算量又能规范数据库命名，便于简化数据库表与实体的名称。

表与字段是数据库的公共资源，所以其名称必须具有开放性和可读性，同时要采用一整套严格的设计规则。合理的命名方式可以增强数据库的可读性，使数据库在网站的编码实现过程当中，清晰明了地呈现给开发人员。因此，该数据库的命名需要制定一定规则，并严格遵循。以宏观异常汇总表为例，该表的概念名称为宏观异常汇总，其物理名称为SeismicMacroAnomaly，为 Seismic Macroscopic Anomaly（地震宏观异常）的缩写表达。表中每个字段都以 Sma 开头，表明该字段属于此表。SmaID 表示异常编号，为该表主键。其余字段按其含义加以命名，如发生时间 SmaDateOccur，上传时间 SmaDateUpload，异常经度 SmaLogitude，异常纬度 SmaLatitude，异常描述 SmaNote。此外，表中的外键同样以 Sma 开头，加上符号"_"后再加上主表中的字段名。例如，字段上报用户外宏观异常汇总表中的外键，它的主表为用户表，该字段在用户表中名为 UserID，因此按照上述命名规则，上报用户在该表中的物理名称即为 Sma_UserID。同理，在该表中的几个外键字段影响地震、案例编号分别命名为 Sma_EqcID，Sma_ScID。

需要注意，一些名字已被数据库管理系统定义为关键字（如 User）。如果使用了DBMS 中的关键字作为表的名字，在对表的操作过程中，DBMS 会提示错误。解决这种问题的方法有两种，一种是在调用该表的 SQL 语句中，用特殊符号加以标识，另一种是提前查找好使用的 DBMS 中的关键字，在为数据库中元素进行命名时尽量避免使用这些名字。

通过该种方法，数据库得以使用规范的物理名称，这使数据库的管理和网站编写都更为清晰明了。表与表、实体与实体间的关系一目了然。

2）数据表设计。

以不同目的存储同样的数据建立的数据库结果可能千差万别。因为本着不同的侧重点，就会得出不同的数据表规划方案。良好的数据表规划方案可以增加数据库查询速度，同时尽量减少冗余，在空间与时间上达到理想的平衡点。

第一，测报员异常信息审核表。

面向公众的系统模块与面向测报员的系统模块共用同一个数据库，这样可以共享系统数据，不做数据库的重复搭建。但同时也会有相应问题出现，在面向公众的地震宏观异常信息采集系统中，系统不需要异常信息审核功能，因此宏观异常信息表中不需要审核信息的相关属性，如审核人编号、审核意见、审核记录等。而面向测报员的地震宏观异常信息采集系统中，用户即测报员上报的异常信息需要审核，因此测报员上报的异常信息中应该带有上述审核信息属性。

针对这个问题有两种解决方法：一种解决办法是将异常信息表中加入审核信息属性，这样公众上报的异常信息中就都会有几个字段是空值，而测报员上报的数据中就会带有这些属性的信息。另一种解决方法是新建一个表作为单独的测报员异常信息审核表，以一对一的关系与测报员上报的异常信息进行对应。比较两种方法，第一种方法增加了空间上的冗余而没有增加表的数量，而第二种方法新增了一个表，避免了冗余属性出现。

从系统的实际应用可知，测报员的地震宏观异常信息数据也并非每次使用都要调用审核信息，只有在有关审核信息的时候对审核信息属性进行调用。并且建立索引后的异常信息审核表速度上没有对数据库查询造成负担，其时间差在数据库数据量范围内可以忽略。因此，采用新建表格的方法对本系统更为适合。

第二，多媒体文件表。

记录多媒体信息也有两种方法：一种方法是在宏观异常信息表中添加图片文件路径、录音文件路径、视频文件路径属性。当用户上传带有多媒体文件的异常信息时，文件在服务器的相对存储路径便存于表中。另一种方法是新建三个表，分别记录图片文件信息、录音文件信息和视频文件信息，三个表以宏观异常信息编号为外键与宏观异常信息表相连接。

第一种方法可以快速调用多媒体文件，不需要在表中进行查询，直接可以找到某一次异常信息所对应的多媒体文件。但其缺点也是十分明显的，首先，不是每条异常信息都会包含多媒体文件，用户可以只对异常信息进行文字描述，即使有上传多媒体信息，也很少有会将三种多媒体文件同时上传的用户；其次，如果采用这种方法记录多媒体信息，每条异常信息至多只能分别记录一个图片文件、一个声音文件、一个视频文件，这明显是不符合系统功能需求的。因此，系统选用第二种方法即建立多媒体文件表的方式存储多媒体文件信息。

第三，范化层次建立用户表。

面向多种用户是本系统的一大特点，对不同用户信息的存储是数据组织整理的一大难题。单一地把所有用户全部分开建表，或将所有用户都建在同一张表中，都不能达到最好的效果。如果把四种用户分别建成四个表，当需要统计用户基本信息时，如计算网站用户数量，便需要分别对四个表中数据进行统计求和才能得到结果。而若将所有用户都建在同一表格中，又会产生过多的冗余数据。因为每一类用户的属性不同，每类用户只需要填写自己种类范围内的信息，而其他种类用户的属性便成为了空值。

因此，提取用户公共部分的泛化层次建表方法是存储多种类用户的较好方法。在提高了用户信息查询速率的同时，没有增加数据冗余。

3）数据查询。

第一，视图查询的 SQL 语句。

在数据库中加入视图可以将感兴趣的数据从表中提取出来，为代码编写提供方便。在建立视图过程中，需要用 SQL 语句对信息进行初步查询，在代码中依据具体需要对信息进行进一步查询。以在面向测报员的地震宏观异常信息采集系统中，查询测报员异常信息上报情况为例，视图中通过 SQL 语句查询得出每天每种类型用户的正常上报数量与异常上报数量。程序中调用该视图进一步得出某一天或某种特定类型用户的正常上报数量与异常上报数量。

第二，程序中的 SQL 语句。

大多数情况可以将想要查询的数据作为视图建立于数据库当中。但还有一些情况不能采用上述方法。例如，系统需要查询在某一天中所有宏观异常测报员的上报情况，SQL 语句必须先查询出该天内上报异常信息的宏观异常测报员编号，本书称其为名单 1；然后同所有宏观异常测报员编号进行比较，本书将所有宏观异常测报员编号称为名单2；同时出现于名单1与名单2的宏观异常测报员为已上报宏观异常测报员，只出现在名单2而没有出现在名单1中的宏观异常测报员为未上报宏观异常测报员，这样便完成了对指定的一天中上报情况的查询。

SQL语句实现以上步骤需要使用嵌套查询，即先得到名单1，再从名单2中挑选，将两名单都存在的宏观异常测报员标记为已上报，只存在于名单2中的标记为未上报，再将两部分合并。上述查询方法必须先规定好名单1中的日期，而程序运行中，这个日期是不能确定的。因此，这部分SQL语句需要直接写在程序之中，日期作为参数传入SQL语句当中。

（3）异常分析评价图上显示

1）图上功能实现技术。

第一，JavaScript获取服务器控件。

JavaScript作为一种操作HTML行为的脚本语言，获取HTML的控件很容易，但是HTML控件不能被后台设置修改，而JavaScript获取服务器控件却不容易，但是服务器控件却可以被后台设置修改。使用JavaScript获取服务器的控件，可以方便地实现条件查询的位置设置。

位置条件设计中有三级，分别为省、市、县，按照中华人民共和国行政区划（2006年）来进行分级。用户在设置时，先设置省级选项；选定后，市级选项会自动将选定省级下辖的市级添加到市级选项，县级选项再自动根据市级下辖的县级添加到县级选项。

第二，数据表格"详情"字段对应多种内容的问题。

数据表格展示窗口中有一个"详情"字段较为特殊。通常一个字段接收的数据类型是单一的，或是字符，或是数字，或是链接。而异常分析评价模块有五种数据源，详情的表达也就各不相同，如系统上报、专业上报数据的详情是一个数值id，气象数据没有详情，网络搜索数据的详情是一个网址链接，热红外数据的详情是一个文件夹的名字。"详情"字段的复杂性除了内容多样外，还有操作也有差异，如系统上报、专业上报、网络搜索数据的"详情"单击后会跳转新网页，热红外数据的"详情"单击后不跳转新网页，但要求弹出一个DIV窗口来呈现遥感影像。

面对内容多样，响应行为也不同的要求，使用LinkButton控件的Href字段承载内容，数据库存储格式定义如下：①系统上报数据、专业上报数据，则是http://w+id；②网络搜索数据，则直接是网址；③气象数据，则是"无"；④热红外遥感数据，则是http://w+影像文件名称（不含后缀名）。

第三，百度地图制作影像服务问题。

热红外遥感数据的详情信息是一幅经过处理的遥感影像，想要在用户单击详情时弹出遥感影像，因影像数据的大小限制，直接推送影像数据不是最佳的选择。所以对影像数据进行不同级别切片，然后推送照片到浏览器即可。

百度地图服务的切片生成需要借助百度的切片生成工具TitleCutter。

2）用户良好交互技术。

第一，地图展示窗口和数据表格展示窗口之间联动。

由于地图展示窗口、数据表格展示窗口、柱状统计图展示窗口会一同展示同一次的查询结果，不同的展示方式有各自的优势，要想能够将优势互补，浏览时三者联动是最好的方式，在这里主要实现地图与数据表格的联动。

由地图到数据表格的联动指的是，当鼠标在地图上滑动时，一旦鼠标进入某个标注的范围，数据表格中会将该标注对应的数据记录移动到数据表格的最佳视野内，并且突显出来。地图标注和数据表格数据联系的纽带是记录的序号，实现联动的关键在于解决如何由标注的序号找到数据表记录的序号和知道数据表记录的序号如何将该条记录移动到最佳视野这两个问题。

第二，服务器控件的数据叠加展示实现。

三种数据展示窗口中，地图展示窗口实现不同数据源叠加展示相对容易，因为百度地图服务如果没有使用核心类 MAP 的清理函数 clearOverlays（），地图上的标注是不会消失的，当不同的数据源先后被展示时就会叠加在地图上。然而，用于展示数据表格的 Gridview 控件和用于展示统计信息的柱状统计图 NPlot. web 控件都是服务器控件，每当服务器控件被触发时都会重新加载页面，如此上次展示了什么数据不会有痕迹。因此，如何让后一次加载的页面记住上一次加载的页面的某些参数成为解决服务器控件叠加显示的关键。

在 ASP 中，可以使用 cookie 和 session 来保存用户的信息。而 cookie 和 session 有所区别，session 是把资料保存在服务器端，而 cookie 则是把资料保存在客户端。为了减轻服务器的负担，该平台在实现时选择 cookie。

在叠加模式下，将图标查询的五个响应事件和条件查询的响应事件的初始状态记为 0，将该状态值存到 cookie 中，一旦某个事件响应了一次，就将该事件的状态标记为 1，同时将更改的状态值存到 cookie 中，每次展示数据时，判断 cookie 中的状态值就可以知道添加哪些数据源的数据。

5.4.4 地震认知培训游戏系统的开发与实现

地震认知培训游戏选用 Unity3D 开发平台，C#为开发语言，根据目标驱动的学习方法，将体验任务作为获取地震宏观异常知识的手段，实现了具有多个虚拟体验场景的地震宏观异常信息认知培训游戏系统。Unity3D 平台开发的游戏可以在 Windows、Android 和 IOS 上运行，也可转化为 Flash，因而地震宏观异常信息认知培训游戏系统可以运行在移动终端以及 PC 两种载体上，方便公众在各种设备上体验游戏。目前，地震宏观异常信息认知培训游戏系统已在山东省临朐县实验小学进行了试点培训和应用，效果良好。同时，该系统已发布于面向公众的地震灾害信息采集网站，供公众体验。

5.5　应用示范模式研究

我国对破坏性地震的成功预测走的是"专群结合"的道路，即不仅加强以地震专业队伍的高精度仪器观测为基础的微观异常监测与分析，还鼓励非地震专业人员开展宏观异常的观察与分析。《中华人民共和国防震减灾法》明确规定：任何单位和个人都有依法参加防震减灾活动的义务。国家鼓励、引导社会组织和个人开展地震群测群防活动，对地震进行监测和预防。国家鼓励、引导志愿者参加防震减灾活动。因此，针对非专业用户，有必要开展公众参与式地震宏观异常信息采集与服务平台应用示范模式研究，建立多类用户群体应用示范模式。以防震减灾助理员、测报员、公众为例，研究建立地震宏观异常信息采集与服务平台示范应用内容、示范方式和示范效果评价流程。通过示范模式的建立，选择地震灾害风险区作为示范区，建立应用示范数据集，在学校、企业等不同机构开展地震灾害信息采集应用示范工作。

应用示范的内容包括地震宏观异常基础知识的讲解，地震宏观异常信息采集与服务平台的操作使用等。示范的方式主要是通过专题讲座、现场实地操作、派发宣传图件等。由于不同类用户群体拥有不同的需求和应用目的，针对不同类用户群体，示范培训中的侧重点有所不同。

（1）面向防震减灾助理员的应用示范模式

防震减灾助理员主要职责之一是观察地震宏观异常、采集异常信息并上报宏观异常信息，但存在上报信息不规范、不准确、人员流动性大、联系方式变动等问题。防震减灾助理员由区县级地震主管部门负责管理，对他们的宏观异常知识培训各地的要求也不一样。对于防震减灾助理员，主要培训地震宏观异常信息采集与服务平台的使用以及地震宏观异常知识。利用互联网、移动通信等手段，通过讲座和预装使用等方式，向用户提供地震信息采集、报送等基本应用方法，然后通过合适的评价方式对培训效果进行评价。

（2）面向测报员的应用示范模式

对于测报员，主要是通过专题讲座、实际操作和发放操作手册等方式，向测报员培训地震宏观异常知识、地震宏观异常信息采集与服务平台。然后通过合适的评价方式对培训效果进行评价。

（3）面向社会公众的应用示范模式

对于社会公众，主要是通过专题讲座、派发传单图件、参与地震认知培训游戏等方式，向社会公众培训地震科普知识、防震减灾避险逃生技能等。其中，针对在校学生，内容包含防震减灾基本常识和地震认知培训游戏两个方面，对于企事业单位人员，则侧重于防震减灾基本知识的培训。然后通过合适的评价方式对培训效果进行评价。

应用示范评价可以分为准备阶段、实施阶段、评价结果的处理与反馈阶段。准备阶段主要明确评价目的、评价人员和评价内容等。实施阶段是应用示范评价的关键环节，主要任务是运用各种评价方法和技术收集各种评价信息，并在整理评价信息的基础上进行效果判断，应用示范评价方法有现场随堂听课、量表评价法等。评价结果的处理与反馈阶段主要工作是评价结果的检验、原因分析、报告撰写和结果反馈等。

5.6 本章小结

本章针对公众参与式地震异常信息的采集与筛选评价，从普通公众、防震减灾助理员、地震宏观异常测报员、地市级审核员和管理员的角度分析系统的功能需求与数据需求，并在此基础上进行了地震宏观异常信息采集系统的功能设计、数据库设计和关键技术实现的描述；针对地震异常信息普及不足、信息丰富但利用不充分的现状，开展以建构主义为理论基础的认知服务研究，基于地震宏观异常信息的分类和表现特征，以"严肃游戏"的模式开发认知培训游戏。公众参与式地震宏观异常信息的采集与服务平台将信息的采集、信息认知与信息评价结果的展示集于一体，具体应用示范效果见6.4节。最后结合不同对象，简要探讨了应用示范模式。

参 考 文 献

陈刚，石晋阳，冯锐.2010. 科学发现学习的认知机制研究 [J]. 远程教育杂志，28：12-16.

郭卫英，等.2008. 活动断裂带的地形地貌差异与红外亮温年变特征的研究 [J]. 地球物理学进展，23（5）：1437-1443.

李新峰，等.2009. NET 图解 C#开发实战 [M]. 北京：电子工业出版社.

刘妍，王庆，陈洪，等.2013. 面向公众的地震宏观异常信息认知培训游戏系统 [J]. 震灾防御技术，8：468-474.

苏晓慧.2013. 公众参与式的地震异常信息提取与评价方法研究 [D]. 北京：中国农业大学博士学位论文.

田爱奎，杨瑛霞，夏天，等.2006. 数字化游戏学习的发展及展望 [J]. 电化教育研究，（1）：37-41.

田京航.2013. 地震宏观异常信息采集系统数据库设计与建立 [D]. 北京：中国农业大学博士学位论文.

Karli Watson，Christian Nagel. 2008. C#入门经典（第 4 版）[M]. 齐立波译. 北京：清华大学出版社.

Kauffman J，Thangarathinam T. 2006. ASP. NET2. 0 数据库入门经典（第 4 版）[M]. 北京：清华大学出版社.

Wilton P. 2009. Beginning JavaScript [M]. Toronto：Hungry Minds Inc.

第6章 | 应用实例

6.1 公众参与式的四川芦山地震灾害信息分析与服务

6.1.1 应用案例所需数据以及数据来源

据中国地震台网测定，北京时间 2013 年 4 月 20 日 8 时 2 分在四川省雅安市芦山县（北纬 30.3°，东经 103.0°）发生 7.0 级地震，震源深度 13km。此次地震遇难人数 196 人，失踪 21 人，11 470 人受伤，累计造成 231 余万人受灾。震后，本书编写组人员对震前 1 个月内新浪微博、腾讯微博和论坛、相关网站内容进行了宏观异常信息的搜索，共搜集到 33 条宏观异常信息。

以地震发生时间和震中的经纬度范围，确定用于热红外异常指标提取的 MODIS 影像，空间范围：101.72°~104.28°E，29.20°~31.40°N；时间跨度：2012 年 10 月 20 日~2013 年 4 月 30 日。对影像进行裁剪以及投影后用于区域均温、增温异常比值、透热指数和涡度的计算。

气象数据以四川省内的国家级气象站点的日值数据集为基础数据。四川省的国家级气象站点共 54 个，雅安市由 6 县 2 区构成，包括雨城区、名山区、荥经县、汉源县、石棉县、天全县、芦山县和宝兴县，其中雅安市区、汉源县各有 1 个国家级气象站点。以气象站点 1983~2013 年日均温、日均气压、日降水量、日最高气温和日最低气温数据值为基础数据，进行气象要素异常的提取，其中 1983~2012 年的气象数据来源于中国气象科学数据共享服务网站，2013 年气象站点的数据来源于中国天气网站的四川气象服务版块，内容包括：日平均气压、日平均温度、日最高温度、日最低温度和日降水量，通过逐站点逐日查询而得。

6.1.2 单种异常信息提取与评价

（1）宏观异常信息的筛选与评价

宏观异常信息的筛选主要从完整性、真实性、信誉度和关联度来进行。

首先是针对搜集到的 33 条宏观异常进行真实性的分析，编号为 32 的信息，经网上查询与验证，发现没有其他类似描述，也没有相关的图片或者更多的描述；另外，编号为 29 的宏观异常，成都 4 月 13 日的平均气温为 16℃，最高气温为 23℃，而前一天（4 月 12

日）的平均气温为16℃，最高气温为18℃，所以信息中描述的一天之内上升10度的情况不存在，故在初筛时，将这两条信息筛除，不做后面分析之用。

序号	异常种类	真实性	完整性	信誉度	关联度	非震原因	筛选结果
1	狗	T	1	0.5	1	0	1
2	鱼	T	0	0.5	1	0	0
3	青蛙	T	1	0	1	1	0
4	苍蝇	T	1	0.5	1	0	1
5	IPAD	T	1	0.5	0	0	0
6	癞蛤蟆	T	1	0.5	1	0	1
7	鸟	T	1	0.5	1	0	1
8	天气	T	0	0.5	1	0	0
9	猫	T	0	0.5	1	0	0
10	赤练蛇	T	1	0.5	1	0	1
11	风	T	0	0.5	1	0	0
12	天气	T	0	0.5	1	0	0
13	风	T	1	0	1	0	0
14	狗	T	1	0.5	1	0	1
15	飞蚁	T	0	0.5	1	0	0
16	天气	T	0	0.5	1	0	0
17	地震云	T	1	0.5	1	0	1
18	地震云	T	1	0.5	1	0	1
19	天气	T	1	0.5	1	0	1
20	风	T	1	0.5	0	0	0
21	大狼狗	T	1	0.5	1	0	1
22	狗	T	1	0.5	1	0	1
23	狗	T	1	0.5	1	0	1
24	风	T	1	0	1	0	0
25	天气	T	0	0.5	0	0	0
26	天气	T	0	0.5	0	0	0
27	地震云	T	1	0.5	1	0	1
28	地震云	T	1	0.5	1	0	1
29	天气	F	1	0.5	1	0	0
30	虫	T	0	0.5	1	0	0
31	蚊子	T	1	0.5	1	0	1
32	虫	F	1	0.5	1	0	0
33	龙卷风	T	1	0.5	0	0	0

图6-1 芦山地震宏观异常信息筛选结果

其次是复筛，复筛的指标包括完整性、信誉度和关联度。完整性的分析，完整性包括发生时间、地点以及宏观异常的描述，序号为2、8、9、15和16的信息的时间不明确；序号为9、11、12、26、30的信息没有明确的地点属性；异常描述全部都有，所以根据完整性的要求，筛除掉上述信息，剩余22条信息进行下面的分析。然后针对22条信息进行信誉度的分析，因22条信息全部来自微博用户，故针对发布这些信息的微博用户查询其以往信息更新率以及对地震关注度的追踪分析，序号为13和24的用户发布的信息可信度较低，所以基于信誉度将这两条信息筛除。再然后是基于关联度的分析，编号为5、20、24和33的信息不包含地震宏观异常的指标项，而编号为27的信息，则在其发生的时空范围内未发现同类或者其他类现象，故排除。至此，经过初筛和复筛，宏观异常信息只剩下16条。

最后是精筛，即对非震原因造成的异常信息进行排除，编号为3的信息中描述在四川成都发现万只青蛙，还有相关视频进行说明，但是当时正值青蛙的繁殖时期，而且能明显看到视频中地面较湿，是雨后录制，并且好多公众在互动中说明这是青蛙正常的生活习性，所以将该条信息归入正常。最终确定进行评价的宏观异常信息为15条。以条件格式的方式对宏观异常信息的初筛、复筛和精筛过程进行表示，有填充色的表示不满足筛选的条件，而空填充的表格表示满足筛选的条件，最终筛选的结果如图6-1。

宏观异常中有5项分布在距离震中80km范围内，9项分布在距离震中160km范围，位于成都市（图6-2），因通讯方式等方面的影响，成都市的市民对宏观异常的反应与关注度比震中地区的关注度要高。宏观异常信息分布在鲜水河-滇东地震带、长江中游地震带和龙门山地震带三个地震带中，其中位于长江中游地震带内的宏观异常最多，达9项，与汶川宏观异常不同的是，此次地震的宏观异常只有1项位于龙门山地震带内。此外，宏观异常发生的地点与活动断层距离较近，有8项异常均位于活动断层内（距离活动断层15km内）。

经过筛选的宏观异常信息共9种15项，依据宏观异常信息评价模型［式（4-1）］，k为9，c_k为15，则宏观异常信息的评价值c_{MA}为0.996。芦山地震前的宏观异常现象非常显著，对地震的参考价值较高。

（2）热红外异常信息提取与分析

应用MODIS影像计算区域均值和增温异常比值，并按照时间做数据的变化图（图6-3），异常比值在数据开始计算时期，呈现一个迅速下降，继而一段时间较低，在低谷延续3个月之后，突然发生迅速增高的现象，而此时，区域均值也到达一个峰值，二者同时发生突跳；另外，在2013年3月底的时候，二者均发生突然下降继而迅速上升的现象，异常比值在震前25天，发生0.32的突增现象，也是属于突跳的范畴。增温异常比值和区域均值的两次同时突跳现象，说明热红外异常在芦山地震前发生。

芦山地震发生在四川盆地的西南边缘。透热指数的分布图中，中间的五角星表示震中位置，不同的灰度表示透热指数的由高到低，白色表示该区域的变化与周围区域的变化趋势呈现一致性。从透热指数的分布图来分析，透热指数最高的区域集中在震中的东侧（图6-4）。

利用ENVI的二次开发和IDL对影像进行热红外异常信息的提取与评价值的计算，异常点的经纬度、异常发生与持续时间、异常描述和评价值等指标信息以TXT格式进行输出，然后进行异常点的入库并系统显示。经过计算，提取的异常点文档图如图6-5所示。

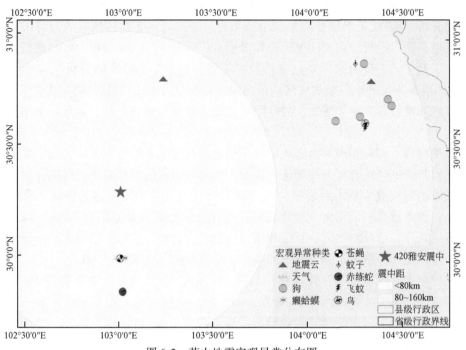

图 6-2　芦山地震宏观异常分布图

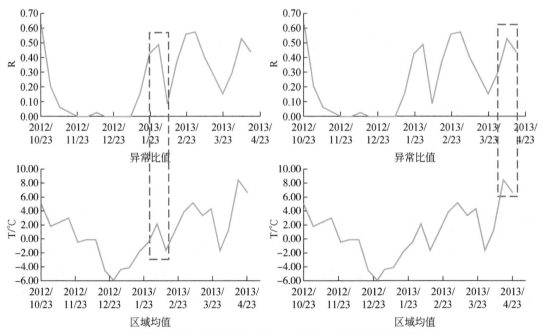

图 6-3　芦山地震前热红外增温异常与区域均值对比图

地震热红外异常点提取过程中，在进行异常比值的计算时，经过验证选取了方差系数

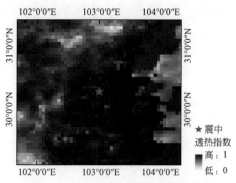

图 6-4　芦山地震–透热指数分布图

图 6-5　芦山地震异常点提取文档

为 2.4，此时共提取异常点 21 885 个（图 6-5），同时震中位置可以得到有效提取，震中位置像素点的异常比值异常幅度为 0.27，透热指数异常的持续天数为 16 天，涡度突跳值为 0.2，异常比值突跳异常较明显（图 6-6）。查看提取文档中所有的异常点可以发现，异常比值突跳幅度均在 0.2 ~ 0.4，突跳幅度不是很大；透热指数异常的持续天数较短，大部分异常点的异常持续天数为 8 ~ 24 天，涡度值突跳相差较大，分布较分散。从热红外异常点分布图可以看出（图 6-7），其中绿色异常点代表不被提取的异常点，红色异常点代表异常点，蓝色五角星代表此次震中位置异常点较多，均分布在震中周围位置，异常点覆盖范围较大，异常点分布比较集中，其中震中周围较小范围内有一些无异常的点，但是地震异常的发生在空间上有向震中聚集的趋势，四天后发生地震。

从地震热红外异常点评价值图可以发现（图 6-8），其中黑色五角星所在位置为地震发生的位置，黄色像素点代表评价值较小的像素点，绿色像素点为经过分级处理后的评价值为低级的像素点，蓝色像素点为评价值为中级的像素点，红色像素点为评价值为高级的像素点，异常评价值较小的像素点较多，红色像素点、绿色像素点和蓝色像素点，即异常点评价值较高的像素点与震中位置像素点在地震带周围聚集，在一定程度上验证了异常点评价值算法的合理性。

根据热红外异常信息的评价模型 [式（4-2）]，芦山地震前热红外异常信息的评价值 c_{IA} 为 7，具有较高的显著性。

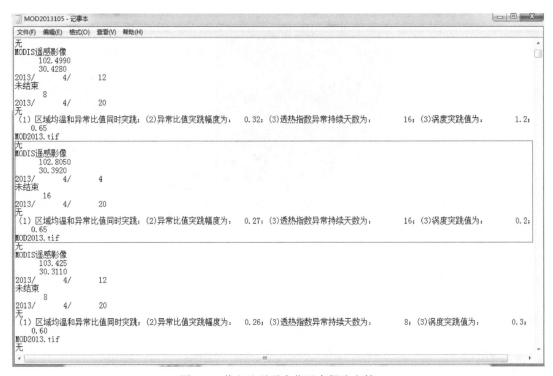

图 6-6　芦山地震震中位置点提取文档

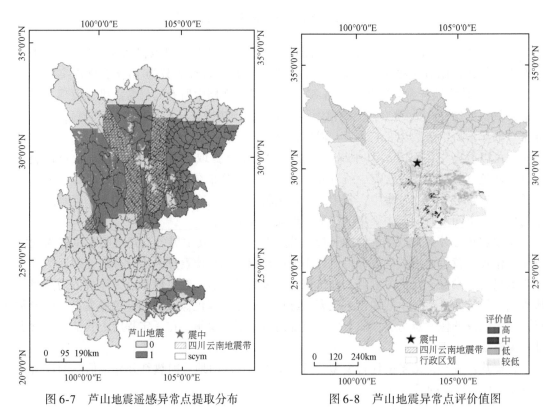

图 6-7　芦山地震遥感异常点提取分布　　　图 6-8　芦山地震异常点评价值图

（3）气象异常信息提取与分析

芦山地震发生时间为 4 月 20 日，气象异常信息提取的时间为 3 月 21 日 ~ 4 月 20 日，历史统计时间则为 1982 ~ 2011 年共 30 年的历年同日这段时间内的日均气温、日最高气温、日最低气温的最大最小值，日均气压的最小值和日降水量的最大值，并将 2013 年同日的同项指标值与历年同日统计的极值进行比较。根据震中附近气象站点的分布图（图 6-9），选择与震中距离最近的雅安、汉源、都江堰和成都 4 个气象站点为研究点；选择距离稍远，但海拔高度与震中海拔高度相差不大，或者与雅安同属于亚热带季风性湿润气候的气象站点为对比点，具体见表 6-1。

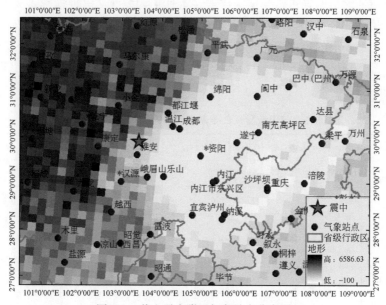

图 6-9　芦山震中附近气象站点分布图

表 6-1　芦山地震气象异常信息提取所选的研究点与对比点

序号	台站号	台站名称	海拔高度/m	震中距/km	备注
1	56294	成都	506.1	111.81	研究点
2	56188	都江堰	706.7	101.71	研究点
3	56376	汉源	795.9	113.61	研究点
4	56287	雅安	627.6	36.78	研究点
5	57206	广元	513.8	368.13	对比点
6	56193	平武	893.2	282.85	对比点
7	57237	万源	674	528.58	对比点
8	56178	小金	2369.2	101.87	对比点
9	56374	康定	2615.7	108.26	对比点

基于气象异常进行分析，发现在震前 30 天内，雅安气象站点的数据分别出现日均气温突破过去 30 年的最大值、日均气压等于历史的最小值和日最低气温、日最高气温、日降水量均突破历史最高值的现象，气象 5 要素异常集中出现在 3 月 24~28 日，在临近地震的前几天，则没有 5 项要素全部出现异常的情况，但是有日均气压连续 2 天（4 月 18~19 日）低于历史最小值，日最高气温连续 3 天（4 月 17~19 日）高于历史最高值的情况发生。在汉源气象站点同样发生了震前 30 天内气象 5 要素的异常，而且各项异常的幅度和持续天数都比较高，如日降水量比历史最高值高出 9.5mm，而且连续 3 天（3 月 31 日~4 月 2 日）都突破历史最高值；日均气温比历史最小值低 4.1℃，并且在 4 月 5~6 日连续两天低于最小值，之后两天正常，但紧接着在 4 月 9~12 日又出现连续 4 天低于历史最低值的情况；日最低气温指标，则在 4 月 10~13 日出现连续 4 天低于最小值的情况；日最高气温低于历史最小值的最大幅度是 6.4℃，也出现了连续 4 天均有异常的现象；日均气压则连续 5 天都等于历史最低值，并且汉源气象站点气象 5 要素异常集中出现在 4 月 2~13 日（表 6-2）。

表 6-2　芦山地震气象要素 5 项指标异常信息提取结果

站点	r_T/天	r_{TL}/天	r_r/mm	p_T/天	p_{TL}/天	r_p/hpa	x_T/天	x_{TL}/天	r_x/℃	y_T/天	y_{TL}/天	r_y/℃	z_T/天	z_{TL}/天	r_z/℃
成都	3	2	7.7	11	5	8.27	3	1	1.63	2	1	1.8	4	1	2.9
都江堰	2	1	2.2	2	2	2.27	6	3	2.23	5	2	1.2	3	2	3.1
汉源	5	3	9.5	12	5	0	6	4	4.1	5	5	6.4	7	4	3.3
雅安	3	1	15.1	3	2	2.67	2	1	2.23	4	3	1.1	3	1	1.2
广元	0	0	0	7	2	0	3	1	0	0	0	0	2	1	6.68
平武	2	1	0	8	2	0	2	1	0	0	0	0	0	0	0
万源	0	0	0	3	1	5.5	1	1	0	0	0	0	2	1	0
小金	1	1	0	8	1	0	0	0	0	1	1	0	0	0	0
康定	0	0	0	0	0	0	1	1	0	1	1	0	0	0	0

2013 年，全国大范围内都有明显的低温或者温度突变的现象，为了鉴别芦山震中地区的气象要素 5 项指标异常，是否由全国异常趋势所造成，针对距离震中稍远，但同属于四川盆地的广元、平武、万源、小金和康定 5 个气象站点也进行了气象异常信息的提取。对比点的气象 5 要素异常没有在震前 30 天之内全部出现，如广元、平武、万元和小金站点有 3 项要素发生异常，而康定站点则在震前 30 天之内，只有日均气温和日最高气温发生异常现象，其他 3 项要素均未发生异常现象。所以，芦山震前气象异常信息的提取是排除了全局气象异常趋势的干扰因素的。

依据单项气象指标异常信息的评价体系（表 4-2），日均气温异常的最长总天数 x_T 为 6 天，持续天数 x_{TL} 为 4 天，异常幅度 r_x 为 4.1℃，所以日均气温的评价值 $f(x)$ 为 9，其他指标的评价值见表6-3。根据气象异常的总评价体系（表4-3）与评价模型［式（4-3）］、［式（4-4）］，芦山震前气象异常信息的总评价值 c_{EA} 为8.41，气象异常具有很高的显著性。气象异常在芦山地震前有很好的验证。

表6-3 汶川地震气象异常信息的单项指标评价值

气象指标	异常天数/天	异常持续天数/天	异常幅度	评价值
日均气温 x	6	4	4.1℃	9
日最高气温 y	5	5	6.4℃	8
日最低气温 z	7	5	3.3℃	9
日降水量 r	5	3	9.5mm	6
日均气压 p	11	5	8.27hpa	9

6.1.3 多种异常信息的复合分析

（1）基于层次分析法的多种异常信息复合评价结果

芦山震前的宏观异常信息的评价值 c_{MA} 为0.996，热红外异常信息的评价值 c_{IA} 为7，气象异常信息的评价值 c_{MA} 为8.41，基于单种异常信息的评价结果，利用层次分析法将三种异常信息进行复合评价。先将异常信息的评价结果统一为一个标准，热红外异常信息和气象异常信息的评价标准为10分制，故将宏观异常信息的评价值也转换为10分制，即为9.96。依据表4-4和式（4-5），最终得出的芦山震前多种异常信息的复合评价结果 c 为8.11，对芦山地震的参考价值较高。

（2）基于D-S证据理论的复合评价结果

基于D-S证据理论进行信息复合分析时，首先，将三种异常信息的评价值统一至 $0\sim1$ 区间，即 c_{IA} 为0.7，c_{EA} 为0.841，c_{EA} 为0.996；然后，以 m_1，m_2 和 m_3 分别表示热红外异常、气象异常和宏观异常三种信息的评价值，m_{123} 表示多种异常信息复合评价的结果；最后，依据式（4-6），计算修正系数 k 值为0.413，则异常信息复合的评价见表6-4。

表6-4 基于D-S证据理论的汶川地震异常信息复合分析

复合信息	m_1（ ）	m_2（ ）	m_3（ ）	m_{123}（ ）
A	0.7	0.841	0.996	0.92
B	0.3	0.169	0.004	0.08

经过D-S证据理论合成后，芦山地震多种异常信息的评价结果 c 为0.92（最高值为1），比热红外异常信息和气象异常的评价结果都高，从这一方面来分析，D-S证据理论对多种异常信息的复合分析方法是有效的，信息复合的结果对于地震的参考价值为高。

（3）基于雷达图可视化方法的复合评价结果

依据单种异常信息的评价结果，以各种异常信息的评价值为坐标轴，坐标轴的最大值为1，绘制的雷达图见图6-10。图6-10与4.2.4节中的第③种复合信息中的2高、1中相吻合，所以，基于雷达图复合评价的结果为高，即三种异常信息复合分析的结果对于地震有较大的参考价值。

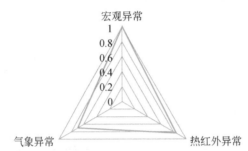

图6-10　基于雷达图的芦山地震异常信息复合分析

（4）基于 Logistic 模型的多种异常信息复合评价结果

基于 Logistic 模型的多种异常信息复合评价模型［式（4-7）］，首先需要将三种异常信息的评价值统一为 10 分制，则 c_{MA}、c_{IA} 和 c_{EA} 的值分别为 9.96、7 和 8.41；然后，计算复合信息 X 为 8.11；最后，信息复合的评价结果 Y 的值（c）即为 0.95。

基于 D-S 证据理论和 Logistic 模型的评价方法是以层次分析法为基础而构建的，前两者在综合考虑每种异常信息重要性的基础上，将多种信息复合分析，得出的结果比单纯基于层次分析法评价的结果都要高，说明这两种方法对于地震异常信息的复合分析有效，而且复合分析的结果与地震有较高的映震率（图6-11）。

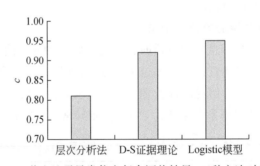

图6-11　芦山地震异常信息复合评价结果–三种方法对比图

（5）基于信息熵模型的多种异常信息复合评价结果

芦山地震震前的气象异常信息评价值 c_{EA} 为 8.41，宏观异常信息评价值 c_{MA} 为 0.996，热红外异常信息评价值 c_{IA} 为 7。首先，针对三种异常信息的评价值进行统一标准，则分别为 8.41、9.96、7，然后，依据表4-4和式（4-9）分别针对两种异常信息和三种异常信息进行复合评价值的计算，结果见表6-5。

表6-5　基于信息熵的芦山地震震前异常信息评价结果

	宏观异常 & 热红外异常	宏观异常 & 气象异常	热红外异常 & 气象异常	三种异常信息
评价结果	2.50	1.49	2.02	3.00

　　两种异常信息的评价值均比三种异常信息的评价值小，这与异常信息评价值动态变化的理论是相符的。芦山地震震前三种异常信息复合评价的结果为3.00，接近于最大值3.32（图6-12），说明芦山地震震前的异常现象比较显著。如果将基于信息熵评价的结果也归一化到0~1，则评价值为0.90，这与Logistic模型和D-S证据理论的评价结果呈现一致性，说明三种方法在地震异常信息复合评价中的实证结果与地震具有很好的映震效果。

　　从四种定量方法的评价值来分析，从高到低依次为Logistic模型、D-S证据理论、信息熵模型和层次分析法。四种方法评价的结果均为统计意义上的价值，并非机理意义上的价值，但是均符合异常现象与地震的发展变化规律。其中，前三种方法评价的结果相差不大，而且均大于0.9，是异常信息复合评价的有效方法。从适用性分析，考虑异常信息重要性的方法适合于有经验的地震专家使用，D-S证据理论适合于决策者在依据多学科异常进行综合分析时使用。从物理意义方面分析，Logistic模型和信息熵模型的结果与函数模型与异常信息发生的特点相符，而且信息熵模型的可操作性更强。

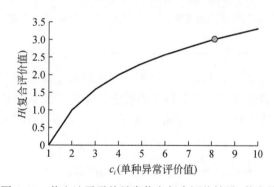

图6-12　芦山地震震前异常信息复合评价结果–信息熵

6.2　公众参与式的云南地震灾害信息分析与服务

　　针对云南地震灾害信息分析与服务的案例主要从微博信息主题词和热红外异常信息的提取、评价方面将前面所述的技术与方法加以应用。其中，以2012年9月7日的云南彝良地震为分析震例，提取了微博中的地震相关信息主题词，对地震信息微博进行了影响力分析，并分别对微博中地震宏观异常信息、地震震情信息、地震救援信息进行了筛选与时空分布分析。

　　此外，以2012年6月24日云南丽江地震、2012年9月7日云南彝良地震为分析震例，进行了遥感影像热红外异常信息的提取和评价分析。

6.2.1 云南彝良地震微博地震信息分析

6.2.1 节将主要以云南彝良地震为实例展开实例分析，利用微博中地震信息的热门主题词提取方法，对地震一周内的微博数据进行主题词提取，并进行可视化表达；之后，将地震相关信息进行分类，分为震前地震宏观异常信息、地震发生后 72h 震情信息以及地震中救援信息，并针对这三类信息运用空间分析方法重心理论方法进行时空分布规律研究。

6.2.1.1 数据来源

微博地震信息分析中的数据主要来自新浪微博用户发布的地震相关微博数据，并从中选取了 2012 年云南彝良地震进行震例分析，地震震中位于云南省。表 6-6 介绍了震例及其基本信息根据序号以及震中所在的省份，用 01YN 来表示震例。

表 6-6 地震震例基本信息

序号	时间	震级	震中经度	震中纬度	震源深度	震中备注
01YN	2012 年 9 月 7 日	5.7	104.0°E	27.5°N	14km	云南省昭通市彝良县、贵州省毕节地区威宁彝族回族苗族自治县交界

为了对地震信息进行更进一步的空间分析，将地震发生地云南省 2012 年人均 GDP 和人口数量作为分析的基础数据，数据来自云南省统计年鉴，通常经济较发达的地区微博用户相对较多，因此可以从经济发展水平角度展开分析，表 6-7 为 2012 年云南省各市 GDP 和人口数量。

表 6-7 2012 年云南省各市 GDP 和人口数量

市名	2012 年 GDP/亿元	人口/万人
昆明市	3011.14	653.30
玉溪市	1000.20	593.60
迪庆藏族自治州	113.6	40.50
曲靖市	1451.27	593.60
西双版纳傣族自治州	232.60	113.40
楚雄彝族自治州	570.00	271.90
红河哈尼族彝族自治州	1127.00	456.10
大理白族自治州	672.10	348.60
丽江市	212.00	126.20

续表

市名	2012 年 GDP/亿元	人口/万人
德宏傣族景颇族自治州	201.70	122.94
保山市	389.96	254.00
临沧市	352.98	246.30
普洱市	366.90	257.50
怒江傈僳族自治州	74.00	53.80
文山壮族苗族自治州	478.00	356.10
昭通市	555.60	529.60

　　针对研究震例，利用"地震"主题词搜索得到地震发生后云南省一周的微博数据。数据项包括：mid、uid、原创微博内容、发布时间、注册位置、博文链接、是否含有图片、是否含有视频、被转发数、被评论数、日均影响力等。

　　这些数据将用于对微博中地震信息主题词提取的实证分析，对微博中的地震信息进行分类研究，以及针对震前的地震宏观异常信息、震后的地震震情信息和有关救援信息进行定量分析，并且分别对每一个类别进行时空分布研究。

　　这部分数据由新浪官方微博提供，具体情况见表6-8。

表6-8 微博信息情况

震例	起始时间	截止时间	地区	信息数量/条
01YN	2012 年 8 月 7 日 11：19：40	2012 年 9 月 14 日 11：19：40	云南省	1543

　　2012 年 9 月 7 日 11：19：40，云南昭通彝良县与贵州省毕节地区威宁彝族回族苗族自治县交界发生 5.7 级地震，震源深度 14km，地震的极震区烈度为 9 度，地震造成 80 人死亡，795 人受伤。

　　灾难发生前，2012 年 9 月 1 日~7 日新浪微博只有 28 条包含"地震"主题词的内容。9 月 7 日地震发生当天，相关微博数量增至 303 条，随着时间的推移微博数量逐渐衰减，但在 9 月 11 日又出现了波峰值，主要是因为地震地区遭遇了暴雨，有可能会带来地质灾害，给灾区人们带来更大的危害。之后微博数量处于递减状态，如图6-13 所示。

　　地震灾害发生的最初阶段，被视为救援的黄金时间，这一时间段正是微博发挥传播功能与效用的黄金时间。在这一时间段，主流媒体记者由于未能及时到达现场而难以提供地震灾害现场的信息，地震相关信息极为匮乏，仅有的新闻通稿等有关地震灾害的信息难以满足人们对灾区信息的强烈需求。这时，微博可以凭借其即时信息的发布与获取功能，使身处地震灾害现场的用户发布及时的灾情信息。当传统的信息渠道无法有效满足用户的需求时，微博却能在一定程度上满足用户的需求。

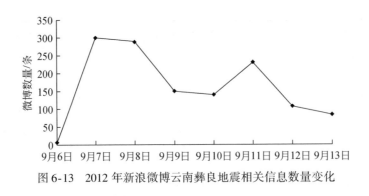

图 6-13　2012 年新浪微博云南彝良地震相关信息数量变化

6.2.1.2　微博地震相关信息的主题词提取与分析

提取出来的主题词权重取决于微博用户谈论的情况，即微博用户谈论的较多的主题其权重就相应会高，反之亦然。

词云，或者叫文字云，是对网络文本中出现频率较高的"主题词"予以视觉上的突出，形成"主题词云层"或"主题词渲染"，从而过滤掉大量的文本信息，使浏览这只要一眼扫过文本就可以领略文本的主旨。Tagxedo 词云功能强大，可以通过对文字云的输入内容、形状、主题、字体等各种设置来表达想要的效果，而且完美支持中文。

在此借助词云对提取的主题词进行可视化表达，使权重靠前的主题词进行突出显示。

对云南昭通地震一周内地震发生所在省份的微博数据进行主题词提取，提取结果存储在文本文件中，取前 10 名主题词进行展示，如表 6-9 所示。

表 6-9　云南彝良地震微博主题词

主题词	频次
地震	780
昭通地震	98
昭通	52
云南地震	46
云南	44
灾区	36
感觉	26
报道	25
天气	25
关心	22

表 6-9 列出了云南彝良地震中地震发生所在省份微博谈论的主题词前 10 名，图 6-14对提取的主题词利用词云进行可视化表达，可看出在地震后，谈论得最多的为地震、昭

通、昭通地震、五点七级地震等，即地震震情情况，由于有暴雨情况，天气也成为了谈论的话题之一，传统媒体对地震信息做出了回应，除此之外，可以看到救援情况也成为人们谈论的话题。

图6-14　云南彝良地震词云可视化表达

根据词云表达中词频高表达突出的特点，主题词根据权重的用词云进行表达，权重越大，主题词就越突出。通过图6-14可以看出，在地震发生后，微博谈论的主题内容主要是：地震发生地点、地震震级等震情信息。当地震灾害愈严重时，救援主题就愈会成为谈论主题，并借助微博进行信息传播，能将信息及时传达出去，让灾害现场外的人及时了解灾害现场的信息，做出相应的应对策略；如果伤亡情况较小，那么人们对救援信息的关注度就也会较低，"救援"也就可能不会成为主题词。

6.2.1.3　地震信息微博影响力分析

通过图6-15、图6-16～图6-18，可以看出：云南彝良地震发生后，省会城市微博用户发布的微博信息具有较大的影响力；为微博信息传播做出的贡献较大。

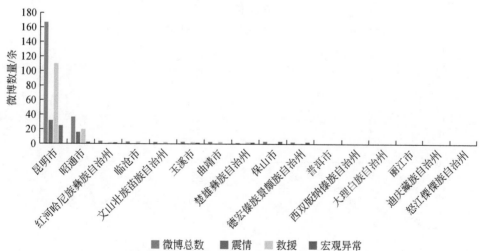

图6-15　云南彝良地震震情、救援和宏观异常信息微博空间分布

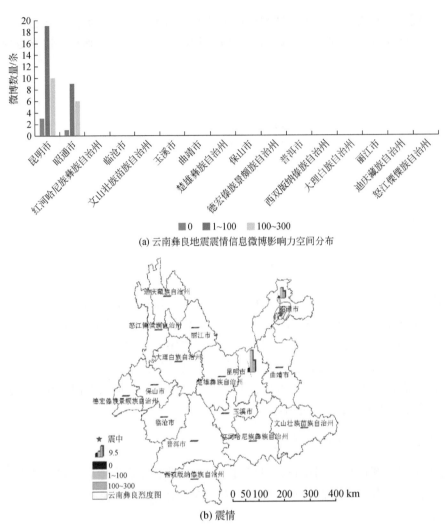

(a) 云南彝良地震震情信息微博影响力空间分布

(b) 震情

图 6-16 云南彝良地震震情信息的微博影响力空间分布

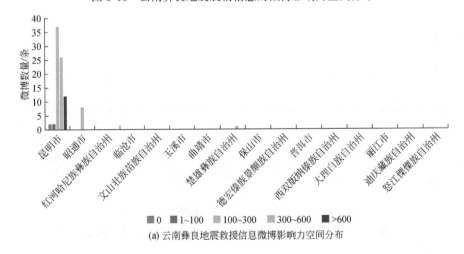

(a) 云南彝良地震救援信息微博影响力空间分布

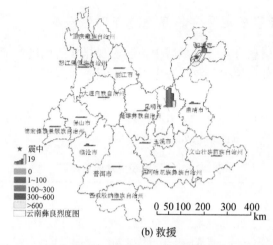

(b) 救援

图 6-17 云南彝良地震救援信息的微博影响力空间分布

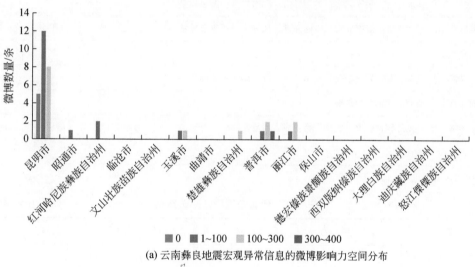

(a) 云南彝良地震宏观异常信息的微博影响力空间分布

(b) 宏观异常

图 6-18 云南彝良地震宏观异常信息的微博影响力空间分布

6.2.1.4 微博地震宏观异常信息筛选与时空分布

利用地震宏观异常信息分类表对微博中地震宏观异常信息进行筛选，对筛选出的地震宏观异常信息进行时空分布规律研究，数据以云南昭通地震震前一个月的微博数据为研究对象。

对云南彝良震前一个月和地震当天的微博数据进行统计，利用宏观异常分类表 6-10 筛选出地震宏观异常信息，筛选结果如表 6-11 所示。

表 6-10　地震宏观异常信息词汇

一级	二级
动物异常	狗；骡；驴；马；猫；牛；猪；羊；兔；鼠；蛇；麻雀；鸡；鸭；鹅；鸽；家燕；蜜蜂；蝉；乌鸦；喜鹊；野鸡；蚯蚓；蝴蝶；蝗虫；蚂蚁；蜻蜓；蛇；青蛙；鱼等
地下水异常	井水异常；泉水异常；池塘异常；库水异常；温泉异常
气象异常	温度异常；湿度异常；降雨异常；风异常；反季节异常
地声异常	地声声音
植物异常	反季发芽；异常繁茂；反季开花；反季结果；大面积枯萎
地面异常	地动；地陷；地裂缝
电磁异常	日光灯异常；电子闹钟异常；收音机异常
地震云异常	形状；颜色

资料来源：张旭（2014）。

表 6-11　地震宏观异常筛选结果　　　　　　　　（单位：条）

地震	震前微博总数	震前	地震当天微博总数	地震当天
云南彝良地震	206	24	305	11

云南彝良地震发生前筛选出地震宏观异常信息 24 条，地震发生当天的宏观异常信息为 11 条，其中省会昆明市发布的地震宏观异常数量占的比重很大，地震当天的地震宏观异常数量明显较少，如图 6-19 所示。

（1）宏观异常在时间和空间维度上的定量分析

图 6-20 给出了云南彝良地震中宏观异常在时间维度上的变化情况，出现的日期为有宏观异常信息，未出现的日期为没有出现宏观异常信息，这里将未包含宏观异常信息的日期排除在外，可以看出地震发生之前的一个月内，有宏观异常现象出现但数量较少，而在地震发生当天宏观异常数量相对较多。

图 6-21、图 6-22 给出了云南彝良地震前一个月的地震宏观异常随着时间的变化的空间分布情况，其中时间间隔为 1 天，可以看出，在省会昆明市的用户发布地震宏观异常的比重较高，一定程度上说明了省会昆明市对地震宏观异常的关注度比较高。

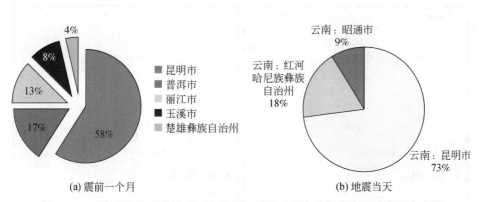

(a) 震前一个月　　　　　　　　　(b) 地震当天

图 6-19　云南彝良地震发生前一个月和地震当天所在省各市宏观异常所占比例

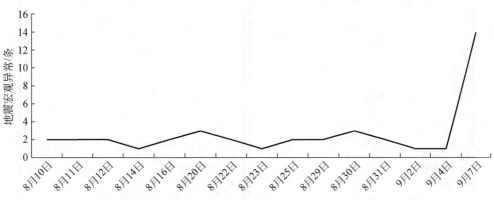

图 6-20　云南彝良地震震前一个月和地震当天宏观异常在时间维度上的变化

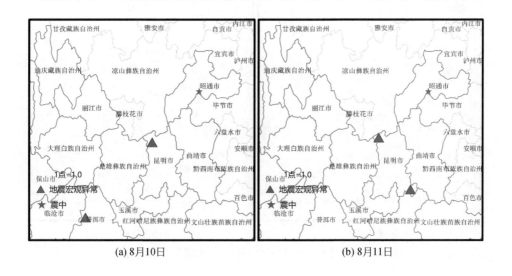

(a) 8月10日　　　　　　　　　　(b) 8月11日

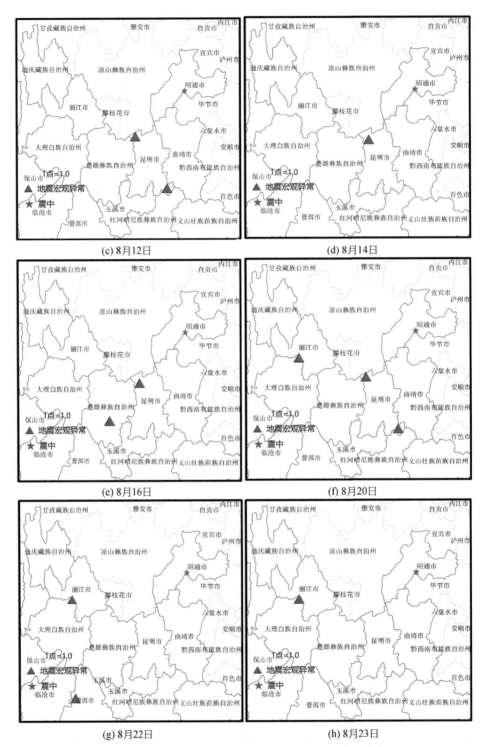

图 6-21　8 月 10～23 日云南彝良地震宏观异常空间分布

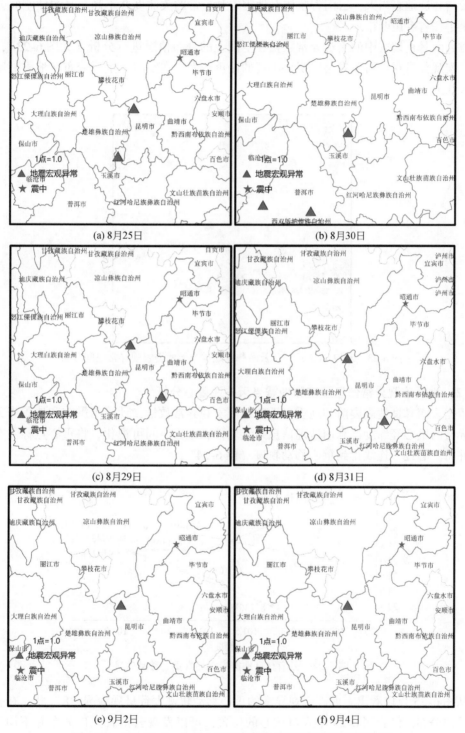

图6-22 8月25日~9月4日云南彝良地震宏观异常空间分布

云南彝良地震当天，云南省整体对地震宏观异常的关注度并不高，且关注空间分布上主要集中在省会昆明市。

对云南彝良地震中的宏观异常数量在空间上的分布情况进行分析（如图6-23），可以看出，宏观异常在震前在省会昆明市出现的比重较大，在空间上主要分布在地震烈度图长轴延长线上。

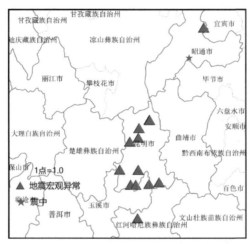

图6-23　2012年9月7日云南彝良地震当天地震宏观异常空间分布

（2）地震宏观异常信息震前和地震当天关注重心分析

依据云南彝良地震震前和地震当天的地震宏观异常数量，计算出震前和地震当天地震宏观异常的重心经纬度，利用地理信息系统软件，进行空间可视化，将重心点标注在地图上，并将重心逐一连线得到重心移动轨迹（图6-24）。

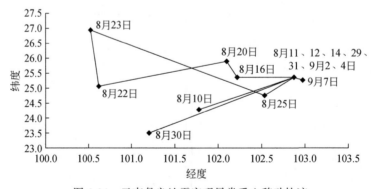

图6-24　云南彝良地震宏观异常重心移动轨迹

从图6-25可以看出，地震宏观异常的重心移动轨迹大致呈现为倒"8"状，在省会昆明市境内分布。结合图6-25中人口重心的位置，可以发现云南省人口分布并不均匀，人口分布呈现东密西疏的特点。经济重心几乎与人口重心重合，即云南西部地区的人均GDP总体低于东部地区，经济发展水平也呈现东高西低的态势。昆明市为省会城市，经济发达且为人口吸附地。微博中对宏观异常关注的重心分布主要在人口多和经济比较发达的地区出现，并且向震中方向有偏移，主要在地震烈度图长轴延长线上分布。

(a) 震前宏观异常重心空间分布

(b) 地震当天宏观异常重心空间分布

图6-25　云南彝良地震震前和地震当天宏观异常重心空间分布

6.2.1.5　微博地震震情信息筛选与时空分布

结合统计得到的触发词汇见表6-12，利用 SQL Server 数据库的查询功能对灾情信息事件进行统计查询，统计结果见表6-13。

表6-12 地震震情事件触发词汇

词性	示例
名词	震感、震级、震中、震源
形容词	吃惊、慌、恐怖、恐慌、可怕、心慌、（震感）强烈、（震感）明显、厉害、（好、巨）大、（好）凶、（比较、太、好、非常）强、（太、好）猛
动词	震惊、惊吓、头晕、吓死、吓醒、害怕、感觉到 摇晃、摇摆、摇动、摇、晃动、晃、动、摆动、抖、抖动 摇醒、震醒、震动、振动、颤、颤动、颤抖、颠簸、响、噼里啪啦 摇垮、摇倒、摇翻、摇塌、震掉、甩、摔、倾倒、倒、摔碎、掉 倒塌、坍塌、垮、垮塌、裂、裂缝、撕裂、地动山摇

表6-13 地震震情事件查询结果 （单位：条）

地震	2h内	地震当天	微博总数
云南彝良地震	54	317	1335

从表6-13中可以看出，在云南彝良地震发生当天有关震情信息占比为23.75%。

（1）地震震情信息在时间和空间维度上的定量分析

从图6-26可以看出，在地震发生后1h内，对于地震震情信息的关注度主要集中在昆明市，其他城市的关注很少或者没有。

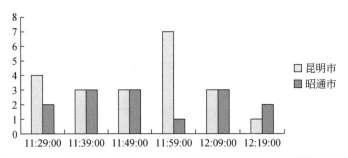

图6-26 云南彝良地震震后1h内微博关注震情信息的微博数量情况

从图6-27可以看出，在地震发生第2个小时内，对于地震震情信息的关注度仍主要集中在昆明市，其他城市的关注度很少或者没有。

（2）震情信息关注重心分析

依据云南彝良地震后2h内的地震震情相关情况的微博数据，地震发生后以10min为间隔，计算重心经纬度，利用地理信息系统软件，进行空间可视化，将重心点标注在地图上。结果如图6-28所示。

从图6-28中可以看出云南彝良地震发生2h内，云南省内对地震震情信息的关注重心集中在昆明市境内，而且微博关注震情信息的重心不集中，随着时间的变化而波动，而且在地震烈度长轴延长线上分布。

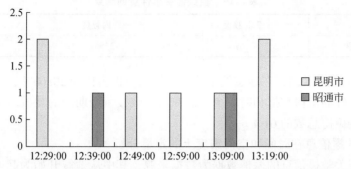

图 6-27　云南彝良地震震后第 2 个小时内微博关注震情信息的微博数量情况

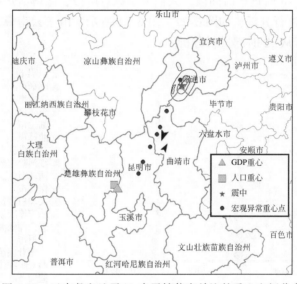

图 6-28　云南彝良地震 2h 内震情信息关注的重心空间分布

6.2.1.6　微博地震救援信息筛选与时空分布

结合统计的触发词汇表 6-14，利用 SQL Server 数据库的查询功能对救援信息事件进行统计查询，统计结果如表 6-15 所示。

表 6-14　地震救援事件触发词汇表

事件类型	触发词汇
救援机构	政府、红十字会、公司
救援措施	救援、抢救、援助、营救、施救、救治、援助、支援、救灾
资金救助	捐赠款物、捐资、援助、赈灾、钱、资金、捐助
物资援助	援助、捐助捐赠衣服、食物
人员援助	疏散、（紧急）转移、安置

表 6-15　救援信息事件查询结果　　　　　　　　（单位：条）

地震	72h 救援	一周内救援	微博总数
云南彝良地震	167	275	1335

从表 6-15 中可以看出，在地震发生后的一周内救援占比为 20.60%，由此可见微博数据中关于救援事件的微博数据相对较少。而在 72h 救援黄金期内的救援地震信息的微博量约占一周内救援微博总数的 61%。

（1）地震救援信息在时间和空间维度上的定量分析

以筛选的有关救援信息的微博数据为数据来源，其中从地震开始为起始时间，以时间间隔为 4h，以天为单位，分析云南彝良发生地震后，72h 内有关救援情况的时空分布情况。由于在每天的 0 ~ 8 时这个时间段，人们处于休息阶段，微博活跃量很小，因此将 0 ~ 8 时作为一个时间段进行分析，如图 6-29 ~ 图 6-31 所示。由于云南彝良地震发生在 11 时 19 分，因此地震当天从 12 时起进行分析。

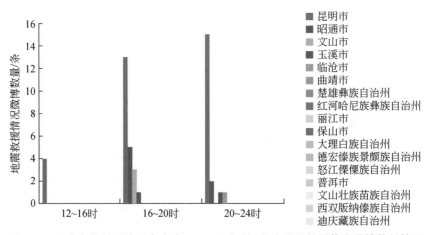

图 6-29　云南彝良地震当天各市在 12 ~ 24 时时间段内关注救援信息微博数量情况

根据图 6-29，在地震发生后 4h 内，对于地震救援情况的关注度主要集中在昆明市，没有引起其他城市在微博的关注，接下来昆明市的关注度有所提升，而且关注度以昆明市为中心，沿着烈度图长轴延长线方向分布，但是范围不大，且为震中的周边城市。

图 6-28 云南彝良地震后第二天对救援情况关注热度与地震第一天相比没有明显的变化，在空间范围上也没有进一步的延伸，关注点仍是集中在昆明市，沿着烈度图延长线方向分布。

根据图 6-31，9 月 8 日（地震第三天）相对地震第一天和第二天关注热度明显减少，而且在空间上同样没有进一步的延伸，从图 6-31 可以看出关注点同样集中在昆明市，周边城市有所关注但关注度很小，地震发生所在市几乎没有关注度。

（2）救援信息关注重心分析

依据云南彝良地震黄金 72h 内的地震救援相关情况的微博数据，地震发生后，以 4h 为间隔，计算重心经纬度，利用地理信息系统软件，进行空间可视化，将重心点标注在地

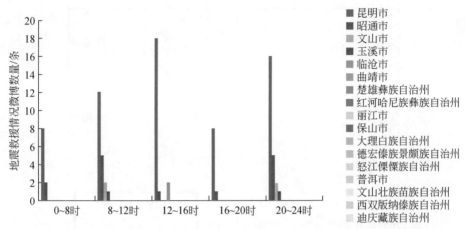

图 6-30　云南彝良地震第二天各市在 0～24 时时间段内关注救援信息微博数量情况

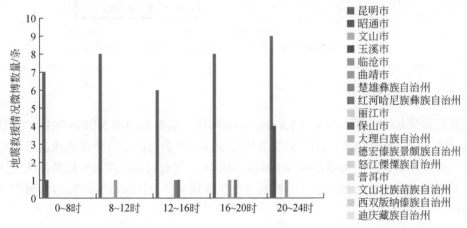

图 6-31　云南彝良地震第三天各市在 0～24 时时间段内关注救援信息微博数量情况

图上，如图 6-32 所示。

从图 6-32 中可以看出，云南彝良地震发生 72h 内，云南省内对地震救援情况的关注重心集中在昆明市境内。昆明市为省会城市，信息流通、经济水平和人们的平均素质相对较高，对救援信息的关注度比较大，重心分布在有感区域内，向震中偏移，且在地震烈度长轴延长线上分布。

6.2.2　云南地震热红外异常提取和评价

此案例中将应用热红外异常提取与分析算法，利用震前四个月的 MODIS 夜间影像，分别对云南宁蒗 2012 年 6 月 24 日地震和云南彝良 2012 年 9 月 7 日地震 2 次震例进行了震例分析与异常点提取，并对异常点进行评价。

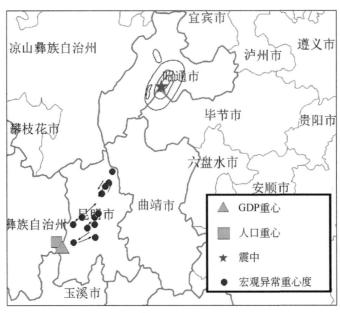

图 6-32   云南彝良地震黄金 72h 内救援信息的重心空间分布

6.2.2.1   数据来源

遥感影像来源于美国 NASA 的 LAADS Web 网站，数据类型为 MODIS 数据 8 天合成地表温度产品影像。针对每次震例，影像数据范围在时间上为震前四个月的热红外数据，在空间上为以云南省边界线为基准缓冲 120km 的范围，以此时间跨度和空间范围为监测期和研究区域对震中位置进行提取研究。针对下面 2 次震例，具体的研究区域的监测期如表 6-16 所示。

表 6-16   热红外异常信息提取所需的影像数据情况

地震	起始时间（年–月–日）	截止时间（年–月–日）
624 云南（YN）	2012-2-29	2012-6-24
907 云南（YN）	2012-5-13	2012-9-07

选取 2012 年 6 月 24 日云南省丽江市 5.7 级地震、2012 年 9 月 7 日云南省昭通市 5.7 级地震 2 次震例进行分析，分析主要包括地震热红外异常点提取文档的生成、地震热红外异常发生点与震中位置的关系、地震热红外异常发生点的评价值三部分，并验证以上四种提取方法的合理性与不足。

6.2.2.2   2012 年 6 月 24 日云南宁蒗震例分析

据中国地震台网测定，北京时间 2012 年 6 月 24 日 15 时 59 分在云南省丽江市宁蒗彝

族自治县、四川省凉山彝族自治州盐源县交界（北纬 27.7°，东经 100.7°）发生 5.7 级地
震，震源深度 11km；地震波及范围涉及丽江市 14 个乡镇，包括宁蒗县 10 个乡镇，玉龙
县 3 个乡镇，以及古城区 1 个乡镇。

根据云南丽江地震发生的时间，选取时间跨度为 2012 年 2 月 29 日~6 月 24 日震前四
个月共 17 幅 MODIS 影像，首先进行 MODIS 源数据的处理，预处理的过程中选用 MODIS
夜间数据，排除太阳日照对地表温度的影响；然后分别进行区域均温、异常比值、透热指
数和涡度的计算，并且判断均温和异常比值是否同时发生突跳，最后根据两者是否同时发
生突跳来确定像素点的提取与异常点评价值的计算，提取结果以 TXT 格式进行输出，输出
的地震热红外异常点的文档如图 6-33 和图 6-34。

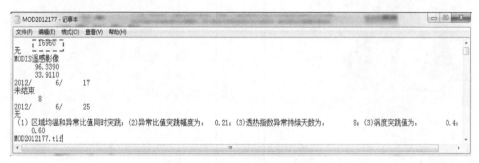

图 6-33　云南宁蒗地震异常点提取文档

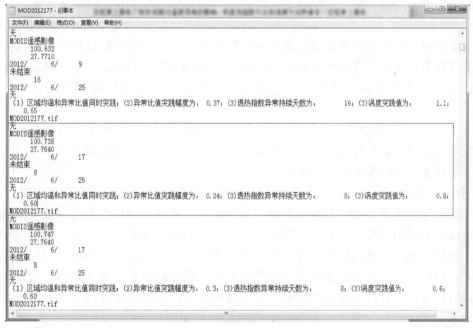

图 6-34　云南宁蒗地震震中异常点提取文档

将提取出的所有异常点及其评价值分别进行图上显示，如图 6-35，图 6-36 所示。

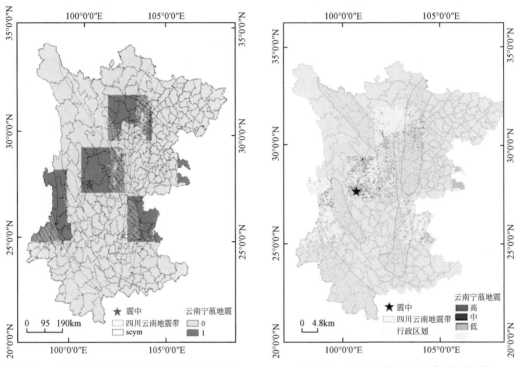

图 6-35 云南宁蒗地震红外异常点提取分布　　　图 6-36 云南宁蒗地震异常点评价值

对震前四个月的时间跨度内的热红外影像进行计算，其中异常比值计算过程中，选定方差倍数为 2.3 倍，共提取异常点 16 960 个（图 6-33），提取文档中每条记录均包含了异常点的具体异常幅度值的大小、异常出现的时间、异常持续的时间、评价值等指标。

由图 6-34 可以看出，云南宁蒗地震震中位置被提取出来，即区域均温和异常比值同时发生了突跳，其中异常比值的突跳幅度为 0.24，透热指数的持续天数为 8 天，涡度突跳值为 0.8，异常点评价值为 0.60。

图 6-35 显示了异常点的分布和震中的位置等，红色像素表示通过计算被提取出来的异常点，绿色像素表示没有被提取的正常像素点，蓝色五角星代表此次地震的震中位置，可以看出震中位置（北纬 27.7°，东经 100.7°）位于异常点范围内，表明震中位置发生了异常。通过图 6-33 可以看出大部分异常点均分布在北纬 25.5° ~ 27.6°，东经 100.5° ~ 103.1°，结合云南地震带分布可以发现，异常点分布在地震周围，沿地震带分布，同时透过异常点分布图可以发现，中间部分异常点在地震带外围较多，而且外围发生了地震。

图 6-36 为地震热红外异常点评价值图，其中黄色像素点代表评价值较小，绿色像素点为经过分级处理后的评价值为低级的像素点，蓝色像素点为评价值为中级的像素点，红

色像素点为评价值为高级的像素点;从评价值图可以发现,评价值较小的像素点最多,而且低评价值点一般分布在所有异常像素点的外围,中级和高级评价值像素点在向震中聚集,而且震中附近的高评价值像素最多,即异常有向震中聚集的趋势,越接近地震发生点异常的幅度越大。

6.2.2.3 2012年9月7日云南彝良震例分析

中国地震台网测定,9月7日11时19分,云南省昭通市彝良县与贵州省毕节地区威宁彝族回族苗族自治县交界发生5.7级地震,震源深度14km(地震台网中心,2012)。

根据地震发生的时间,选取时间跨度为2012年5月13日~9月7日即震前四个月共17副MODIS影像参与计算,进行热红外异常点的提取与异常点评价值的计算;同样首先参照数据处理流程对MODIS影像数据进行处理,处理的过程中选用MODIS夜间数据,排除太阳日照对地表温度的影响;然后对地震热红外异常点进行提取与评价,提取结果以TXT格式进行输出,输出的地震热红外异常点的文档分别见图6-37和图6-38。

地震热红外异常点位置分布图和异常点评价值图分别见图6-39和图6-40。

由图6-37可以看出,在异常比值的计算过程中,选取方差系数为2.3时,共提取异常点14 969个;而且震中位置被提取出来,如图6-38,在异常点提取文档中可以看出,震中位置的异常点异常比值的突跳幅度达到0.39,透热指数异常持续天数为8天,评价值达到0.7,异常较明显。查看异常提取文档所有的异常点数据记录可以发现,大部分异常点的异常比值突跳幅度在0.3~0.5,且透热指数异常的持续天数在一个月之内,绝大部分异常点的异常持续天为8~24天,涡度值突跳相差较大,分布较分散。

从地震热红外异常点分布图可以看出(图6-39),蓝色五角星代表此次震中位置,绿色像素点表示无异常现象,不被提取的点,红色像素表示异常点,异常点分布范围大概在以震中为中心的两个经纬度范围内,且异常点分布比较集中,震中位置附近有大片的异常,而且异常集中在三条地震带的相交处。在震中的西面和西北,地震带的一端也有两处较集中的异常发生,但是异常范围较小,无地震发生。

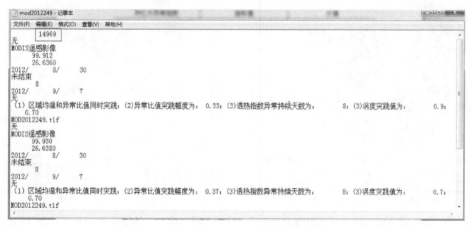

图6-37　云南彝良地震异常点提取文档图

图 6-38　云南彝良地震震中异常点提取

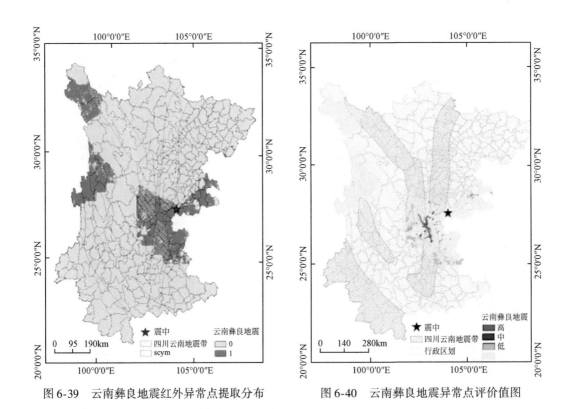

图 6-39　云南彝良地震红外异常点提取分布　　　　图 6-40　云南彝良地震异常点评价值图

图 6-40 为地震热红外异常点评价值图，其中黑色五角星所在位置为地震发生的位置，黄色像素点代表评价值较小的像素点，绿色像素点为经过分级处理后的评价值为低级的像素点，蓝色为评价值为中级的像素点，红色为评价值为高级的像素点；从异常点评价值图可以发现，评价值较小的像素点较多，低评价值像素点分布在震中的外围，中评价值像素点逐渐向震中聚集，高评价值像素点分布在距离震中最近的地方，异常有向震中聚集且幅度变大的趋势，这与研究学者的研究结果是一致的。在距离震中较远的地方的两处异常点，基本上全部为评价值较小的异常点，无高评价值像素点，无地震的发生。

6.2.2.4 震例对比分析

对比 2 次震例的热红外异常提取结果发现，2 次地震在震前均同时发生了区域均温和异常比值突跳的情况，从异常比值突跳的幅度、透热指数持续天数、涡度突跳值等指标值来进行分析（表 6-17），发现在地震前确实发生了热红外增温异常，而且持续时间在震前几天到十几天不等，这与国内外研究学者的研究结果大致是一致的，评价值均较高，说明所提取的异常点对地震的参考价值是很大的。

异常点提取过程中，方差倍数的选取直接关系到提取异常点个数的多少，是决定异常点是否有针对性的关键因素。异常点提取过程中，通过对不同大小参数的验证发现，不同的震例参数设置是不同的，参数过大，则没有异常点的提取，参数过小，异常点提取过多，对地震的针对性不好，这是地表情况的不同造成的，异常比值方法本身就是为了消除地势地貌对热红外异常的影响，不同的地表情况需要不同程度的去消除，因此参数也需要选择不同的值。在运用算法对异常点进行提取过程中，分别确定 2 次震例参数（表 6-18），即提取了震中位置像素点，异常点个数也不是很多。

对比震中异常点的异常幅度和地震的基本情况（表 6-19）可以发现，云南宁蒗地震和云南彝良地震虽然震级相同，但是彝良地震的震源深度和余震次数较宁蒗地震都高，异常点异常幅度表现为彝良地震异常比值较高，有一定的对应关系。

从 2 次震例的提取结果可以发现，震前确实存在热红外异常，而且地震不一定发生在异常点整体分布范围的中间位置，地震的发生是复杂的，异常发生点一般情况下沿着地震带和烈度带分布，异常点评价值较大的点有向震中聚集的趋势。

表 6-17 异常点异常幅度对比情况

地震	异常比值突跳幅度	透热指数持续天数/天	涡度突跳	评价值
YN624	0.23	8	0.8	0.6
YN907	0.31	8	0.7	0.6

表 6-18　异常比值方差倍数选取情况

地震	01 YN624	02 YN907
方差系数	2.3	2.3
异常点个数/个	16950	14969

表 6-19　震例基本情况对比表

地震	震级	震中烈度/度	震源深度/km	余震次数/次	破坏范围/km^2
YN624	5.7	–	11	53	–
YN907	5.7	8	14	60	3697

6.3　九寨沟地震灾害信息分析与服务

6.3.1　九寨沟地震微博数据来源

2017 年 8 月 8 日 21 时 19 分 46 秒，四川省北部阿坝州九寨沟县发生 7.0 级地震，震中位于北纬 33.20°，东经 103.82°，位于九寨沟核心景区西部 5km 处，共造成 25 人死亡，525 人受伤，经济损失巨大。由于九寨沟地震发生时正值旅游旺季，灾区人员较为密集，迅速引发了微博热议，为地震应急信息时空变化分析提供了良好的数据基础。本书以四川省为主要研究区，并重点关注受此次地震影响较大的九寨沟景区，如图 6-41 所示。

图 6-41　研究区区位

通过编写网络爬虫工具，以地震为主题词抓取 2017 年 8 月 8 日 21 时～15 日 21 时新浪微博数据。获得的微博数据内容为微博用户 ID、微博文本内容及微博发布时间。经过筛选、去重等处理，共获取九寨沟地震相关微博数据 22 813 条，其时间序列分布如图 6-42。

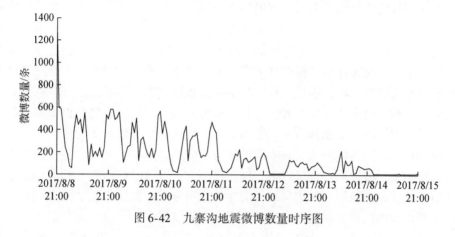

图 6-42 九寨沟地震微博数量时序图

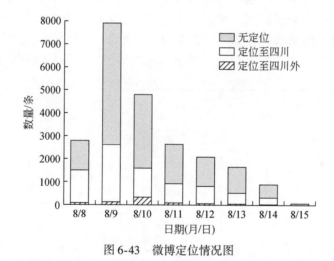

图 6-43 微博定位情况图

新浪微博提供微博发布的地理标签定位功能，但许多反映地震应急信息的文本并未包含地理标签，并存在文本语义与地理标签所在位置不符的情况，无法满足地震应急信息的提取需要，因此本文将爬取到的微博文本基于中国科学院计算技术研究所研发的 NLPIR 分词模块进行分词及地名识别，提取文本中出现的地名信息，通过高德地图 API 所提供的正逆地理编码功能转换为经纬度坐标，并将该坐标转为 WGS84 坐标系下坐标，从而进行空间分析（Zhou and Zhang, 2003）。如图 6-43 所示，其中可准确定位到县级以下单位的微博数量共占 36%，其中 91% 位于四川省内，集中于漳扎镇和九寨沟景区附近；其他主要位于甘肃、陕西等距离四川较近的省份，另由于 2017 年 8 月 9 日新疆博尔塔拉州精河县发生地震，部分微博可定位到新疆。

6.3.2　九寨沟地震 24h 灾情评估

震后 24h 是救援活动的黄金期,利用好震后 24h 所涌现的地震应急信息,可以有效检测灾害损失情况,挽救更多的生命。由于社交媒体信息中包含大量的公众对地震事件的评价信息、情感抒发信息,为理解微博数据中反映的灾害情况,了解灾情的危急程度并将其定量表示,本书对社交媒体信息按照其表征的灾害严重程度进行分级,基于 3.4.2.2 节所述方法分别对地震后 24h 内文本危急程度的空间分布状况进行判断,生成热点分布图,反映地震发生较短时间内灾情分布模式,并与核密度分析结果对比。将微博数据进行核密度分析可知,微博大量集中于成都市和九寨沟县。据统计,成都地区多为情感抒发类和震感类微博,而物资和救援提供类及求救求助类等应急信息多集中于九寨沟县。成都市经济较为发达,人口密集,微博用户数量较多,因而微博集中。通过核密度分析可以展示微博的数量分布情况,反映微博用户对灾害事件关注的空间分布情况,但无法发现挖掘应急信息分布特点,规避微博用户分布的非匀质特性导致的信息爆发。

根据文本危急度分级结果进行热点分析,如图 6-44 所示,九寨沟景区及漳扎镇在热点分析中展现为热点聚集区域,成都市为冷点聚集区域,说明成都市附近微博文本危急度较低,而九寨沟附近灾情较为严重,应急信息聚集。西昌市一定程度上为热点聚集区域,通过文本分析,四川地震当天,四川省凉山州普格县荞窝镇耿底村四组发生特大

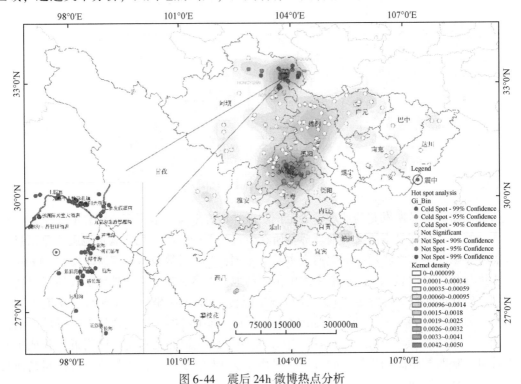

图 6-44　震后 24h 微博热点分析

泥石流灾害，造成较大损失，导致当天西昌市附近高危急度文本聚集。而经过基于危急度的局部莫兰指数统计可知（图6-45），九寨沟景区附近的九寨洲际天堂大酒店及漳扎县上四寨等地灾情较为严重，为热点区域。九寨沟景区中火花海、熊猫海、箭竹海等景点多为高值聚集，但存在部分数据为低值，表现为低值围绕高值的异常点，均为情感抒发类文本，描述对九寨沟景点的怀念、感叹美景消逝等。成都市所存在的少量低值围绕高值的异常点是由于部分危重伤员转移至成都救治。其他点则被认为在统计学上不显著。

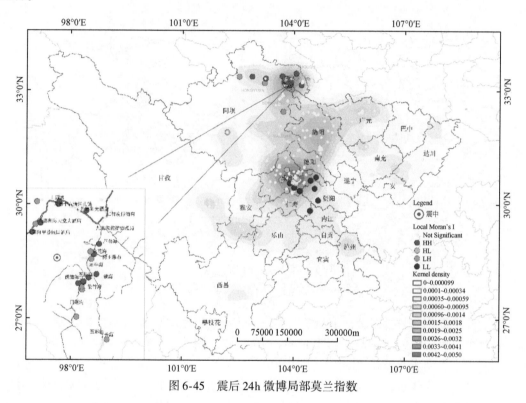

图 6-45　震后 24h 微博局部莫兰指数

6.3.3　九寨沟地震微博信息时空分析

　　由于社交媒体信息中包含大量的公众对地震事件的评价信息、情感抒发信息，在进行地震应急信息的时空分析前，需要对文本进行分类，以筛选与紧急情况有关、可辅助应急救援的信息，定性分析地震应急信息。如图6-46所示，震后7天内，情感抒发类文本数量最多，并未表现出明显的时序变化规律；震情灾情类、震感类、救援提供类数量次之；震感类及震情灾情类明显随时间逐渐减少，捐款类逐渐上升。显然，公众对于震感描述主要集中在震后较短时间内，后期多为震感回忆，而震情灾情类逐渐减少说明灾情得到一定程度控制，并未发生较大余震。随着灾情信息传播，捐款类逐渐上升。而求救求助类信息在8月9日集中涌现，后期较少；救援提供类信息却在11～12日达到峰值，这在一定程度上说明了救援存在一定的滞后性。人员伤亡类微博多为对伤亡总数的报道，并不包含空间信息，基本随时间先升后降，反映随着时间推移和应急救援活动的推进，伤亡人数不断上升。

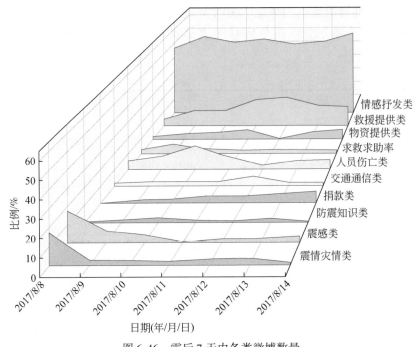

图 6-46　震后 7 天内各类微博数量

为更好辅助应急救援需求，求救求助类信息需要快速挖掘以辅助救援决策制定。通过筛选发现可准确定位的求救与救援类信息（图 6-47、图 6-48）主要集中于九寨沟景区、九寨洲际天堂大酒店及漳扎镇附近，说明该处受灾较为严重，被困人员较为集中，其中九寨洲际天堂大酒店建筑物受到破坏，人员伤亡较为严重。对比两类文本发现部分求救类信息发出后，有对应救援信息出现，如 9 日漳扎镇有灾民被困求助，急需物资，10 日对应报道出现，向漳扎镇提供矿泉水、食品等物资。通过对救援类微博的挖掘可发现，九寨沟景区外九寨洲际天堂大酒店、九寨阳光酒店等酒店出现了较多求助类微博，多因房屋损坏导致人员伤亡或失联。但相关救援微博较少。而熊猫海等景区被困人员较多，荷叶寨、漳扎镇漳扎村设置有灾民安置点，因而产生了一定数量的救援类微博。

通过对具体文本时间分析可知，九寨洲际天堂大酒店、漳扎镇处救援力量最早集结，而九寨沟景区内由于地形较为复杂，地质灾害易发，救援行动滞后，尤其是日则沟保护站 10～11 日才出现较多救援类微博，九寨沟景区内荷叶寨、长海景区等地部分游客和原住民被困长达 70h。通过对灾民求助类及救援类信息的空间分布挖掘可以有效发现需要救援的位置和灾民受灾、被困情况，指导救援指挥决策制定。

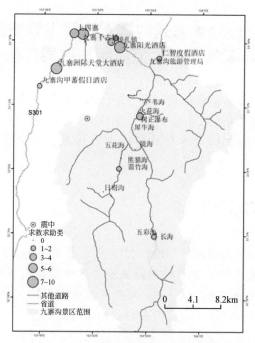

图 6-47　求救求助类微博空间分布

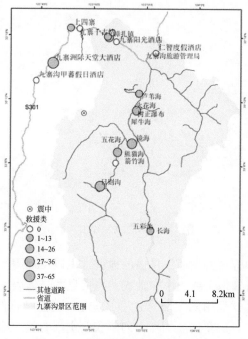

图 6-48　救援提供类微博空间分布
空心圆处代表有求救类而无救援类微博

6.4　公众参与式地震宏观异常信息采集
与服务平台示范应用与效果评价

公众参与式地震宏观异常信息采集与服务平台示范应用以山东省潍坊市和临沂市为示范区，分别开展了两次示范培训工作。其中，2013 年 6 月 19 ~ 21 日在山东省潍坊市临朐县针对普通公众进行培训，2014 年 5 月 14 ~ 17 日在山东省潍坊市和临沂市针对防震减灾助理员进行培训。

6.4.1　面向公众的示范培训

以山东省潍坊市临朐县为示范培训地，2013 年 6 月 19 ~ 21 日，开展了第一次公众参与式地震宏观异常信息采集与服务平台示范培训，参加单位有临朐县 1 所企业和 1 所学校。为期三天的培训对象是普通公众，包括在校学生和企业职工，培训主要内容是防震减灾基本常识、地震应急救助技能、地震前兆游戏介绍与演示等，主要以专题讲座的形式进行示范推广。同时，也通过分发挂图、防震减灾知识手册（图 6-49）和地震前兆游戏介绍（图 6-50）等方式为社会公众提供图文并茂的培训材料。

图 6-49　防震减灾知识手册

对普通公众的示范内容主要是通俗易懂的地震常识以及地震前兆游戏介绍与演示。而公众需要了解的地震科普知识主要集中在地震前兆信息的具体表现和地震自救互救的具体方法。针对示范培训，主要采用随堂听课的方式进行评价。通过这次示范培训，结论如下：社会公众的防震减灾意识在逐渐加强，期望获取实用有效的地震常识。

临朐县在校小学生不同程度地受到了一些地震基本常识培训，但对于地震宏观异常信息的了解不够深入。在培训形式上，以互动式游戏的方式对在校小学生开展培训较为合

图 6-50　地震前兆游戏简介图

适。在内容上，适宜对小学生培训地震基本常识和地震前兆游戏。此外，小学生在认知能力和现实环境条件下，更适于作为社会公众的角色参与防震减灾应用示范，而不适合作为地震灾害信息采集志愿者。而企业职工对于地震宏观异常信息采集的志愿服务认知能力和技术能力还不强，知识结构参差不齐，较适合作为社会公众参与一般性的地震灾害信息培训。

6.4.2　面向防震减灾助理员的示范培训

在山东省潍坊市和临沂市针对地震防灾助理员开展培训，主要进行公众参与式地震宏观异常信息采集与服务平台的示范应用，帮助防震减灾助理员操作使用地震宏观异常信息采集系统。通过培训使防震减灾助理员更加深入了解地震宏观异常知识和采集系统的使用，从而在观察到地震宏观异常现象时，能够迅速及时地上报到地震工作主管部门。系统培训的主要功能模块包括"地震宏观异常信息查询""地震震例信息查询""地震宏观异常信息上报""异常评价""培训游戏""我的异常"等。对于防震减灾助理员，培训采用专题讲座、现场实地操作的示范方法。

专题讲座的核心方法是讲授法和演示法。讲授法是指通过语言和动作使防震减灾助理员明白自己的责任和应该掌握的理论知识。在讲授时，主要采用面–线–点的结构模式，并且掌握好时间，让讲授人员和参与人员之间有足够的互动交流。面–线–点的结构模式是首先以地震危害性为面，使参与人员全面了解地震的危害性，只有宏观上理解它的危害性才能在整体上把握学习它的必要性。然后以地震宏观异常信息为线索，使参与人员了解有哪些地震宏观异常，各种异常的具体表现是什么。最后讲授如何将每个异常点的信息进行全面详细的收集并且及时准确地向地震主管部门上报。

现场实地操作的核心是演示法和操作方法。演示法是一种视觉型的示范方法，用直观形式表示，要求能够把握演示的先后顺序、重点和时间，以提高防震减灾助理员的学习兴趣并加深记忆，减少学习中的困难。在培训示范中，针对地震宏观异常信息采集系统，详细地介绍和演示了系统每个模块功能，以逐步演示的方法使参与人员对系统模块的功能意义和操作步骤有更深的印象。在使用演示的过程中，根据演示的模块功能不同，演示的方法也有所不同。例如，"用户注册""用户登录"模块演示时，就只介绍了实际操作演示，而对于"查询""信息上报"等功能模块，就要在演示操作步骤时，作适当的解释说明和知识延伸。演示过程速度适当，边演示边讲解，制造良好的示范氛围。在演示采集系统功能，特别是比较难理解的功能时，速度放慢，对于一些技术含量不高、大家比较熟知、操作简单的功能，操作速度则适当加快。对于系统的示范，在演示的基础上，还增加了实际操作互动环节，帮助自愿参与的防震减灾助理员进行手机客户端的登录和操作使用。

针对潍坊市和临沂市防震减灾助理员的培训，结合量表评价法，在评价实施阶段收集评价信息时所采用的方式是问卷调查，共收集有效调查问卷 289 份，问卷内容如下：

1. 在此次培训前，你对地震宏观异常信息的了解程度是
   A. 非常了解　　　B. 部分了解　　　C. 了解很少　　　D. 没听说过　　　E. 其他
2. 目前地震宏观异常信息采集的方式是？
   A. 智能手机　　　B. 相机　　　C. 个人报告　　　D. 其他
3. 目前地震宏观异常信息上报的手段是？
   A. 电话　　　B. 电子邮件　　　C. 网络信息系统　　D. 公文机要
   E. 传真　　　F. 其他

4. 您对智能手机、网路信息系统的运用操作能力如何？

A. 很熟悉   B. 经常使用，比较熟悉

C. 很一般，仅会简单操作   D. 不太熟悉

5. 您是否掌握了地震宏观异常信息采集系统网络端的使用方法？

A. 掌握   B. 没有掌握

6. 您觉得地震宏观异常信息采集系统网络端是否好用？

A. 好用   B. 不好用（请提出宝贵意见）

7. 您是否掌握了宏观异常信息采集系统手机端的使用方法？

A. 掌握   B. 没有掌握

8. 您觉得地震宏观异常信息采集系统手机端是否好用？

A. 好用   B. 不好用（请提出宝贵意见）

9. 您觉得游戏式的认知培训系统是否能帮助你了解地震宏观异常信息？

A. 是   B. 否

10. 通过此次培训，使您对地震宏观异常信息的了解水平

A. 有所提高   B. 没有提高

11. 您认为此次培训对您日后从事相关工作是否有一定帮助？

A. 有   B. 没有

整理评价信息，统计结果见表6-20。

表6-20 调查问卷评价结果

序号	选项题目					
	A	B	C	D	E	F
1	24	146	108	11		
2	81	24	154	32		
3	209	12	71	9	8	7
4	26	104	126	33		
5	209	80				
6	263	20	6			
7	227	62				
8	265	20	4			
9	281	8				
10	288	1				
11	288	1				

说明：题目6、8的选项C代表受调查者未使用过终端，题目2、3中为多选答案。

逐条分析评价结果，结论见图6-51。

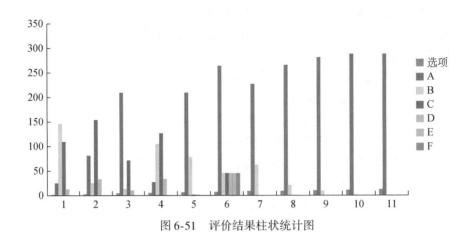

图 6-51　评价结果柱状统计图

从第 1 题可以看出，约 59% 的人员对地震宏观异常信息有一定程度的了解，但也有高达 41% 的人对该类信息知之甚少，甚至是没有听说过。说明作为兼职任务的防震减灾助理员对地震专业知识掌握还不够，这给更好地履行工作职责带来困难。

从第 2 题可以看出，防震减灾助理员对宏观异常信息的采集以个人报告为主。同时，约 28% 的人员采用手机进行信息采集，说明智能手机在异常信息上报工作中的普及应用程度还较低。

从第 3 题可以看出，高达 66% 的人员采用电话方式上报地震宏观异常信息，反映参与者认为该方式更为及时便捷。其次约 22% 的人员选择更具规范性的网络信息系统，说明网络信息系统在基层已开始有一定的普及性。

从第 4 题可以看出，约 89% 的人员对智能手机、网路信息系统有一定的运用操作能力，这为地震宏观异常信息采集系统的使用奠定了良好基础。

从第 5 题可以看出，经过培训后，72% 的参与者已经掌握了地震宏观异常信息采集系统网络端的使用方法，说明培训取得了良好的成果。

从第 6 题可以看出，约 91% 的人员认为地震宏观异常信息采集系统网络端的设计合理，适合参与者学习使用。

从第 7 题可以看出，经过培训后，约 79% 的参与者已经掌握了地震宏观异常信息采集系统手机端的使用方法，说明培训取得了良好的效果。

从第 8 题可以看出，约 92% 的人员认为地震宏观异常信息采集系统手机端的设计合理，适合参与者学习使用。

从第 9 题可以看出，高达 97% 的参与者认同游戏式的认知培训系统能帮助了解地震宏观异常信息。

从第 10 题可以看出，几乎所有参与培训人员都认为此次培训能够使其对地震宏观异常信息了解水平得到提高，说明培训取得了很好成效。

从第 11 题可以看出，几乎所有参与培训人员都认为此次培训很有意义，对日后从事相关工作有帮助。

综上分析，通过对防震减灾助理员的示范培训，达到了预期的效果，使参与者学习到了宏观异常信息的内容、采集方式和上报方式，也证实了公众参与式地震宏观异常信息采集与服务平台具有实用性，示范方法正确。

参 考 文 献

张旭 . 2014. 地震宏观异常信息自动筛选与可用性评价 ［D］. 北京：中国农业大学博士学位论文 .

Zhou L，Zhang D. 2003. NLPIR：a Theoretical Framework for Applying Natural Language Processing to Information Retrieval ［J］，Journal of the American Society for Information Science and，Technology，（54）：115-123.